职业教育"十三五"规划教材·无人机应用技术

WURENJI RENWU ZAIHE

# 无人机任务载荷

段连飞 章 炜 黄瑞祥 主编

西北工业大学出版社

【内容简介】 近年来,随着光电探测技术和无线通信技术的快速发展,无人机机载任务载荷也在向全天候、高分辨率、远距离、宽收容、实时化、小型化方向发展。本书立足于无人机任务载荷的特点和现状,着重从载荷的工作原理入手,选取了无人机应用最为广泛的数字航空照相、可见光电视摄像、红外摄像、合成孔径雷达4种光电探测方式,向读者阐述了各系统的组成、结构构成与分类、工作机理、典型设备特性等。

本书既可作为高等院校无人机技术、摄影测量与遥感、信息工程等专业的教材,又可供无人机领域科技人员、操作人员和爱好者使用。

图书在版编目(CIP)数据

无人机任务载荷/段连飞,章炜,黄瑞祥主编. —西安:西北工业大学出版社,2017.4
(2024.8重印)
ISBN 978 - 7 - 5612 - 5256 - 7

Ⅰ.①无… Ⅱ.①段… ②章…③黄… Ⅲ.①无人驾驶飞机—载荷分析 Ⅳ.①V279

中国版本图书馆 CIP 数据核字(2017)第 100251 号

策划编辑:杨 军
责任编辑:卢颖慧

出版发行:西北工业大学出版社
通信地址:西安市友谊西路 127 号          邮编:710072
电 话:(029)88493844 88491757
网 址:http://www.nwpup.com
印 刷 者:兴平市博闻印务有限公司
开 本:787 mm×1 092 mm        1/16
印 张:12.875
字 数:312 千字
版 次:2017 年 4 月第 1 版    2024 年 8 月第 8 次印刷
定 价:48.00 元

# 前　言

　　无人机任务载荷是无人机系统的重要组成部分之一,也是无人机执行任务的各种传感器的总称。无人机任务载荷可分为非成像型和成像型两类,非成像型任务载荷主要是针对某一特定任务,如电子干扰类任务载荷、气象探测类任务载荷等;成像型任务载荷主要是通过获取图像的信息处理与提取来完成指定任务。目前,在民用领域,主要以成像型任务载荷为主,因此,本书所阐述的任务载荷主要针对的是成像型任务载荷。成像型任务载荷主要包括航空相机、电视摄像机、红外成像仪、合成孔径雷达等。

　　近些年,随着光电探测技术和无线通信技术的快速发展,无人机机载任务载荷也在向全天候、高分辨率、远距离、宽收容、实时化、小型化方向发展,高清晰度数字电视、实时传输的数字航空照相机、非扫描成像的高分辨率前视红外仪以及全天候工作的合成孔径雷达已经在无人机系统中广泛应用。本书立足无人机任务载荷的特点和现状,着重从载荷的工作原理入手,选取无人机应用最为广泛的数字航空照相、可见光电视摄像、红外摄像、合成孔径雷达4种光电探测方式,向读者阐述各系统的组成、结构构成与分类、工作机理、典型设备特性等;开篇引入绪论和电磁辐射与物体的波谱特性等基础理论内容,便于读者对无人机任务载荷的发展轨迹和工作原理得到更好的认识和理解。

　　本书力求理论完善、基本原理清晰、详略得当、重点突出,注重新理论、新方法、新技术的引入,本书可作为高等院校无人机技术、摄影测量与遥感、信息工程等专业的教材,也可供无人机领域科技人员、操作人员和爱好者使用。

　　全书共分为六章,第一章:绪论;第二章:电磁辐射及物体的波谱特性;第三章:无人机航空摄影原理;第四章:无人机电视摄像与跟踪定位原理;第五章:无人机红外成像原理;第六章:无人机载合成孔径雷达成像原理。

　　本书第二、五、六章由段连飞编写,第一、四章由章炜编写,第三章由黄瑞祥编写。在编写过程中,参考、借鉴了国内外相关领域的专家、学者发表的文献和出版的著作,在此表示真诚的谢意!

　　由于水平有限,加之时间仓促,书中不妥之处,恳请读者批评指正。

编　者
2016 年 5 月

# 目　　录

# 第 1 章 绪 论

　　无人机是一种由动力驱动、机上无人驾驶、可重复使用的航空器的简称(英文表示为Unmanned Aerial Vehicle,缩写为 UAV)。它是利用无线电遥控设备和自备的程序控制装置的不载人飞机,主要包括多旋翼飞机、无人直升机、固定翼飞机、无人飞艇、无人伞翼机等。广义上也包括 20~100 km 空域范围的临近空间飞行器,如平流层飞艇、高空气球、太阳能无人机等。

　　无人机系统所使用的大量先进技术涵盖了航空技术、电子技术、通信技术、信息处理技术、计算机技术、光电技术等,是先进武器装备的代表之一。无人机的最初发展也仅仅是为了纯粹的军事目的,英国在第一次世界大战时期研制的世界第一款无人机被称为"会飞的炸弹",德军在第二次世界大战时期已经开始大量应用无人驾驶轰炸机参战。在 20 世纪 60 年代的越战、70 年代的中东战争、90 年代的海湾战争和科索沃战争,以及 21 世纪初的阿富汗战争、伊拉克战争中,无人机均大显身手,无人机作为军队战斗力倍增器的特性已得到世界各军事强国的广泛认可。我国从 20 世纪 50 年代开始研制无人机,到现在已生产了众多型号各异、用途不同的无人机,在空军、海军、陆军和导弹部队服役。正是由于无人机在侦查和情报获取方面所具有的成本低廉、控制灵活、持续时间长等优势,各国军队都相继投入大量经费,用以研发更新、更先进的无人机系统。

　　无人机在"3D"(Dull,Dirty,Dangerous)环境下执行任务的显著优势以及灵活机动的特性,使得无人机在民用领域也得以快速发展。应该说民用无人机是在 20 世纪 80 年代军用无人机的现代系统大发展的基础上才开始尝试应用的,但是无人机在民用各领域的全面开花仅用了 10 余年时间。

## 1.1 无人机发展概况

### 1.1.1 军用无人机发展概况

　　战争是无人机发展的最大牵引力,20 世纪初无人机开始起步,直到今天,已经形成了比较完整的体系。无人机的发展起始于小型飞行器,1915 年德国西门子公司研制的采用伺服控制装置和指令制导的滑翔炸弹被公认为无人机的先驱。在相当长一段时期内,无人机基本上都是靶机的一种别称。1917 年英国与德国先后研制成功无人驾驶遥控飞机,1930 年英国首先开始靶机研制,1933 年世界上第一架有人驾驶飞机被成功地改成"蜂后"号靶机并试飞成功,1939 年美国也开始研制靶机。第二次世界大战后为发展新型防空导弹,美国先后有 30 多家公司投入了靶机和遥控飞行器的研制,其中最负盛名的有瑞安公司研制的世界上生产最多的"火蜂"系列靶机,以及诺斯罗普公司的"石鸡"系列靶机等;而加拿大、以色列、日本、德国等也相继研制成功多种靶机,苏联也研制成功由米格-15 改装的靶机。

伴随测量等技术的发展,世界各国也开始着手对靶机装载测量装置进行改造,使其具有战场侦察监视、目标探测和电子战能力,如美国的"火蜂"、意大利的"米拉奇"等。除靶机外,无人机在军事方面的应用发展缓慢,直到近代几场局部战争,无人机才崭露头角,逐步成为除有人驾驶飞机和导弹以外的另一类作战武器。

无人机直接用于战争开始于 20 世纪 60 年代至 70 年代的美军侵越战争。当时越南防空火力对美军构成很大的威胁。据统计,1965 年用 13 枚地空导弹就能击落一架军用飞机,由于采取了干扰措施,1967 年需 33~55 枚地空导弹才能击落一架军用飞机。即便如此,B-52、F-4鬼怪式飞机等仍然时有被击落。为减少损失,美军首次使用了改装后的"火蜂"无人侦察机,共出动 3 400 多架次,在越南执行空中照相侦察和电子情报侦察等任务,其损失率仅为 16%,这就意味着避免了近 540 架有人驾驶飞机被击毁,也避免了一千多名飞行员丧生。

在两次中东战争中,以色列创新使用了无人机对地面作战实施支援。在 1973 年的第四次中东战争中,以色列沿苏伊士运河大量使用美制"BQM-74C 石鸡"多用途无人机模拟有人作战机群,掩护有人机超低空突防,成功摧毁了埃及沿运河部署的地空导弹基地,扭转了被动的战局。在 1982 年入侵黎巴嫩的军事行动中,以军派遣了"猛犬"无人机从 1 500 m 高度进入贝卡谷地上空,发出酷似以色列战斗机大小的"电子图像",诱使地空导弹阵地的雷达开机并发射大量地空导弹。以色列军队对无人机的成功运用也引起了各国军方的重视,加之无人机自身在造价低、用途广、"零伤亡"等方面的优势,引发各国竞相研究与采购无人机的热潮,这也进一步促进了无人机的快速发展和使用。

进入 20 世纪 90 年代,冷战结束,各国军费削减、军队裁员,迫使军方努力寻求既能完成特定任务,又花费较少的武器装备,这无疑为无人机的发展提供了机遇。从军事侦察使用的角度来看,无人机是侦察卫星和有人侦察机的重要补充和增强手段,与侦察卫星相比,具有成本低、侦察地域控制灵活、地面目标分辨率高等特点;与有人侦察机相比,具有可昼夜持续侦察的能力,不必考虑飞行员的疲劳和伤亡问题;再加上电子技术和航空航天技术的飞速发展,这为无人机满足军事需求在技术上提供了可能。海湾战争时,多国部队使用多种无人机在伊拉克军队前沿和纵深阵地实施昼夜侦察,获取了伊拉克军队地空导弹阵地、坦克、飞机机库、仓库和掩体等目标实时准确的图像和数据信息,为战争胜利提供了大量可靠的情报支援。在科索沃战争中,美国及北约盟国首先使用无人机当开路先锋。共使用"RQ-1A 捕食者""猎人""先锋""红隼""CL-289""不死鸟""米拉奇26"7 种无人机 300 多架,用于中低空侦察和长时间战场监视、电子对抗、战况评估、目标定位、收集气象资料、营救飞行员和散发传单等任务,发挥了有人机难以发挥的作用。以上诸因素促使军用无人机的发展进入了一个新的时代,并在 20 世纪末形成了三次发展浪潮。

第一个浪潮是发展师级战术无人机系统。海湾战争之后,性能各异、技术先进、用途广泛的战术无人机新机种不断涌现,全球共有 30 多个国家装备了师级战术无人机系统,在陆、海、空三军组建了无人机分队,形成了战斗力。代表性机型有以色列的"侦察兵"(Scout)、"先锋"(Pioneer)、"搜索者"(Searcher),美国的"猎人"(Hunter)、"先驱者"(Outrider),法国的"玛尔特"(Mart)、"红隼"(Cerebella),德国的"布雷维尔"(Brevel),加拿大的 CL-289,英国的"不死鸟"(Phoenix),意大利的"米拉奇-26"(Mirach),南非的"探索者"(Seeker)、"秃鹫"(Vulture)和俄罗斯的"熊蜂"(Shmel)等。

第二个浪潮是发展中高空长航时无人机系统。1993 年,美国启动了蒂尔(Tier)无人机发展计划,自从美国的"捕食者"(Predator)(蒂尔Ⅱ)中空长航时无人机在波黑和科索沃战场中试用并获得成功之后,形成了第二个发展浪潮。虽然这个浪潮的规模比第一个浪潮小得多,仅有美国、以色列、法国等少数国家投资发展,但因长航时无人机所独具的全天候、大纵深侦察监视能力,有许多国家对此表示了极大兴趣。代表性机型有美国的"捕食者"(Predator)(蒂尔Ⅱ)、"全球鹰"(Global Hawk)(蒂尔Ⅱ+)、"暗星"(Dark Star)(蒂尔Ⅲ-),以色列的"苍鹭"(Heron)、"赫尔姆斯"(Hermes),法国的"鹰"(Eagle)、"萨若海尔"(Sarohale)等。

第三个浪潮是发展旅/团级战术无人机系统。该浪潮出现在 20 世纪末,与大型无人机相比,此类无人机体积小、机动性好、价格低廉、使用简便且容易与其他军事设备配套。该类无人机装备陆军、海军陆战队旅/团级部队和海军舰队,可执行多种军事任务,用途极为广泛,非常适合大多数发展中国家的需求,采购量大大超过前两个浪潮。代表性机型有美国的"影子"(Shadow)200、"火力侦察兵"(Fire Scout)和奥地利的"坎姆考普特"(Camcopter)等。

### 1.1.2　民用和消费级无人机发展概况

由于军用无人机的显著优势及其灵活机动的特性,其相关技术也不断向民用方面扩展,为无人机产业化的普及创造了条件。

早在 1983 年,日本雅马哈公司就采用摩托车发动机,开发了一种用于喷洒农药的无人直升机,1989 年其成为首架实际成功用于试飞的无人直升机。

2003 年,美国 NASA 成立了世界级的无人机应用中心,专门研究装有高分辨率相机传感器无人机的商业应用。2007 年,美国宇航局使用"伊哈纳"(Ikhana)无人机评估森林大火的严重程度以及灾害的损失估算工作。2011 年,墨西哥湾钻井平台爆炸后,艾伦实验室公司利用无人机协助溢油监测和溢油处理。

以色列也专门组建了一个民用无人机及其工作模式的试验委员会,2008 年给予"苍鹭"无人机非军事任务执行证书,并与有关部门合作展开多种民用任务的试验飞行。

欧洲在 2006 年制定并即刻实施"民用无人机发展路线图",之后欧盟拟筹建一个泛欧民用无人机协调组织,为解决最关键的空中安全和适航问题提供了帮助。

中国对民用无人机的研究起步较早,近年发展尤为迅速。早在 20 世纪 80 年代,中国就尝试将自行开发的无人机用于地图测绘和地质勘探。2010 年,专为民用研制的"黔中"1 号无人机顺利实现首飞;2011 年,国产"蜜蜂-28"无人机实现了全自主起飞、着陆、悬停和航路规划,并应用于农业喷洒、电力巡检、防灾应急、航拍测绘、中继通信等。

应该说,世界各国都在广泛开展民用无人机技术的研究,拓展无人机在民用方面的应用深度和广度。受益于无人机各方面技术的成熟和成本的大幅下降,民用无人机可谓实现了爆发式发展。目前,世界各国无人机在民用方面的应用领域构成如图 1-1 所示,由此也给民用无人机研发企业带来了可观的经济收入。成立于 2006 年的我国深圳大疆公司,其 2010 年的产值仅几百万元人民币,而 2013 年产值就高达 8 亿元人民币,2014 年产值更是趋近 30 亿元人民币。

由于移动智能终端的兴起,芯片、电池、惯性传感器、通信芯片等产业链迅速成熟,这为无人机向更加小型化、低功耗方向迈进创造了条件。尤其是近十年伴随硬件产业链的成熟、成本曲线的不断下降,民用和消费级无人机市场快速兴起。

目前,高性能芯片完全可以满足无人机导航传感器的信息融合,实现无人飞行器的最优控制。MEMS 惯性传感器从 2011 年开始大规模兴起,6 轴、9 轴的惯性传感器也逐渐取代了单个传感器。WIFI 等通信芯片用于控制和传输图像信息,通信传输速度和质量已经可以充分满足几百米的传输需求。电池能量密度不断增加,使得无人机在保持较轻的质量下,续航时间达到 25~30 min,可满足一些基本应用。此外,太阳能电池技术使得高海拔无人机能够持续飞行一周甚至更长时间。近年来,移动终端同样促进了锂电池、高像素摄像头性能的急剧提升和成本的快速下降。

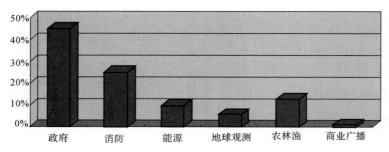

图 1-1　世界民用无人机应用领域构成

除了硬件技术提高与成本下降之外,近年来飞控系统开源化的趋势也为无人机从军用和科研机构的应用逐步转向民用和消费级市场。目前,国际上广泛使用的无人机开源平台主要包括 APM,MK,Paparazzi,PX4 和 MWC。

德国 MK 公司是在多旋翼无人机上使用开源飞控系统的鼻祖;2011 年,美国 APM 公司开放了无人机设计平台,该举措彻底点燃了市场对无人机系统开发的热情,使之后的 2012 年民用和消费级无人机进入了加速上行的通道。

2014 年 10 月,Linux 将 3D Robotics、英特尔、高通、百度等科技巨头纳入项目组,推出了"Dronecode"无人机开源系统合作项目,旨在为无人机开发者提供所需要的资源、工具和技术支持,加快无人机和机器人领域的发展。根据调研,Dronecode 项目使未来十年世界无人机研发、测试和评估等活动的总值达到 910 亿美元。

当然,民用和消费级无人机的快速发展也和各国针对无人机的相关政策密不可分。英国民航局是世界无人机法规领域的领航者。2012 年 8 月,英国颁布了 CAP722,该法规对民用无人机实施相当程度的开放政策。2015 年 2 月 15 日,美国联邦航空管理局公布了无人机商转管理办法草案,该草案打破了之前全面禁飞的局面。2009 年之前,我国无人机尚处于无监管的空白状态;在此之后,我国才开始逐步进入持证飞行阶段。

总之,无论是军用无人机,还是民用和消费级无人机,其快速发展的关键主要取决于航空技术的不断进步,可以说航空技术的发展为无人机获得更高的飞行性能、更好的可靠性提供了条件,这其中既有智能化技术的发展,又有高速宽带网数据链的实现;既有轻型材料和小型传感器的出现,又有续航能力的进一步增强。

## 1.2　无人机分类

无人机自诞生雏形至今,经历了很长时间的发展,无论从外形结构上,还是从功能用途上都发生了很大变革,根据不同的分类方式可以将其分为多种类型。

**1.按平台构型分类**

按照不同平台构型,无人机主要分为固定翼无人机、无人直升机和多旋翼无人机三大平台。其他一些小种类无人机平台还包括伞翼无人机、扑翼无人机和无人飞船等。

固定翼型无人机通过动力系统和机翼的滑行实现起降和飞行,遥控飞行和程控飞行均容易实现,抗风能力也比较强,是类型最多、应用最广泛的无人驾驶飞行器,也是军用和多数民用无人机的主流平台。其发展趋势是微型化和长航时,目前微型化的无人机只有手掌大小,长航时无人机的体积一般比较大,续航时间在 10 h 以上,能同时搭载多种遥感传感器。起飞方式有滑行、弹射、车载、火箭助推和飞机投放等;降落方式有滑行、伞降和撞网等。固定翼型无人机的起降需要比较空旷的场地,比较适合林业和草场监测、矿山资源监测、海洋环境监测、城乡接合部的土地利用监测以及水利、电力等领域的应用。

无人直升机是灵活性最强的无人机平台,其技术优势在于能够实现定点起飞、降落,对起降场地的条件要求不高,其飞行也是通过无线电遥控或通过机载计算机实现程控的。但无人驾驶直升机的结构相对来说比较复杂,操控难度也较大,因此种类不多,实际应用也比较少。

多旋翼(多轴)无人机则是消费级和部分民用用途无人机的首选平台,灵活性介于固定翼型无人机和无人直升机之间,但操纵简单,成本较低。

**2.按使用领域分类**

按不同使用领域来划分,无人机可分为军用、民用和消费级三大类,这三者对无人机的性能要求各有侧重。

1)军用无人机对于灵敏度、飞行高度与速度、智能化等有着更高的要求,是技术水平最高的无人机。根据航程、活动半径、续航时间和飞行高度区分,军用无人机可分为战术无人机和战略无人机两大类;按作战任务区分,军用无人机可分为侦察监视无人机、校射无人机、电子战无人机、通信中继无人机、攻击无人机、运输无人机和靶机等几类。

2)民用无人机一般对于速度、升限和航程等要求都较低,但对于人员操作培训、综合成本有较高的要求,因此需要形成成熟的产业链提供尽可能低廉的零部件和支持服务。民用无人机主要用于地质勘查、地形测绘、农作物病虫害防治、农作物产量评估、森林防火、汛情监视、交通管制、气象监测等方面,我国 D-4 型无人机就作为航空磁探矿使用。目前,民用无人机最大的市场还在于为政府提供公共服务,约占总需求的 70%。未来无人机发展潜力最大的市场应在民用领域,诸如农业植保、空中无线网络以及数据获取等。

3)消费级无人机多采用成本较低的多旋翼平台,该类型无人机主要用于航拍、快递、游戏等休闲用途。诸如利用高清数字视频传输来提供飞行影像,将无人机与运动相机相互结合,是无人机在运动健康等个性化航拍领域的重要应用;利用无人机为偏远山村运送食品、医疗用品等,为城市物流提供速递业务;将无人机技术与虚拟现实技术相结合,创建一个虚拟世界,使用户获得更加直观的视觉体验。

**3.按大小分类**

无人机按大小可分为大型、中型以及小型无人机。小型无人机犹如一架大的航模飞机,它执行任务较少或只能执行单一的特定任务,质量只有约 10 kg。大型无人机相当于一架小飞机,它可执行多种复杂的战斗任务。中型无人机介于大型和小型之间。据资料显示,目前微型无人机已经存在,它是一种尺寸、质量均很小的无人机。

### 4. 按质量分类

从已有的资料来看，无人机按质量有两种分法，一种是分为轻型、中型和重型，轻型无人机其质量小于 90 kg，中型无人机其质量在 90～2 270 kg 之间，重型无人机质量大于 2 270 kg；另一种是分为大型、中型和小型，其总质量分别为大于 500 kg，200～500 kg，小于 200 kg。

### 5. 按活动半径分类

航程是无人机的重要性能，它是指起飞后中途不加油能够飞越的距离。而活动半径（也称作战半径）一般规定为航程的 25％～40％。按活动半径区分，无人机一般可分为近程、短程、中程和长续航时间（简称长航时）四种。

近程无人机活动半径小于 30 km，续航时间 1～3 h。一般在旅、营级以下单位使用，在其关心的地域执行任务，例如美国 R4E-50 及 FQM-151A 无人机等。

短程无人机活动半径约 150 km，续航时间 6～9 h，由军、师级单位使用。

中程无人机活动半径约 650 km，续航时间不小于 8 h，一般设计成高亚声速飞行。要求其提供高质量的近实时图像，完成对敌重点防御目标的侦察任务。

长航时无人机目前尚未给出严格概念。它是指能担负多种作战任务，携带多种载荷，飞行时间长的无人机。其主要特征是具有可连续几天飞行、航程远、飞行高度高，可把它看成常规飞机和卫星之间的特别飞行器。

### 6. 按使用次数分类

无人机按使用次数分为一次使用无人机和多次使用无人机。

一次使用无人机发射升空，在完成任务之后不回收，这种无人机与导弹一样是一次使用的，故不需要在该机上装回收系统。早期时简单的靶机以及诱饵机就是一次使用无人机。

多次使用无人机在完成任务或升空后要求回收，以便再次执行任务，该种无人机较复杂，特别是机上设备较为重要或精密。目前使用的无人机大多数都是可以回收的。

### 7. 按飞行器的构造分类

以机翼来分类：按机翼数目可分为单翼机、双翼机和多翼机，分别在机身两边各装一只或两只机翼的称为单翼机或双翼机，四只机翼沿机身分布成"＋"字形或"×"字形配置为多翼机；按机翼是否带撑杆分为带撑杆的单翼机，不带撑杆的张臂式单翼机；按机翼在机身上的相对位置分为上单翼、中单翼和下单翼；按机翼的形式分为固定翼式、旋转翼式的无人机，固定翼机即常见的飞机，旋转翼式机一般分为旋翼机和直升机；按机翼平面形状，可分为平直翼飞机、后掠翼飞机、前掠翼飞机和三角翼飞机。

以尾翼来分类：按尾翼在机身前后位置分为正常尾翼式和鸭式无人机，前者尾翼在机翼之后，后者尾翼在前；按尾翼的数量和配置可分为单立尾、双立尾、三立尾、无尾翼、V 形尾、倒 Y 形尾以及十字形尾等无人机。后三种的尾翼数量分别为二、三和四只尾翼，呈 V、Y 和十字形配置。美国 RPV-004 无人机的两只垂直尾翼分别安装在机翼上。

### 8. 按飞行速度分类

按飞行速度分类无人机可分为亚声速无人机、超声速无人机和高声速无人机。

此外，按控制方法分类，无人机可分为自控式、遥控式和寻的式无人机；按飞行高度分类，无人机可分为高空、中空和低空无人机。现已出现混合命名的无人机，如高空长航时无人机，可回收亚声速喷气无人机及多用途小型遥控无人机等。

# 1.3 无人机系统组成

无人机系统通常包括无人机本身和完成任务所用的设备、设施的全体,有时还包括操纵无人机的地面或母机(舰)上的人员。作为高新技术的综合体,无人机技术涉及力学、热力学、材料学、光学、传感技术、电子技术、自动控制技术、计算机技术、喷气推进技术以及制造工艺学等多种科学技术领域,而且其涉及的领域也在不断拓展当中。无人机技术是在现代战争和经济建设的需求牵引下不断发展的,新一代无人机对通信技术、传感器技术、人工智能技术、发动机技术、隐身技术等提出了更高的要求,并且随着以全球导航定位技术、合成孔径雷达成像技术、毫米波雷达技术、红外遥感技术、智能控制技术、隐身技术等为代表的多种高新技术的应用而正进行着脱胎换骨的变化。

## 1.3.1 飞行器分系统

能离开地面飞行的机器或装置总称为飞行器。飞行器按是否有人驾驶分为有人驾驶飞行器(飞机、载人飞船等)和无人驾驶飞行器(无人驾驶飞机、导弹等)。飞行器按飞行空间范围分为航空器、航天器和航宇器。在大气层飞行的飞行器称为航空器,如飞机、导弹;主要在大气层外空间飞行的飞行器称为航天器(亦称大气层飞行器),如人造地球卫星、航天飞机;用于航宇的飞行器称航宇器,如星际探测器。后两种亦称为外层空间的飞行器。

任何航空器都需要产生升力以克服自身重力才能在空中飞行。航空器按照产生升力的基本原理分为,轻于空气的飞行器,如气球、飞艇;重于空气的飞行器,如飞机、直升机、滑翔机、旋翼机、导弹、地面效应飞行器等。气球和飞艇的主体是一个气囊,内充密度比空气小得多的气体以产生浮力而在空中飞行,两者的主要区别是气球升空后只能随风飘荡或系留在地面某一个固定位置;而飞艇具有推进系统,有安定面和操纵面,可在空中操纵飞行。飞机是一种有动力装置、靠机翼产生升力的航空器。机翼可以固定在机身上,也可以是旋转的。机翼固定的,包括机翼后掠角可变的飞机称为固定翼飞机,其中在固定翼飞机里有动力装置的称为飞机,无动力装置的称为滑翔机。靠旋转产生升力的机翼称为旋翼,旋翼由动力装置驱动的飞机称为直升机,旋翼无动力驱动的飞机称为旋翼机,它靠迎面气流吹动旋翼而产生升力飞行。我国习惯上把直升机、旋翼机、滑翔机等也称为飞机。

导弹是具有战斗部、依靠自身动力推进、由制导系统导引并控制其飞行轨迹,最终导向目标的飞行器。导弹必须装有制导系统,通过它对导弹进行飞行控制。制导系统可以全部装在弹上,也可以一部分装在弹上,另一部分放在地面指挥站,从指挥站对导弹进行控制。总体而言,导弹是一次性使用、无人驾驶的飞行器。

无人机的飞行平台主要由六大部分组成:机身、机翼、尾翼、起落装置、飞行自动控制系统和动力系统。

1. 机身

机身主要用来装载发动机、燃油、任务设备、电源、控制操纵系统等,并通过它将机翼、尾翼、起落架等部件连成一个整体。

2. 机翼

机翼是飞行器用来产生升力的主要部件。固定翼无人机的机翼有平直翼、后掠翼、三角翼等。

平直翼比较适用于低速飞行器,后掠翼和三角翼比较适合高速飞行器。

机翼上一般还有副翼,用于控制飞机的倾斜,但当左右副翼偏转方向不同时,就会产生滚转力矩,使飞行器产生倾斜运动。

### 3.尾翼

尾翼分垂直尾翼和水平尾翼两部分。对于一些结构比较特殊的无人机来说,可能会不设垂直尾翼或水平尾翼。

垂直尾翼:垂直安装在机身尾部,主要功能为保持机体的方向平衡和操纵。通常垂直尾翼后缘有用于操纵方向的方向舵。

水平尾翼:水平安装在机身尾部,主要功能为了保持俯仰平衡和俯仰操纵。

### 4.起落装置

起落装置的功用是使无人机在地面或水面进行起飞、着陆、滑行和停放。

起落装置对于无人机来说是形式最多样的一部分,这是因为无人机有多种发射/回收方式。大型无人机的起落装置包含起落架和改善起落性能的装置两部分,起飞后起落架收起,减少飞行阻力;多数无人机的起落架很简单,飞行时也不收起;对于采用弹射、拦阻网等方式进行发射/回收的小型无人机不需要起落架;对于采用手掷发射的小型无人机,也没有起落装置;伞降回收的无人机着陆装置就是降落伞。

### 5.飞行自动控制系统

飞行自动控制系统包括控制指令自动形成装置和传输操纵装置。指令自动形成装置包括自动驾驶仪和相关的传感器、导航设备;传输操纵装置包括从控制指令输出点到水平尾翼、副翼、方向舵等操纵面,用来传递操纵指令,改变飞行状态的所有装置。

### 6.动力装置

飞机动力装置是用来产生拉力(如螺旋桨飞机)或推力(如喷气式飞机),使飞机前进的装置。现代无人机的动力主要分为涡轮喷气发动机和涡轮风扇发动机两类。

### 1.3.2 控制导航分系统

无人机上没有驾驶员,因此无人机的飞行靠"遥控"或"自控飞行"。

### 1.遥控飞行

遥控即对被控对象继续远距离控制,主要是利用无线电遥控。遥控信号:遥控站通过发射机向无人机发送无线电波,传递指令,无人机上的接收机接收并译出指令的内容,通过自动驾驶仪按指令操纵舵面,或通过其他接口操纵机上的任务载荷。遥控站设有搜索和跟踪雷达或无线电设备,它们测量无人机在任意时刻相对地面的方位角、俯仰角、距离和高度等参数,并把这些参数输入计算机,计算后就能绘出无人机的实际航迹;与预定航线比较,就能求出偏差,然后发送指令进行修正。下传信号:遥控指令只包含航迹修正信号显然是不够的,在飞行中无人机会受到各种因素的影响,无人机的飞行姿态也在不断变化,因此指令还需要包括对飞行姿态的修正内容。无人机上的传感器一直在收集自身的姿态信息,这些信息通过下传信号送到遥测终端,遥测终端分析这些信息后就能给出飞行姿态的遥控修正指令。遥控飞行有利于简化无人机的设计,降低制造成本;但它也受无线电作用距离的限制,限制通信距离通常只可达到320～480 km,且容易受到电子干扰。

2. 自控飞行

自控飞行又称为程序控制飞行,它是指不依赖地面控制,一切动作都自动完成的飞行。为此,机上需要有一套装置来保证飞行航向和飞行姿态的正确,这套装置就是导航装置。通常的导航装置包含以下几类。

(1)惯性导航

在机载设备上,它一般简称惯导(Inertial Measurement Unit,IMU)。惯性导航是以牛顿力学为基础,依靠安装在载体内部的加速度计测量载体在三个轴向的加速度,经积分运算后得到载体的瞬时速度和位置,以及测量载体的姿态的一种导航方式。惯性导航完全依赖机载设备自主完成导航任务,工作时不依赖外界信息,也不向外界辐射能量,不易受到干扰,不受气象条件限制。惯导系统是一种航位推算系统。只要给出载体的初始位置及速度,系统就可以实时地推算出载体的位置速度及姿态信息,自主地进行导航。纯惯导系统会随着飞行航时的增加,因积分积累而产生较大的误差,导致定位精度随时间增长而呈发散趋势,所以惯导一般与其他导航系统一起工作来提高定位精度。

(2)卫星导航

全球定位系统(GPS)是由美国建立的一套定位系统,可以提供全球任意一点的三维空间位置、速度和时间,具有全球性、全天候、连续性的精密导航系统。全球卫星导航分为三部分,包括空间卫星部分、地面监控部分、卫星接收机部分。在飞机上安装卫星接收机就能得到自身的位置信息和精确到纳秒级的时间信息。现在全球在使用的卫星导航系统还有俄罗斯的glonass、欧洲的伽利略系统以及我国的北斗系统。

我国北斗导航系统的第一颗试验卫星于 2000 年发射,第一颗组网卫星发射于 2007 年 4 月 14 日,到 2016 年 3 月 30 日发射的最近一颗,至今已发射 22 颗北斗导航卫星,目前发射的已为新一代的北斗卫星。北斗导航系统自 2012 年年底开始正式提供区域服务,为我国及周边地区提供无源定位、导航、授时服务。预计 2020 年将向全球提供定位服务。

(3)多普勒导航

多普勒导航是飞行器常用的一种自主导航系统,它的工作原理是多普勒效应。多普勒导航系统由磁罗盘或陀螺仪、多普勒雷达和导航计算机组成。磁罗盘或陀螺仪类似指北针,用于测出无人机的航向角,多普勒雷达不停沿着某个方向向地面发射电磁波,测出无人机相对地面的飞行速度以及偏流角。根据多普勒雷达提供的地速和偏流角数据,以及磁罗盘或陀螺仪提供的航向数据,导航计算机就可以不停地计算出无人机飞过的路线。多普勒导航系统能用于各种气象条件和地形条件,但由于测量的积累误差,系统会随着飞行的距离增加而使误差加大,所以一般用于组合导航中。

(4)组合导航

组合导航是指组合使用两种或两种以上的导航系统,达到取长补短,提高导航性能的目的。目前飞行器上实际使用的导航系统基本上都是组合导航系统,如 GPS/惯性导航、多普勒/惯性导航等,其中应用最广的是 GPS/惯性导航的组合导航系统。

(5)地形辅助导航

地形辅助导航是指飞行器在飞行过程中,利用预先存储的飞行路线中某些地区的特征数据,与实际飞行过程中测量到的相关数据进行不断比较来实施导航修正的一种方法。其核心是将地形分成多个小网格,将其主要特征,如平均标高等输入计算机,构成一个数字化地图。

地形辅助导航技术就是利用机载数字地图和无线高度表作为辅助手段来修正惯导系统的误差,从而构成新的导航系统。它与导航方法的根本区别在于数字地图对主导航系统仅能起到辅助修正作用。地形辅助系统可分为地形匹配、景象匹配等。

地形匹配:也称地形高度相关。其原理是地球表面上任意一点的地理坐标都可以根据其周围地域的等高线或地貌来确定。飞行一段时间后,即可以得到真实航迹的一串地形标高。将测得的数据与存储的数字地图进行相关分析,确定飞机航迹对应的网格位置。因为事先确定了网格各点对应的经纬度值,这样就可以使用数字地图校正惯导。

景象匹配:也称景象相关。它与地图匹配的区别是,预先输入计算机的信息不仅是高度参数,还包含了通过摄像等手段获取的预定飞行路径的景象信息,将这些景象数字化后存储在机载设备上。飞行中,通过机载摄像设备获取飞行路径中的景象,与预存数据比较,确定飞机的位置。自控飞行可使飞行的航程加大、自主工作、无须与地面站联系;但是其复杂的自主导航系统和控制系统,也增加了无人机质量,提高了研制成本。

3. 遥控与自控结合

现代无人机在不同的飞行段,交替地采用遥控或自控飞行,这样可以充分利用遥控和自控两种控制方式各自的优势,克服彼此的缺陷。

### 1.3.3 无线电分系统

无线电分系统又可称为无人机系统综合无线电分系统,它是无人机系统的主要组成部分,主要实现对无人机飞行状态和机载任务设备工作状态的实时遥控,实现对无人机的跟踪定位,完成无人机侦察图像的实时传输显示,并具有主要遥测参数的综合处理和显示等功能。

无线电分系统由地面设备和机载设备两部分组成。地面设备主要包括测控天线、天线座、伺服、发射机、接收机、测控终端及电源等;机载设备主要包括机载天线、接收机、发射机和测控终端等。对于大型侦察无人机来说,其遥测信号和图像信号共用同一下行遥测链路,而对于普通的小型无人机一般将遥测信号与图像无线传输分开。视距内通信的无人机多数安装全向天线,而超视距通信的无人机一般采用自跟踪抛物面卫通天线。地面设备一般会被集成到控制站系统中,部分地面终端还配有独立的显示控制界面。无人机常用的通信频率主要有 1.2 GHz,2.4 GHz,5.8 GHz,72 MHz,433 MHz,900 MHz 等。

采用无线电遥控方式时,无人机的活动半径和飞行自由度主要受机载和地面遥控设备的发射功率、无线电波的传输距离以及飞行器本身性能的限制。受地球曲率、遥控设备发射功率等因素的影响,地面站的作用距离一般较短,往往只能用于较近距离(250 km 以内)的飞行控制。如果采用中继平台或卫星通信,也可进行远距离甚至洲际范围(上万千米)的操控,但费用将大大增加,使用上也较复杂。另外,采用无线电遥控容易受到电磁干扰,在此种情况下,不但难以完成任务,甚至有可能导致无人机无法返回。

### 1.3.4 任务设备分系统

随着计算机技术、通信技术的迅速发展以及各种数字化、质量轻、体积小、探测精度高的新型传感器的不断面世,无人驾驶飞行器系统的性能不断提高,应用范围和应用领域迅速拓展。无人机的续航时间从几十分钟延长到几十个小时,任务载荷从几千克到几百千克,这为长时间、大范围的遥感监测提供了保障,也为搭载多种传感器和执行多种任务创造了有利条件。

通常将为完成特定任务在无人机上搭载的传感器称为任务设备,而任务载荷及其相配套的系列机载和地面设备共同构成了任务设备分系统。任务设备分系统的具体组成和无人机所执行的任务相关,根据任务的不同,同一型号的无人机也可装载不同的任务设备,通常将无人机任务设备分系统分为侦察设备、电子战设备、攻击设备、通信中继设备等。本书重点围绕完成侦察监视等任务的无人机任务设备系统展开介绍。

目前,无人机主要使用数字航空照相机、可见光电视摄像机、红外热像仪、合成孔径雷达(SAR)四种方式进行航空侦察与监视任务,其中数字(航空)照相机、可见光电视摄像机主要执行昼间侦察任务,红外热像仪主要执行夜间侦察任务,合成孔径雷达(SAR)主要执行全天候侦察任务。此外,为了完成侦察目标定位、指示等任务,还可安装激光测距或目标指示设备等。总之,不同类型的无人机,由于其任务目标、结构特点和负载大小等各不相同,飞行时所携带的任务载荷也存在差异。

#### 1.航空相机

航空相机是装载在飞机上以拍摄地表景物来获取地面目标的光学仪器。随着航空技术日新月异的发展,航空相机已经在航空遥感、测量和侦察等领域发挥了重要的作用。航空相机具有的良好的机动性、时效性和较低投入等优点,已成为获取地面信息的主要途径之一。

航空相机主要实施昼间、准实时侦察观测任务,可获取航摄区静态高分辨率影像,还可对影像上任意像点的坐标进行提取,完成多幅满足一定要求影像的自动拼接、立体影像提取及其显示等任务,军事上可利用航摄影像完成火力打击效果与伪装情况评估等任务,已在地形测绘、土地和森林资源调查、铁路和公路建设以及军事侦察等诸多领域得到了广泛的应用。

#### 2.电视摄像机

电视摄像机(可见光)是一种将被摄景物的活动影像通过光电器件转换成电信号的光电设备。电视摄像机主要由摄影镜头、光电转换器、放大器和扫描电路等组成,镜头将景物的影像投射在光电转换器上,通过扫描电路对光电转换器件按一定次序的转换,逐点、逐行、逐帧地把影像上明暗不同或色彩不同的光点,转换为强弱不同的电信号,再通过记录设备或图像传输设备将电信号记录或发送出去。通常将电视摄像机分为黑白、彩色两种类型,黑白电视摄像机主要传送景物明暗影像,彩色电视摄像机主要传送景物彩色影像。

在无人机机载条件下,电视摄像机要实现对地面景物的观测,必须借助相应的稳定转台,通过稳定转台实现对电视摄像机光学中心指向的改变,进而对航摄区域的实时电视影像捕捉,通过改变可见光电视摄像机光学系统焦距,改变航摄区电视影像的比例大小,利用无线数字传输设备将电视图像传输至地面监视器,或直接记录在机载电子盘上。军事上,利用可见光电视摄像机的实时侦察监视特点,可对航摄区目标进行自动定位、校正火力射击、监视战场情况及评估毁伤效果等任务。

#### 3.红外热像仪

大气、烟云对可见光和近红外线的吸收较强,但是对 $3\sim5~\mu m$ 和 $8\sim14~\mu m$ 的热红外线却是透明的,故将这两个波段称为热红外线的"大气窗口"。人们利用这两个窗口,能在完全无光的夜晚,或是在烟云密布的战场,清晰地观察到前方或地面的情况。

为了提高无人机全天候实时观测能力,将红外热成像技术应用于空中探测,即利用红外热成像光谱探测器对具有热泄露的地面物体进行探测,并将温度高于其周围背景的地物通过热白图像实时记录并传输至地面监测设备,或存储在机载电子存储器上。

与电视摄像机相似,红外热成像仪也需要借助一定的稳定转台,用以隔离无人机飞行对航摄的影响,以及根据观测要求实时改变其光学镜头的指向。

正是由于这个特点,红外热成像技术在民用和军事领域都得到了广泛应用,极大地提高了观测系统的全天候侦测能力。

与可见光电视摄像机相似,红外热成像仪也需要固定在稳定平台中,并通过稳定平台实现其光学中心的自动或手动改变,以获取地面连续、动态影像,通过地面控制设备,对获取的红外图像进行目标提取、定位、校正射击等。

### 4. 合成孔径雷达

合成孔径雷达(Synthetic Aperture Radar,SAR)是利用一个小天线沿着长线阵的轨迹等速移动并辐射相参信号,把在不同位置接收的回波进行相干处理,从而获得较高分辨率的成像雷达。SAR 也被称为综合孔径雷达,它是利用雷达与目标的相对运动把尺寸较小的真实天线孔径用数据处理的方法合成一个较大的等效天线孔径的雷达,可以在能见度极低的气象条件下得到类似光学照相的高分辨雷达图像,且能有效地识别伪装和穿透掩盖物。

合成孔径雷达的首次使用是在 20 世纪 50 年代后期,装载在 RB-47A 和 RB-57D 战略侦察飞机上。经过近 60 年的发展,合成孔径雷达技术已经比较成熟,各国都建立了自己的合成孔径雷达发展计划,各种新型体制合成孔径雷达应运而生,在民用与军用领域发挥重要作用。

### 5. 其他典型设备

#### (1)激光测高仪

无人机装载的激光测高仪就是利用激光对无人机相对于目标之间的距离进行准确测定的仪器。激光测高仪在工作时向目标射出一束很细的激光,由光电元件接收目标反射的激光束,计时器测定激光束从发射到接收的时间,进而计算出从飞机到目标的距离。激光测高仪主要由激光发射机、激光接收机、计算显示系统、电源系统四部分组成。

#### (2)影像解析与定位处理设备

根据影像量测和解析需要,可对无人机利用各类侦测设备获取的航空影像进行几何纠正、辐射校正等预先处理,之后根据处理影像的性质或特点不同,利用空间摄影测量、图像处理等技术,对目标进行高精度定位,对获取影像进行立体提取与显示,对满足一定要求的影像进行自动拼接,对多源图像进行融合等。

#### (3)稳定转台

稳定转台主要用来隔离无人机飞行姿态变化、振动等对航拍的影响,得到高质量的电视画面(可见光或红外视频图像)。不同类型无人机其稳定转台结构也各异,如某型光电稳定转台就是由球形吊舱(含陀螺平台)、电子部件和收放机构等组成的。它是一种双轴的光轴稳定平台,平时收在机体内部,工作时放下球形吊舱伸出于机体下表面,进行下半球全方向跟踪目标并进行摄像,完成飞行任务后,着陆时光轴稳定平台接收到遥控指令,将平台的吊舱收入机内,防止着陆时遭损坏。

#### (4)视频图像编辑设备

无人机利用电视或红外热成像仪等设备,可以获取视频图像。视频图像因其实时性、连续性等特点,在民用和军事领域应用都极为广泛。为了提高视频图像的显示效果,需要对无人机视频图像进行必要的编辑。电视编辑设备就是利用监视器、录像机和编辑机等,将无人机执行侦测任务时的视频侦察素材,经过一定的编辑整理而成为录像资料。

除此之外,无人机还有图像跟踪设备、图像记录与存储设备、图像传输设备等。本书主要分析机载的侦察监视设备,包括航空照相系统、电视摄像系统、红外成像系统、合成孔径雷达(SAR)设备等及其部分相关设备。

## 1.4　无人机的用途

无人机除在军事领域的应用之外,其在民用领域的应用也极为广泛,主要包括农业、林业、海洋水利、国土资源、气象、电力石油勘测、自然灾害监控、测绘、城市规划等多个行业。近年来,无人机在民用市场的应用也受到越来越多的关注,如农业植保无人机的市场规模预计将超百亿元人民币;电力巡检无人机的市场规模有望超十亿元人民币。2013 年 3 月,国家电网公司专门出台《国家电网公司输电线路直升机、无人机和人工协同巡检模式试点工作方案》,方案指出将建立直升机、无人机和人工巡检相互协同的新型巡检模式,2015 年将全面推广。我国拥有森林面积 1.75 亿公顷(1 公顷＝0.01 平方千米),森林蓄积量为 124.56 亿立方米,森林覆盖率为 18.21%。我国既是森林资源大国,又是森林火灾多发国家,无人机在森林防火领域的应用尚处初始阶段,市场前景广阔。

无人机在自然灾害监测评估领域的空间也非常广阔。2008 年汶川地震引发了大量崩塌、滑坡、泥石流等次生地质灾害,引起灾区大部分国道、省道、乡村道路严重破坏,给救灾工作造成难以想象的困难。由于天气因素的影响,卫星遥感系统或载人航空遥感系统难以及时获取灾区的实时地面影像。地震发生后,多种型号的无人机航空遥感系统迅速进入灾区,在灾情调查、滑坡动态监测、房屋与道路损害情况评估、救灾效果评价、灾区恢复重建等方面得到广泛使用,取得了很好的效果,起到了其他手段无法替代的作用。无人机航空遥感系统第一次大规模用于应急救灾就取得了成功。

2013 年雅安地震搜救过程中,国家地震灾害紧急救援队使用旋翼无人机对灾区地形地貌、受损情况进行空中排查,为国家地震灾害紧急救援队的搜救工作提供了参考和依据。该无人机由国家地震灾害紧急救援队与中国科学院沈阳自动化研究所联合研制,并在地震搜救过程中应用,探测精度达到 0.1 m,可在 200 m 低空连续飞行 100 km。

我国自然灾害发生频繁,每年灾害造成的损失巨大。灾害发生时,为了提高救灾效率和质量,必须提供及时准确的灾害信息。常规灾害监测方法周期长,成本高,难以满足救灾应急的需要。无人机航空遥感系统作为卫星遥感和载人航空遥感的补充手段,具有实时性强、灵活方便、外界环境影响小、成本低等优点,其在灾害应急救援方面具有广阔的发展空间和应用前景。

无人机在搜救、防盗等安全监控领域的应用也在起步;无人机用于物流的尝试也越来越多,亚马逊公司已研发多年,国内快递业也开始试水。无人机配合 Oculus Rift 使用,获得虚拟现实、增强现实的体验,把人的感知带到另一个真实空间,使探险者不再需要亲历诸如隧道、峡谷、水下等场景,就能收获刺激的感官体验。

总之,随着社会需求的不断扩大和无人机相关技术的不断发展,无人机在工作与生活中的应用也日益广泛,并将逐步深入到我们工作与生活的各个领域,由此也必将进一步推动无人机的大发展。

# 习 题 1

1.简述无人机的定义。

2.无人机主要有哪些类型？

3.简述无人机系统各部分组成。

4.现有的导航装置主要有哪几类？

5.目前无人机使用的任务载荷主要有哪些？

6.简述无人机在军事和民用领域的主要用途。

# 第 2 章　电磁辐射及物体的波谱特性

电磁辐射是传感器与远距离目标联系的纽带。遥感的本质是通过探测器接收物体或现象反射、发射的电磁辐射信息，进而转变成数据或影像。因此，要应用遥感技术，首先必须了解电磁辐射的基本性质及物体的波谱特性。

## 2.1　电　磁　辐　射

### 2.1.1　电磁辐射的本质

电磁辐射是自然界中以"场"的形式存在的一种物质。现代物理学的研究证明，电磁辐射具有两重性：波动性与粒子性。也就是说，电磁辐射是一种高速运动的粒子流，在空间的传播具有波动性。

1. 电磁辐射的波动性

波是振动在空间的传播，电磁辐射是振源发出的电磁场在空间的传播。电磁学理论指出：在空间某区域有变化的电场，那么在其邻近区域内将引起变化的磁场；同样，有变化的磁场也会在其邻近区域内引起变化的电场。它们相互激发形成统一的电磁场，变化的电场与磁场的交替产生，使电磁场传播到很远的区域。电磁场在空间以一定速度由近及远的传播过程，实质上就是电磁辐射，它具有波动的特性，因此又称为电磁波。

麦克斯韦把电磁辐射抽象为一种以速度 $v$ 在介质中传播的横波，振动着的是空间里的电场强度矢量 $\boldsymbol{E}$ 和磁场强度矢量 $\boldsymbol{H}$，其振动方向垂直于前进方向，如图 2-1 所示，且同一点的 $\boldsymbol{E}$ 和 $\boldsymbol{H}$ 相互垂直，变化位相相同。这种关系可用下列方程组表达，即

$$\frac{\mu}{c}\frac{\partial \boldsymbol{H}}{\partial t} = -\frac{\partial \boldsymbol{E}}{\partial x}$$
$$\frac{\varepsilon}{c}\frac{\partial \boldsymbol{E}}{\partial t} = -\frac{\partial \boldsymbol{H}}{\partial x}$$

$$(2-1)$$

式中　$\varepsilon$——介质相对介电常数；

　　　$\mu$——相对磁导率；

　　　$c$——真空中的光速。

表征波动的主要物理量是波长 $\lambda$，周期 $T$，频率 $\nu$，振幅 $A$，波数 $N$，圆波数 $k$ 和角频率 $\omega$，以及波速 $v$，初相位 $\theta$，$\psi$ 是波函数，这些参数之间的关系为

$$\nu = \frac{1}{T}, \quad \omega = \frac{2\pi}{T} = 2\pi\nu, \quad N = \frac{1}{\lambda}$$
$$v = \frac{c}{\sqrt{\varepsilon\mu}} = \frac{\lambda}{T} = \lambda\nu, \quad k = \frac{2\pi}{\lambda} = 2\pi N$$
$$\psi = A\sin\left[(\omega t - kx) + \theta\right]$$

$$(2-2)$$

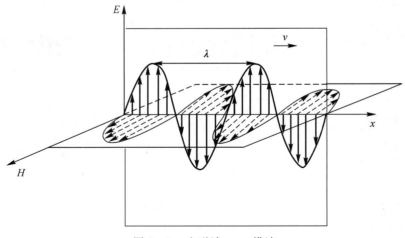

图 2-1 电磁波 —— 横波

### 2.电磁辐射的粒子性

电磁辐射的波动学说,在解释电磁辐射的一些现象时,如电磁辐射能在真空中的传播、光电效应等遇到困难。近代物理学研究证明:电磁辐射本身是一种很小的物质微粒,电磁辐射过程就是具有质量的粒子的运动过程,这种运动在时空上是一种不连续的随机性运动,它携带一定的能量。也就是说,这些微粒不能连续地吸收或发射辐射能,只能不连续地一份份地吸收或发射,这种情况叫作能量的量子化。量子化的最小单位是光子,光子具有一定的能量和动量,而能量与动量都是粒子的属性,能量分布的量子化是粒子的基本特征。因此,光子也是一种基本粒子。

实验证明,光子的能量与其频率成正比,即

$$E = h\nu \tag{2-3a}$$

光子动量与其波长成反比,即

$$P = h/\lambda \tag{2-3b}$$

式中,$E$,$P$ 分别为光子的能量和动量;$h = 6.626 \times 10^{-34}(\text{J} \cdot \text{s})$,称为普朗克常数。

### 3.波粒二象性的关系

电磁辐射的波动性与粒子性是对立统一的,从式(2-3a)和式(2-3b)中可以看出能量 $E$、动量 $P$ 是粒子的属性,可表征粒子性;而频率 $\nu$、波长 $\lambda$ 是波的属性,可表征波动性,两者通过普朗克常数 $h$ 联系了起来。

从波动性来看,电磁辐射在某时空的强度 $I$ 和波振幅的二次方成正比,比例常数为1时,有

$$I = |A|^2 \tag{2-4a}$$

从粒子性来看,电磁辐射在某时空的强度 $I$ 与该时空粒子出现的概率成正比,粒子出现的概率即粒子流密度 $S$,为单位时间内通过单位截面的粒子数目的多少,即

$$I = S \tag{2-4b}$$

将式(2-4a)与式(2-4b)两式合并,当取比例常数为 1 时,有

$$S = |A|^2 \tag{2-5}$$

该式直接把粒子密度与波函数的关系统一起来。

由上面的论述可看出,电磁辐射具明显的波粒二象性,连续的波动性和不连续的粒子性是相互排斥,相互对立的;但两者又是相互联系并在一定条件下可以互相转化的。可以说波是粒子流的统计平均,粒子是波的量子化,在传播过程中以波动性为主,遵守波动规律,当与物质作用时又以粒子性为主。电磁辐射波长的大小影响波粒二象性的表现,波长较长、能量较小的波动性明显;波长较短,能量较大的粒子性显著。

### 2.1.2　电磁波谱

实验证明,现在我们所知道的宇宙射线、γ 射线、X 射线、紫外线、可见光、红外线、无线电波、工业用电等都是电磁波。所有这些波在本质上基本相同,但是,由于它们的波长和频率不同而产生差别。为了便于比较电磁辐射的内部差异和描述,按照它们的波长(或频率)大小,依次排列画成图表,这个图表就叫作电磁波谱,如图 2-2 所示。

不同波长的电磁波谱,既有共同特点,又有内部差异,各波段的主要特点如下。

(1)γ 射线(Gamma Ray)

γ 射线波长 $\lambda < 0.03$ nm,由于波长短,频率高,所以具有很大的能量,很高的穿透性。γ 射线是原子核跃迁产生的,由放射性元素形成,来自放射性矿物的 γ 射线可以被低空探测器所探测,是一个有前景的遥感波区。

(2)X 射线(X　Ray)

X 射线波长 $\lambda$ 为 0.03~3 nm,能量也较大,贯穿能力较强,是原子层内电子跃迁产生的,可由固体受高速电子射击形成。X 射线在大气中会被完全吸收,不能用于遥感。

(3)紫外线(Ultraviolet Ray,UV)

紫外线波长 $\lambda$ 为 3 nm~0.38 $\mu$m,紫外线由原子或分子外层电子跃迁产生,按波长不同,可进一步分成近紫外(300 nm~0.38 $\mu$m),远紫外(200~300 nm)和超远紫外(3~200 nm),粒子性明显。来自太阳的紫外线,波长小于 0.3 $\mu$m 的完全被大气吸收;波长为 0.3~0.38 $\mu$m 的可以通过大气,用感光胶片和光电探测器进行探测,但是该波段散射严重。

(4)可见光(visible light)

可见光波长 $\lambda$ 为 0.38~0.76 $\mu$m,由分子外层电子跃迁产生,是电磁波中眼睛所观察到的唯一波区。能通过透镜聚焦,经过棱镜色散分成赤、橙、黄、绿、青、蓝、紫等色光波段,具光化作用和光电效应,在遥感中能用胶片和光电探测器收集记录。

(5)红外线(Infrared Ray,IR)

红外线波长 $\lambda$ 为 0.76~1 000 $\mu$m,由分子振动与转动产生,按波长不同,可分成近红外(0.76~3 $\mu$m)、中红外(3~6 $\mu$m)、远红外(6~15 $\mu$m)、超远红外(15~300 $\mu$m)和赫兹波(300~1 000 $\mu$m)。近红外是地球反射来自太阳的红外辐射,其中 0.76~1.4 $\mu$m 的辐射可以用摄影方式探测,因此也称摄影红外。中远红外等是物体发射的热辐射,因此也叫热红外,它只能用光学机械扫描方式获取信息。红外线对人眼睛不起作用,能聚焦、色散、反射,具有光电效应,对一些物质和现象有特殊反映,如叶绿素、水、半导体、热等。

(6)微波(microwave)

微波波长 $\lambda$ 为 0.1~100 cm,由固体金属分子转动所产生。其中可分为毫米波、厘米波和分米波,微波的特点是能穿云透雾,甚至穿透冰层和地面松散层,其他辐射和物体对它干扰小。物体辐射微波的能量很弱,接收和记录均较困难,要求传感器非常灵敏。

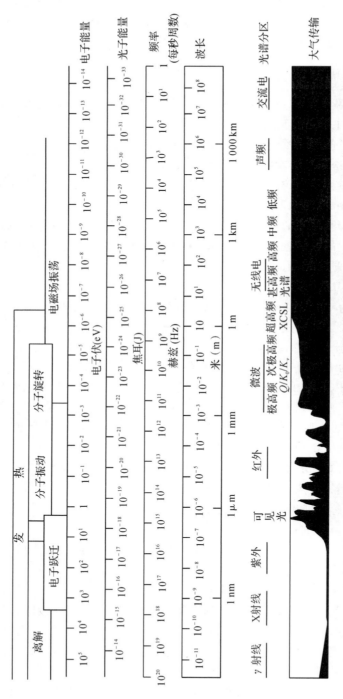

图2-2 电磁波谱及其应用

(7)无线电波

无线电波由电磁振荡电路产生,不能通过大气层——短波被电离层反射,中波和长波吸收严重,故不能用于遥感。

实际上,整个电磁波是连续不断的,各个波区或波段的分界点并不十分严格,各种划分标准不一,且相邻波区有相当重叠。电磁波谱各波段的产生及其遥感应用见表 2-1。

**表 2-1　各电磁波谱段的产生及其遥感应用特征**

| 产生方式 | 谱　段 | | 波　长 | 遥感应用特征 |
|---|---|---|---|---|
| 原子核内部的相互作用 | γ 射线 | | <0.03 nm | 来自太阳的辐射完全被上层大气所吸收,不能为遥感利用,来自放射性矿物的 γ 辐射作为一种探矿手段可被低空飞机探测到 |
| 层内电子的离子化 | X 射线 | | 0.03~3 nm | 进入的辐射全被大气所吸收,遥感中未使用 |
| 外层电子的离子化 | 紫外线 | | 3 nm~0.38 $\mu$m | 波长小于 0.3 $\mu$m 的由太阳进入的紫外辐射完全为上层大气中的臭氧所吸收 |
| | 摄影紫外 | | 0.3~0.38 $\mu$m | 穿过大气层,用胶片和光电探测器可检出,但是大气散射严重 |
| 外层电子的激励 | 可见光 | 紫 | 0.38~0.43 $\mu$m | 用照相机、电视摄像机和光电扫描仪等可检测,包括在 0.5 $\mu$m 附近的地球反射比峰值 |
| | | 蓝 | 0.43~0.47 $\mu$m | |
| | | 青 | 0.47~0.50 $\mu$m | |
| | | 绿 | 0.50~0.56 $\mu$m | |
| | | 黄 | 0.56~0.59 $\mu$m | |
| | | 橙 | 0.59~0.62 $\mu$m | |
| | | 红 | 0.62~0.76 $\mu$m | |
| 分子振动,晶格振动 | 红外线 | 近红外 | 0.76~3 $\mu$m | 初次反射的太阳辐射,0.7~1.4 $\mu$m 的辐射用红外胶片检测,称为摄影红外辐射 |
| | | 中红外 | 3~5 $\mu$m | 热区中的主要大气窗口,是一个宽谱段内的总辐射,用这些波长成像需要使用光学-机械扫描器 |
| | | 远红外 | 8~14 $\mu$m | |
| 分子旋转和反转,电子自转与磁场的相互作用 | 微波 | | 0.1~100 cm | 能穿透云和雾,可用于全天候成像。其下可续分为毫米波、厘米波和分米波 |
| 核自转与磁场的相互作用 | 无线电波工业用电 | | 100~106 cm >106 cm | 用于无线电通信,分超短波、短波、中波、长波 |

电磁波谱中的高频波段,如宇宙射线到大部分紫外线,粒子性特征明显;低频波段,如大部分红外线、微波、无线电波,波动性特征明显;处于中间波段的可见光和部分紫外线、红外线,具有明显的波粒二象性。这些不同的电磁波,从理论上讲都可进行遥感。但是,由于技术的限制和其他干扰,目前遥感使用的主要为可见光、红外线和微波。

### 2.1.3 电磁辐射的基本性质

电磁辐射是能量的一种动态形式,它把辐射源的能量通过自由空间传送到传感器上。那么,电磁辐射是怎样传播的呢?在传播中有哪些基本特性?这里主要介绍与遥感有关的基本性质。

1.电磁波传播的性质

(1)波的叠加原理

数列波在传播过程中,相遇后仍能保持它们各自原有的特性(频率、波长、振幅、振动方向等)不变,按照自己原来的传播方向继续前进,好像在各自的传播过程中,没有遇上其他波一样。在相遇区域内,任一点的振动为各波所引起的振动的合成,这也叫波的独立传播原理。电磁波的传播遵守这一原理。

在遥感中,所遇到的电磁波的波形都很复杂。但是,不管波的形式多么复杂,也无论其产生方式如何,实际上都可以用无穷个正弦波叠加构成,只要这些正弦波具有适当的振幅、频率和相位。

(2)电磁波的干涉

频率相同、振动方向相同、相位相同(或相位相差恒定)的两(数)列波相遇时,使某些地方振动始终加强,而在另一些地方振动始终减弱的现象叫作波的干涉现象。能产生干涉现象的波叫作相干波,其波源叫相干波源。相干现象的基本原理是波的叠加原理。

电磁波的相干对遥感来说是很重要的。如果有两列波投射到一个传感器上,这些波传递给探测器的功率能够被测量出来。假如是非相干波,则合成的波功率是两个分波的功率之和,投射到传感器上的总辐射强度为两分波辐射强度之和,即 $I = I_1 + I_2$,且传感器上的任何位置的强度是一致的。假如是相干波,合成波的功率可能大于也可能小于两个波分别投射时的功率之和,其辐射强度和振幅分别为

$$I = I_1 + I_2 + 2\sqrt{I_1 I_2 \cos \delta} \qquad (2-6a)$$

$$A = \sqrt{A_1^2 + A_2^2 + 2A_1 A_2 \cos \delta} \qquad (2-6b)$$

且传感器得到的辐射强度各个位置也不同。干涉有利的方面是利用能量增大趋势,使图像清晰,方向性强;不利的地方是造成同一物质所表现的性质不同,在分析图像时对于这些影响要特别注意。

(3)电磁波的衍射

波在传播过程中遇到阻碍物时,其传播方向要发生改变,能够绕过障碍物的边缘继续前进,这种现象叫作波的衍射。衍射现象可以用惠更斯原理解释。电磁波的衍射对遥感技术影响很大,表现为以下几点。

1)电磁波通过传感器的孔径而被切割时,就要发生衍射,使电磁辐射通量的数量、质量和方向都发生变化,结果测量不准确,对目标物的解译也带来困难。

2)影响遥感所用仪器的分辨能力,理论上光学仪器的最小分辨角 $\theta_0$ 为

$$\theta_0 = 1.22 \frac{\lambda}{D} \qquad (2-7)$$

式中　$\lambda$—— 电磁辐射的波长;

$D$—— 光学仪器的孔径。

3）缩小阴影区域。

（4）电磁波的偏振（极化）

1）偏振的概念。一般情况下,天然波的振动在垂直于传播方向的平面上可以取所有可能的方向,且波的振幅完全相等。如果波在各方向上振幅大小不相同,而且各方向振动之间没有固定位相关系,极大值与极小值之间的夹角为 90°,则称该波发生了偏振现象,常用偏振度 $p'$ 来衡量偏振程度,则有

$$p' = \frac{I_{max} - I_{min}}{I_{max} + I_{min}} \tag{2-8}$$

如果电磁波的电场强度 $E$ 的振动只限于某一确定方向,则称这种波为全偏振波,其中 $p' = 1$;如果 $1 < p' < 0$ 则称为部分偏振波。

2）偏振的产生。偏振波可以用偏振器产生,如图 2-3 所示,在电磁波传播方向上依次放两块偏振器 $P_1$ 和 $P_2$,当天然波（光）经过偏振器 $P_1$ 时,只有与偏振器 $P_1$ 方向一致的分振矢量才能通过,与 $P_1$ 方向垂直的分振矢量不能通过。通过偏振器 $P_1$ 的波就成为偏振波 $E_1$。偏振光再通过第二个偏振器 $P_2$ 时,视 $P_2$ 方向而定,如果 $P_2$ 与偏振波 $E_1$ 成一角度,则偏振波 $E_1$ 在 $P_2$ 方向的分量可以通过,垂直 $P_2$ 方向的分量被挡住,令通过的分量为 $E_2$,若 $E_1$ 的振幅为 $A_1$,$E_2$ 的振幅为 $A_2$,则光强分别为 $I_1 = A_1^2$,$I_2 = A_2^2$,且 $A_2 = A_1 \cos\theta$（$\theta$ 为 $P_1$ 与 $P_2$ 的夹角）,因此有

$$I_2 = I_1 \cos^2\theta \tag{2-9}$$

当 $P_1 /\!/ P_2$ 时,$\theta = 0°$,$I_2 = I_1$;当 $P_1 \perp P_2$ 时,$\theta = 90°$,$I_2 = 0$。

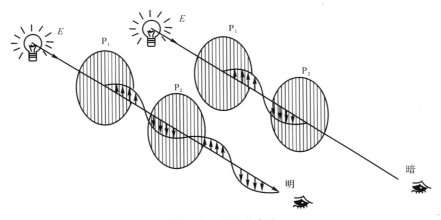

图 2-3　偏振的产生

3）偏振的作用。在遥感中,电磁波的偏振非常重要,如进入传感器的电磁波都有一定的偏振性,偏振摄影、侧视雷达成像接收的完全是偏振波,利用偏振原理制作立体镜进行遥感影像立体观察等。

（5）电磁波的多普勒效应

电磁辐射因辐射源或观察者相对于传播介质的运动,而使观察者接收到的频率发生变化的现象,称为多普勒效应。就是说,当一个频率为 $\nu$ 的电磁辐射源对于观察者做相对运动的时候,观察者从这个源接收到的辐射将具有另一个频率 $\nu_1$。$\nu$ 与 $\nu_1$ 的关系式为

$$\nu_1 = \nu \frac{v \pm v_0}{v \mp v_s}$$

式中　　$v$——波速；

　　　　$v_0$——辐射源相对介质的速度；

　　　　$v_s$——观察者相对介质的速度。

$$\nu_1 = \nu \frac{(1-\beta^2)^{\frac{1}{2}}}{1-\beta\cos\theta}$$

式中　　$\beta$——源与观察者的相对运动速度之比；

　　　　$\theta$——源的运动方向和与观察者方向的连线所成的夹角。

在源与观测者的相对运动速度远小于光速的情况下，可用近似公式表达，即

$$\Delta\nu = \nu_1 - \nu = \frac{\nu u}{c}\cos\theta \tag{2-10}$$

式中　　$\Delta\nu$——频率变化值；

　　　　$c$——电磁波的速度；

　　　　$u$——源与观察者之间的相对速度。

对于向着观察者运动的源，$\theta$ 为锐角，介于 $0° \sim 90°$ 之间，$\Delta\nu$ 是正值；对于背离观察者的源，而 $\theta$ 为钝角，$\Delta\nu$ 是负值。

在无人机侦察过程中，主动式侦察系统都是从运动着的无人机平台上发射电磁辐射，因此地面所接收到的辐射频率要发生改变；被改变了的辐射又被地面再反射到无人机平台上的传感器，传感器接收的辐射频率又要经过一次多普勒效应的改变。从发射到接收回波，其总的频率改变为单次多普勒效应的两倍。

$$\Delta\nu = \frac{2u}{\lambda}\cos\theta \tag{2-11}$$

### 2. 电磁辐射的光电效应

电磁辐射的能量激发物体，释放出带电粒子，形成光电流，这种现象称作电磁辐射的光电效应。光电效应是粒子性的明显表现，用光子假设可得到圆满的解释：电磁辐射照射到物质表面（金属物体），金属中的自由电子吸收了光子能量，而从金属中逸出。电子吸收一个光子，便获得 $h\nu$ 的能量，该能量一部分消耗于电子从金属逸出时克服表面对它的吸引力所需的逸出功 $A$，另一部分转换为电子的初动能，即

$$h\nu = \frac{1}{2}m\upsilon^2 + A \tag{2-12}$$

式中　　$m$——电子的质量；

　　　　$\upsilon$——电子的运动速度。

由公式可得出如下结论。

1）当电磁粒子的能量 $h\nu$ 小于电子逸出功 $A$ 时，电子不能脱出金属，只有当 $h\nu > A$ 时，即 $\nu > A/h$ 时，才能产生光电效应。即光电效应具有一定的截止频率，其数值为 $\nu_0 = A/h$。

2）电子的初动能和电磁辐射的频率呈线性关系。

3）光电流的强度和入射的电磁辐射强度成正比。

4）光电流呈瞬时性。

光电效应在无人机任务载荷工作中很重要，航空照相、电视摄像等利用的就是光电效应，把光像变成电子像，把对眼睛无作用的电磁辐射用一定的探测元件接收下来，使其通过光电效应变成电子像，最后变成可以看见的影像。

# 2.2　电磁辐射与物体的相互作用

在无人机空中侦察中,从辐射源发出的电磁辐射,经过自由空间的传播,到达大气和地面,经过与大气和地面的作用,又到达传感器上。在此过程中,电磁辐射一旦与物体接触,它所携带的能量就会表现出来,进行能量的交换,发生相互作用。作用的结果是使入射的电磁辐射发生变化。不同物体,由于组成它们的物质结构不同(分子、原子),与电磁辐射作用时,这些分子和原子在旋转和振动过程中,所产生的能级跃迁性能就不同,进而所反射或吸收的电磁波频率也不一样。这些不同就构成识别与区分物体的依据。

电磁辐射与物体作用后主要在强度、方向、波长(或频率)、相位等方面发生变化,甚至发生偏振。表现形式为物体使入射辐射发生反射、透射以及吸收和再发射等。电磁辐射和物体相互作用的本质是入射到物体的电磁辐射使物体表面的自由电荷和束缚电荷发生振荡运动,这种运动转而辐射出次级场返回初始介质或者向前进入第二种介质。具体地说,电磁辐射与物体相互作用,使得入射的电磁辐射($Q$)受到反射($Q_r$)、透射($Q_\tau$)和吸收($Q_a$)。根据能量守恒定律,入射的电磁辐射量等于作用后辐射量,即 $Q = Q_\tau + Q_a + Q_r$。

### 2.2.1　电磁辐射的反射

电磁辐射与物体作用后产生的次级波返回原来的介质,这种现象就称为反射,该次级波便称为反射波(辐射)。任何地面景物(以下简称地物)都具有反射和自己特有频率不同的外来辐射的能力。电磁辐射从某一特定物体上的反射强度在整个电磁波谱范围内是有显著差别的,它是波长、入射角、偏振和物体性质的函数,其中波长、入射角、偏振等变量,基本上与反射物体无关,这些参数可以通过用适当的遥感仪器以及工作条件来控制。因此,反射强度主要与物体的性质——电学性质和磁学性质,以及物体表面粗糙程度有关。

1. 反射系数

物体的反射能力常用反射系数来表示,其实质是反映反射与物体性质的关系。当前,使用最普遍的是菲涅尔反射系数 $r$,其表达式为

$$r_p = \frac{R_p}{E_p} = \frac{-\varepsilon\mu\cos\theta + \sqrt{\varepsilon\mu - \sin^2\theta}}{\varepsilon\mu\cos\theta + \sqrt{\varepsilon\mu - \sin^2\theta}} \qquad (2-13)$$

$$r_s = \frac{R_s}{E_s} = \frac{\cos\theta - \sqrt{\varepsilon\mu - \sin^2\theta}}{\cos\theta + \sqrt{\varepsilon\mu - \sin^2\theta}} \qquad (2-14)$$

式中　$R$——反射波的电矢量振幅;

$\quad\quad\ E$——入射波的电矢量振幅;

$\quad\quad\ \varepsilon$——介质相对介电常数;

$\quad\quad\ \mu$——相对磁导率;

$\quad\quad\ p$——下标,表示平行入射面的分量;

$\quad\quad\ s$——下标,表示垂直入射面的分量;

$\quad\quad\ \theta$——投射角(入射角)。

在垂直入射的情况下,$r_p = r_s$,式(2-13)和式(2-14)统一为

$$r = \frac{R}{E} = \frac{-\varepsilon\mu + \sqrt{\varepsilon\mu}}{\varepsilon\mu + \sqrt{\varepsilon\mu}} \qquad (2-15)$$

由上述公式可看出：反射系数是反射的电矢量振幅与入射的电矢量振幅之比，其实质是入射角、物体的介电常数及磁导率的函数。在入射角相同情况下，由于物体的结构不同，介电常数和磁导率不一样，所以有不同的反射系数，这种反射系数的差别就是区分不同物体的依据。

2. 物体表面状况对反射的影响

（1）物体表面的划分

物体的表面一般比较复杂，往往是粗糙不平的，根据它对反射的影响，分为两类：光滑表面和粗糙表面。二者的划分以入射波波长为标准，是一相对概念。

划分准则：物体表面的划分一般用瑞利准则，关系式为

$$d = \lambda/8\cos\theta \qquad (2-16)$$

式中　　$\lambda$——入射波的波长；

　　　　$\theta$——入射角。

如果物体表面的起伏度 $h \leqslant d$，则该表面为光滑表面——镜面；如果 $h > d$，则为粗糙表面。

上述表明：入射辐射的波长决定了反射表面的粗糙度，入射波长不一样，同一物体的表面可显示不同的粗糙度，如土壤对无线电辐射是光滑的，而对可见光是粗糙的。一般说来，凡物体表面的颗粒线度 $h$ 远小于入射波的波长，该表面属光滑表面——镜面；当入射波的波长远小于物体表面起伏度或构成表面的颗粒的线度 $h$ 时，该表面就是粗糙表面。另外，入射角对表面的粗糙度也有影响，入射角越大，表面的粗糙度越小；反之，入射角越小，则粗糙度越大。

（2）反射类型

1）镜面反射。由光滑表面产生的反射叫镜面反射，其反射方向遵守反射定律，可以用菲涅尔反射系数表示反射能力的大小，且反射波具有高度的方向性，位相相干。当光束接近正入射（入射角约等于0）时，反射率为

$$\left. \begin{array}{l} p = \left(\dfrac{n_1 - n_2}{n_1 + n_2}\right)^2 \\[2mm] p = \left(\dfrac{n-1}{n+1}\right)^2 \end{array} \right\} \qquad (2-17)$$

其中，$n_1$，$n_2$ 分别是两种介质的真实折射率。

2）漫反射。粗糙表面上产生的反射称漫反射，其反射波方向不遵守反射定律，在物体表面各个方向都有反射，反射强度遵循朗伯定律，即 $I = I_0\cos\theta$，反射波很少有方向性，相位不相干，振幅以随机方式涨落，漫反射的反射率为

$$p' = p/\pi \qquad (2-18)$$

物体的实际表面既非镜面，也不是粗糙表面，因此电磁辐射在各个方向上都有反射，但在某一方向，反射波要强一些，这种现象称为方向反射。方向反射相当复杂，其反射率是入射角、反射角、入射方位角和反射方位角的函数。各种反射如图2-4所示。

图 2-4　反射的类型

### 2.2.2　电磁辐射的发射

**1.黑体辐射**

自然界温度高于绝对 0℃的物体都具有发射电磁辐射的能力,其能力的大小主要取决于物体的温度和本身的性质。由于自然界物质的千差万别,所以物体的辐射情况相当复杂。因此,在研究真实物体的辐射时,为方便起见,引入一个理想物体——黑体。

所谓黑体是指一个完全的辐射吸收和辐射发射体,即在任何温度下,对所有波长的电磁辐射都能够完全吸收,同时能够在热力学定律所允许的范围内最大限度地把热能变成辐射能的理想辐射体。它是研究物体发射的计量标准。

根据对大量实验数据的研究发现,黑体的辐射通量密度按波长或频率的分布是稳定的,仅与其本身的温度有关,而与黑体的材料和性质无关。不同温度下,各种波长的光谱辐射通量密度变化曲线如图 2-5 所示。

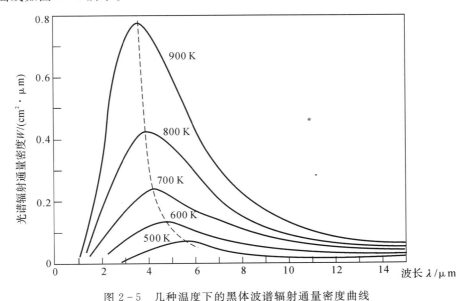

图 2-5　几种温度下的黑体波谱辐射通量密度曲线

对上述实验结果,可以利用相关的黑体辐射基本定律加以解决,这部分内容将在无人机红外成像原理中加以介绍。

**2.物体的发射**

任何物体都具有吸收外来电磁辐射的能力,物体把吸收的能量经转化后,又以辐射的形式发射出来,地面物体的发射是与其吸收外来电磁辐射紧密联系着的。1860 年,基尔霍夫据此提出了在给定温度下,物体对任一波长的发射与吸收之间的关系。

自然界中的物体都不是黑体,其吸收率永远小于1,因而对任何波长的光谱发射率,总是小于同温度下的黑体的光谱发射率。

根据物体光谱发射率的变化,可将物体分为三类:黑体、灰体和选择性辐射体(具体定义将在无人机红外成像原理中加以介绍),三类辐射体的光谱发射率如图 2-6 所示。

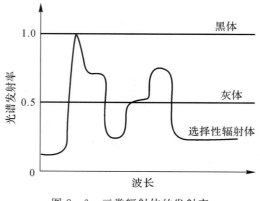

图 2-6　三类辐射体的发射率

**3. 遥感辐射源**

凡是能够产生电磁辐射的物体,叫作辐射源。它分为两大类:人工辐射源和天然辐射源。主动遥感方式接收的是人工辐射源发出的电磁辐射的回波,如机载侧视雷达系统。被动遥感方式接收的是天然辐射源的电磁辐射(反射、发射、散射等)。在自然界最大的天然辐射源是太阳和地球,它们是遥感信息的主要提供者。

**(1)太阳的电磁辐射**

太阳是一个温度很高的球体,其表面温度为 6 000 K 左右,蕴藏着巨大的能量。它以接近于黑体辐射的能力向外散发着电磁辐射,这些辐射在射出太阳蒙气时,部分地被吸收。地球与太阳距离 $1.5 \times 10^{8}$ km,因此到达地球上的太阳辐射,是极少的一部分(二十亿分之一)——地球挡住太阳辐射行程上的电磁辐射,大部分则向宇宙空间的其他方向射去。到达地球大气上界面的太阳光谱辐射照度是 $1\,400 \times 10^{-4}$ W·cm$^{-2}$,太阳常数 $S^{*} = 1.367 \times 10^{-1}$ W·cm$^{-2}$。这一部分太阳辐射又经过大气的作用,最后到达地球表面,这个能量相当于 $903 \times 10^{-4}$ W·cm$^{-2}$。地球是一个球体,仅半个球面承受太阳辐射,且球面上的各个部分因太阳高度角不同,能量的分布也不均衡,直射时接收的多,斜射时则少。

太阳的光谱辐射照度如图 2-7 所示,组成极为复杂,分布范围很广。但是,主要能量集中在 $0.2 \sim 3$ μm 之间,其中,可见光范围($0.38 \sim 0.76$ μm)刚好全部包含在该区域,约占总能量的一半。太阳辐射的峰值在 $0.5$ μm 附近,相当于可见光中的绿色光。

若把太阳对地面的有效光谱辐射照度视为 $903 \times 10^{-4}$ W·cm$^{-2}$ 时,地面接收到的太阳辐射通量密度按波段分布大体如下:

$0.2 \sim 1.4$ μm 段为 $820 \times 10^{-4}$ W·cm$^{-2}$,占 90.8%;

$1.4 \sim 1.8$ μm 段为 $47 \times 10^{-4}$ W·cm$^{-2}$,占 5.2%;

$1.8 \sim 2.5$ μm 段为 $24 \times 10^{-4}$ W·cm$^{-2}$,占 2.6%;

$3.0 \sim 4.2$ μm 段为 $10 \times 10^{-4}$ W·cm$^{-2}$,占 1.1%;

$4.5 \sim 5.5$ μm 段为 $1.6 \times 10^{-4}$ W·cm$^{-2}$,占 0.18%;

$7.5 \sim 14$ μm 段为 $1.0 \times 10^{-4}$ W·cm$^{-2}$,占 0.11%。

无人机空中侦察也属于遥感的范畴,而遥感最常用的波段为 $0.32 \sim 1.1$ μm,其辐射通量密度占地面太阳辐射总通量密度的 85% 以上。

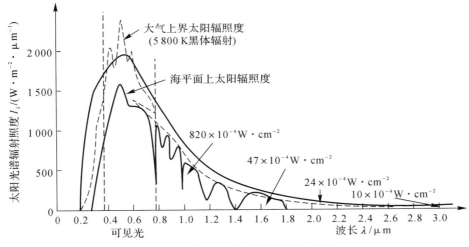

图 2-7　太阳光谱辐射照度分布曲线

（2）地球的电磁辐射

地球表面的平均温度大约是 300 K，它的电磁辐射近似于该温度下的黑体辐射，如图 2-8 所示。地球辐射的能量分布在从近红外到微波这一很宽的范围内，但大部分能量集中在 4～30 $\mu$m 之间。各波段所占的能量比例大约是：0～3 $\mu$m 段占 0.2%，3～5 $\mu$m 段占 0.6%，5～8 $\mu$m 段占 10%，8～14 $\mu$m 段占 50%，14～30 $\mu$m 段占 30%，30～1 000 $\mu$m 段占 9%，1 mm 以上微波占 0.2%。地球辐射也被大气强烈吸收。

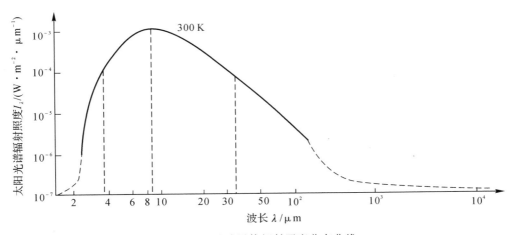

图 2-8　地球黑体辐射照度分布曲线

在太阳辐射入射到地球表面后，一部分被吸收（68%），一部分被地面反射回空间（32%）。反射回去的太阳辐射，属于近紫外、可见光和近红外。太阳辐射被吸收的部分，通过能量转换，一部分变为热能，使地面物体具有温度，能发射电磁辐射。温度不同，说明该物体所具有的热能量不同，因而所辐射的电磁波波长有差异。

因此说，地面物体的电磁辐射信息包括两部分：一部分是反射信息，只能在白天接收；一部分是发射信息，既能在白天接收，又能在夜间接收。

### 2.2.3 物体的波谱特性

所有物体都具有反射和发射电磁辐射的本领,但是,物体在不同波长处其反射或发射电磁辐射的能力是不同的。这种辐射能力随波长改变而改变的特性,称为物体的波谱特性。不同物体由于其表面状况和内部组成物质不同,或同一物体在不同的环境条件下,由于入射辐射的不同,具有不同的波谱特性,这种差别被传感器探测记录下来,形成不同的影像特征,成为我们识别物体的依据。因此,物体波谱特性的研究和测定是遥感技术的一个重要组成部分,它既为传感器工作波段的选择提供依据,又是遥感图像分析处理和解译的理论基础。

1. 物体的反射波谱特性

（1）反射波谱概念

1）反射波谱。物体对电磁辐射的反射能力与入射的电磁辐射的波长有十分密切的关系,不同物体对同一波长的电磁辐射具有不同的反射能力,而同一物体对不同波长的电磁辐射也具有不同的反射能力,把物体对不同波长的电磁辐射反射能力的变化,亦即物体的反射系数（率）随入射波长的变化规律叫作该物体的反射波谱。

地球表面的物体反射的大部分电磁辐射能量都来自太阳,各种遥感方式主要记录这种反射的能量。各种传感器的通道也是与地面物体的反射窗口波段相对应的。

2）反射波谱曲线。物体的反射波谱常用曲线表示,称为反射波谱曲线。它以横轴代表波长,纵轴代表反射率的直角坐标系来表示。图 2-9 所示是几种地物典型的反射波谱曲线。

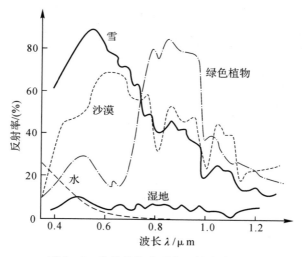

图 2-9 几种地物典型的反射波谱曲线

由图 2-9 可看出:由于物体的反射波谱不同,便形成了物体的不同颜色,在遥感影像上就显示为不同的色调灰度。

（2）岩石的反射波谱

岩石的反射波谱主要取决于矿物类型、化学成分、太阳高度角、方位角、天气等。此外覆盖于其上的土壤、植被对岩石的波谱特性影响也很严重,图 2-10 所示为几种岩石的反射波谱曲线。

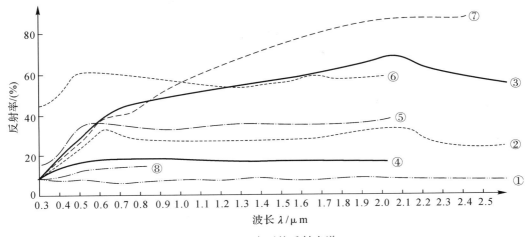

图 2-10　岩石的反射光谱

①—超基性岩；　②—大理岩；　③—砂岩；　④—玄武岩；

⑤—花岗闪长岩；　⑥—花岗岩；　⑦—页岩；　⑧—安山岩

由图 2-10 可见，在可见光部分岩石的反射率差别很小，$0.6\sim0.7\ \mu\mathrm{m}$ 的红光波段不同岩石的反射率曲线彼此很少交叉，尽管其间的差值很小，但信息丰富；在近红外波段，反射率差值较大，有利于进行遥感，但由于大气窗口的限制，只能用 $1.55\sim1.75\ \mu\mathrm{m}$ 和 $2.08\sim2.35\ \mu\mathrm{m}$ 两个波段。

一般同类岩石的反射波谱曲线的形状一致，但其反射率的绝对值不相等，大小与暗色矿物含量的多少有关，如岩石的反射率变化规律：基性岩＜中性岩＜酸性岩。此外，风化的岩石比新鲜岩石的反射率高，如图 2-11 所示。

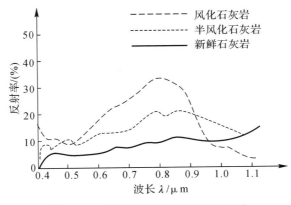

图 2-11　石灰石的波谱反射特性曲线

（3）水的反射波谱

水体的反射率在整个波段范围内都很小，从蓝光段的 15% 降至红光段的 2%，进入红外波段后几乎等于零。影响水体反射率的主要因素是水的混浊度、水深以及波浪起伏、水面污染、水中生物等，如图 2-12 所示。

洁净的水对蓝紫光有一些反射，其余波段大部分被吸收；蓝紫光也能穿透一定深度的水层

(2～20 m)。如果水较深,逐渐被吸收,如果水较浅,部分光线可反射返回地面。水中的悬浮沙粒径大于太阳光谱波长,结果产生米氏散射,使水的反射率在各波段都有所提高,尤其在黄红波段,增加更大。水中的浮游生物由于其含叶绿素,所以在红外波段有较高的反射率,水面因石油污染形成的油膜通常在紫外波段有较高的反射率。水面波浪起伏也可增加反射率。

另外,在平静的水面上,常会出现镜面反射,因此在测量水的反射波谱时,要注意避免镜面反射。

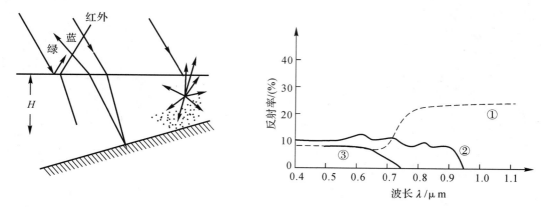

图 2-12  水的反射光谱曲线
①—藻类浮游物;  ②—含沙水流;  ③—清水

(4)植物的反射波谱

1)植物的反射特征。绿色植物的叶子由表皮、叶绿素颗粒组成的栅栏组织和多孔薄壁细胞组织构成,入射到叶子上的太阳辐射透过上表皮,蓝、红光波段被叶绿素吸收进行光合作用,绿光大部分也被吸收,仅有少部分被反射,因此叶子呈现绿色;而近红外线则穿透叶绿素,被多孔薄壁细胞组织反射,因此在近红外波段上形成强反射(见图 2-13)。

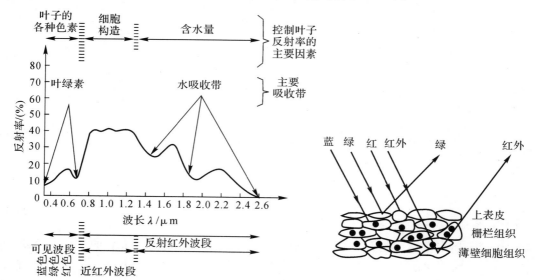

图 2-13  绿色植物叶片结构与光谱反射特性

　　2)影响植物反射的因素。自然界植被的情况相当复杂,并非都具有完全一致的反射光谱曲线,由于受植物种类、季节、生长状况、健康水平以及太阳辐射的影响,结果使得植物的反射波谱曲线千差万别。

　　·不同植物或同一植物的不同生育期、不同的健康状况,其反射波谱不同,因而就有可能在曲线的某一波段上鉴别植物的种类、生育期和健康状况,如图 2-14 所示。

　　·植物叶片重叠时,其反射辐射在可见光部分几乎不变,而在近红外部分由于叶片对红外线的透射(50%左右)和重复反射,反射率可增加 20%~40%,因而可以根据反射红外线的强弱来确定植物的长势,如图 2-15 所示。

　　·背景信息。植物都处在地表背景之中,实际遥感测得的不是植物,而是处于不同层位、不同生长状况下的植物群落,作为背景的地面反射也将参与植物的反射,被传感器所接收。

　　总之,植物的反射波谱特性,实际上是叶片、树干、果实以及开花部分的波谱特性的综合反映,同时也受背景土壤和太阳高度角的影响。

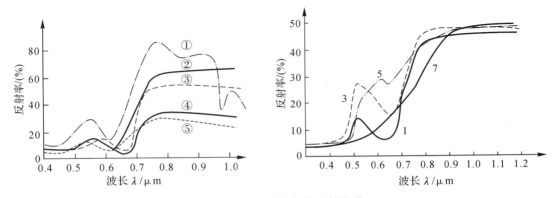

图 2-14　不同植物的反射波谱

①—小麦;　②—柳树;　③—红枫树;　④—枯黄阔叶树;　⑤—松树

1—健康叶片;　3,5,7—褪色期的老叶片

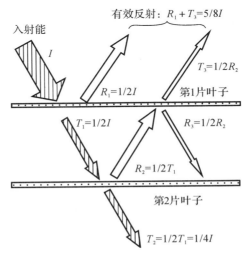

图 2-15　多片叶子层对植物反射率的影响

（5）土壤的反射波谱

土壤对电磁辐射的反射状况很复杂，许多可变因素，如土壤类型、表面粗糙度、太阳高度角和水分含量等，都影响土壤的反射波谱特性。一般在可见光区土壤的反射率高于植物，而在近红外波段则相反。

1）土壤类型不同，反射波谱相异如半沙漠地区的土壤，反射率较高，在近红外波段和植物的反射率几乎相当，而在红光波段相差很大；黑土的反射率在所有波段都很低。

2）土壤颗粒小的表面反射率大，大的反射率小。

3）含水量。干燥土壤具有较高的反射率，当土壤中所含水分不超过某一湿度界线时，潮湿土壤的反射率几乎不变；当土壤中所含水量大于某一湿度界线时，反射率显著降低；当土壤被一薄水层包围时，反射率再次上升。

4）矿物成分。土壤的矿物成分影响着反射率。一般当石英含量高时，土壤有较高的反射率，黑云母的含量高时，则具低的反射率。土壤中腐殖质与铁的氧化物之比较小时，光谱曲线在红光段有一个最大的反射值。如果土壤表面形成一层盐壳，在可见光波段具有相当高的反射率（60%～85%）。

2. 物体的发射波谱特性

（1）发射波谱

物体对不同波长的电磁辐射发射能力的变化规律叫作物体的发射波谱。表 2-2 所示是常温下几种物体的发射率，表 2-3 所示是几种物体在不同温度下的发射率。

表 2-2 常温下主要物体的发射率

| 目标 | 发射率 | 岩石－矿物 | 发射率 | 土壤－植被 | 发射率 | 水 | 发射率 |
|---|---|---|---|---|---|---|---|
| 人皮肤 | 0.98～0.99 | 石墨 | 0.98 | 灌木 | 0.98～1 | 水 | 0.98 |
| 木板 | 0.98 | 大理石 | 0.95 | 麦地 | 0.93 | 霜 | 0.98 |
| 柏油路 | 0.93 | 石英 | 0.89 | 稻田 | 0.89 | 水（蒸馏） | 0.96 |
| 土路 | 0.83 | 橄榄岩 | 0.88 | 黑土 | 0.87 | 冰 | 0.96 |
| 粗钢板 | 0.82 | 砂岩 | 0.83 | 黄黏土 | 0.85 | 雪 | 0.85 |
| 炭 | 0.81 | 安山岩 | 0.77 | 草地 | 0.84 | | |
| 铸铁 | 0.21 | 玄武岩 | 0.69 | 腐殖土 | 0.64 | | |
| 铁 | 0.05 | 红砂岩 | 0.59 | | | | |
| 铝（光面） | 0.04 | 花岗岩 | 0.44 | | | | |
| | | 石油 | 0.27 | | | | |

表 2-3 一些岩石在波长为 8～12 μm 的发射率

| 温度<br>岩石 | -20℃ | 0℃ | 20℃ | 40℃ |
|---|---|---|---|---|
| 石英 | 0.694 | 0.682 | 0.627 | 0.664 |
| 长石 | 0.826 | 0.822 | 0.819 | 0.817 |
| 花岗岩 | 0.787 | 0.783 | 0.780 | 0.977 |
| 黑岩 | 0.904 | 0.905 | 0.906 | 0.907 |
| 大理石 | 0.941 | 0.942 | 0.942 | 0.943 |

在相同温度条件下,物体的发射本领取决于它的表面性质(颜色和表面粗糙度)和内部热学性质。一般地说,表面比较粗糙和颜色较深的物体,具有较高的发射本领,表面比较光滑和颜色较浅的物体,发射率较低。金属的发射率很低,这是由于它比热小,热惯量小,具有很高的热导率和扩散率的缘故。金属的发射本领随温度的升高而增加,并且当表面形成氧化层时,可以成十倍或以更大的倍数增加。非金属的发射本领较高,一般发射率大于0.8,并且在地面常温下,随温度的增高而减小。

(2)几种物体的发射波谱曲线

1)火焰的光谱曲线。图2-16(a)(b)所示分别为天然气燃烧和森林火的发射波谱,各种不同类型火焰的发射光谱都很相似,所有的强辐射带波长都在4～5 $\mu m$,而弱带波长在3 $\mu m$以下,这主要是燃烧产生了二氧化碳和水蒸气,形成吸收带。

2)冰、水、土壤的辐射照度曲线。如图2-17所示,冰、水和土壤的发射能力在微波段有较大的差异,在此可以被区分。

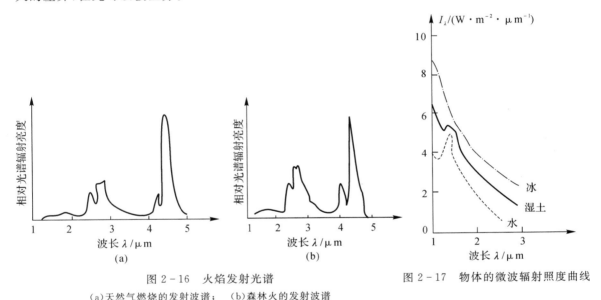

图 2-16　火焰发射光谱

(a)天然气燃烧的发射波谱;　(b)森林火的发射波谱

图 2-17　物体的微波辐射照度曲线

3.地面物体波谱特性的测量

地面物体发射波谱和反射波谱的测定可在实验室和野外试验区进行。

波谱特性不受环境影响的物体均可在实验室进行测量。但是波谱特性不受环境影响的物体几乎是不存在的,因此实验室内测定主要是对岩石、矿物、土壤和植物进行模拟试验,从理论上研究影响波谱特性的因素及其变化规律。室内测定的优点是测量条件稳定,测量精度较高,有利于理论分析。但是,有些物体采样破坏了它的物理与几何特性,测量条件不易达到存在于野外天然的状态,因此测量结果不能反映野外的真实情况。

大多数物体的波谱特性是随环境而变化的,因此主要是在野外进行测量。野外测定结果比较接近实际情况,但是由于各种条件的限制,测量精度较低。

由于自然界中的各种物体并不是理想的漫反射体,也不是镜面反射体。所以,太阳高度角和方位角及仪器的高度角和方位角,以及光轴倾角的变化,对地物波谱特性的测量都会产生一定的影响。因此,在波谱测定中,一定要选择最佳测量条件。同时,还必须选择合适的地面试验区,对试验区内各种地物及有关环境条件和物理参数进行测量。这些物理参数主要有,表面的水分含量,地面覆盖层结构,风化面情况,测区地理位置和太阳高度角,大气状况等。最后进行综合分析,只有这样,才能确定试验区内各种物体的波谱特性及其变化规律。

测定物体波谱特性的仪器、方法等,请参阅相关资料。

# 2.3 电磁辐射的大气传输

大气在现代遥感技术中处于特殊的地位,它既是遥感的对象,又是从空间遥感地面时电磁辐射必须通过的介质。太阳辐射通过地球大气照射到地面,经过与地面物体的作用又反射回大气,再经过大气到达传感器。因此,电磁辐射与大气的相互作用对遥感影响很大,我们必须详细研究大气对电磁辐射的传输特性。

电磁辐射与大气的相互作用主要有三种方式:散射、吸收和透射,其作用强度取决于大气的物质成分、结构和通过大气时的路程长短。

### 2.3.1 地球大气概况

1. 大气的组成

地球大气由多种气体组成,此外还包含着少量的水汽和杂质。大气成分主要有氮气、氧气、氩气、二氧化碳、氖、甲烷、氧化氮、氢(这些气体在 80 km 以下的相对比例保持不变,称不变成分),臭氧、水蒸气、液态和固态水(雨、雾、雪、冰等)、盐粒、尘烟(这些气体的含量随高度、温度位置而变,称为可变成分)等,干洁大气的组成见表 2-4。

**表 2-4 干洁空气的成分(25 km 高度以下)**

| 气 体 | 体积分数/(%) | 相对分子质量 | 气 体 | 体积分数/(%) | 相对分子质量 |
|-------|-----------|-----------|-------|-----------|-----------|
| 氮 | 78.09 | 28.016 | 氖 | $1.8 \times 10^{-3}$ | 20.183 |
| 氧 | 20.95 | 32.00 | 氦 | $5.24 \times 10^{-4}$ | 4.003 |
| 氩 | 0.93 | 39.944 | 氪 | $1.1 \times 10^{-4}$ | 83.700 |
| 二氧化碳 | 0.03 | 44.010 | 氢 | $5.0 \times 10^{-5}$ | 2.016 |
| 臭氧 | $1.0 \times 10^{-2}$ | 48.000 | 氙 | $8.7 \times 10^{-6}$ | 131.300 |

2. 大气的结构

地球大气从垂直方向可划分成四层:对流层、平流层、电离层和外大气层。

(1)对流层

从地表到平均高度 12 km 处,其主要特点如下所述:

1)温度随高度上升而下降,每上升 1 km 下降 6℃。

2)空气密度和气压也随高度上升而下降,地面空气密度为 $1.3 \times 10^{-3}$ g/cm³,气压为 $10^5$ Pa。对流层顶部空气密度仅为 $0.4 \times 10^{-3}$ g/cm³,气压下降到 $0.26 \times 10^{-3}$ Pa 左右。

3)空气中不变成分的体积分数分别为氮占 78.09%,氧占 20.95%,氩等其余气体共占不到 1%。可变成分中,臭氧较少,水蒸气体积分数不固定,在海平面潮湿的大气中,水蒸气体积分数可高达 2%,液态和固态水也随气象而变化。在 1.2～3.0 km 处的对流层中是最容易形成云的区域,近海或盐湖上空含有盐粒,城市工业区和干旱无植被覆盖的地区上空有尘烟微粒。

(2)平流层

在 12～80 km 的垂直区间中。平流层又可分为同温层、暖层和冷层。空气密度继续随高度上升而下降。这一层中不变成分的气体体积分数与对流层的相对比例关系一样,只是绝对密度变小,平流层中水蒸气体积分数很少,可忽略不计。臭氧体积分数比对流层大,在这一层的 25～30 km 处,臭氧体积分数量较大,这个区间称为臭氧层。再向上又减少,至 55 km 处趋近于零。

(3)电离层

80～1 000 km 为电离层。电离层空气稀薄,因为太阳辐射作用而发生电离现象,分子被电离成离子状态。电离层中气体成分为氧、氮、氢及氧离子,无线电波在电离层中发生全反射现象。电离层温度很高,上层达 600～800℃。

(4)外大气层

1 000 km 以上为外大气层,1 000～2 500 km 间主要是氦离子,称为氦层;2 500～25 000 km 处主要成分是氢离子,氢离子层又称质子层,温度可达 1 000℃。

### 2.3.2　大气传输特性

电磁辐射穿过大气时,会被大气衰减,若入射辐射强度为 $I_0$,经过大气路程为 $x$,则穿过该大气路程后的辐射强度为 $I_\tau$,则有

$$I_\tau = I_0 e^{\sigma x} \tag{2-19}$$

式中,$\sigma$ 称为衰减系数或消光系数。根据透射率 $\tau$ 的定义,有

$$\tau = I_\tau / I_0 = e^{\sigma x} \tag{2-20}$$

式中,$\sigma$ 主要包括大气散射系数 $\gamma$ 和吸收系数 $k$,即

$$\sigma = \gamma + k \tag{2-21}$$

$\sigma$ 和 $\tau$ 用在不同的场合,一般在研究大气本身的性质时用衰减系数,而将大气作为介质,研究地面物体时用透射率。

大气对电磁辐射的影响主要是散射和吸收。

1. 大气散射

(1)散射的概念

散射是指电磁辐射与结构不均匀的物体作用后,产生的次级辐射无干涉抵消,而是向各个方向传播的现象,它实质是反射、折射和衍射的综合反映。散射主要发生在可见光波段,其性质和强度取决于大气中分子或微粒的半径,与被散射光的波长 $\lambda$ 二者之间的相互对比关系。

(2)散射的类型

散射能力的大小常用散射系数来表达。散射系数 $\gamma$ 与波长 $\lambda$ 的关系一般用下述关系式表示:

$$\gamma = \lambda^{-\psi}, \quad 0 \leqslant \psi \leqslant 4 \tag{2-22}$$

式中,$\psi$ 的取值决定于 $r$ 与 $\lambda$ 的关系;$r$ 为气体中微粒的半径。根据 $r$ 和 $\lambda$ 二者的对比关系,以及散射的性质、强度,散射现象可分为三类:

1) 瑞利散射。当 $r \ll \lambda$ 时,发生的散射称瑞利散射,它的散射强度与入射辐射的波长的四次方成反比,即

$$\gamma \propto \frac{1}{\lambda^4} \propto \nu^4 \quad (\lambda \gg r) \tag{2-23}$$

由公式得,入射辐射的波长愈短,散射能力愈强,由于大气分子的半径是 $10^{-4} \mu m$ 量级的,可见光波长为 $10^{-1} \mu m$ 量级的,符合 $r \ll \lambda$,因此大气分子的散射属此,故瑞利散射又称分子散射。在晴天,空气对波长短的蓝光散射强,天空呈蓝色;而黎明和黄昏时,太阳辐射穿过大气的路程长,蓝绿光已被散射殆尽,只剩下黄红光,因此阳光呈黄红色。

2) 米氏散射。当 $\lambda = r$ 时,发生的散射称米氏散射,其散射程度约与波长的二次方成反比,即有

$$\gamma \propto \frac{1}{\lambda^2} \propto \nu^2 \quad (\lambda = r) \tag{2-24}$$

3) 粗粒散射。当 $\lambda \ll r$ 时,发生的散射称粗粒散射,其散射强度与波长无关,是非选择性散射。大气中的液、固态水和固体杂质 $r > 1 \mu m$,都大于可见光的波长 $(\lambda < r)$,因此它们对可见光散射出的辐射呈白色,如云、雾等呈白色即是这个原因。

2. 大气吸收

(1) 吸收的概念

吸收电磁辐射是物质的普通性质,是指电磁辐射与物体作用后,转化为物体的内能。根据吸收的强弱和随波长的变化,吸收分为两种。

1) 一般吸收。在电磁辐射的整个波段内都有吸收,且吸收率随波长的变化几乎不变的吸收。

2) 选择吸收。在一些波段上吸收很大,而一些波段上吸收很少,即吸收率随波长的变化有急剧变化的吸收。

任何物质对电磁辐射的吸收都由这两种吸收组成,如石英在可见光范围内为一般吸收,在红外波段为选择吸收。

(2) 朗伯定律

电磁辐射通过介质时,由于介质的吸收作用。强度必然减弱,减弱程度用朗伯定律表示:

$$I = I_0 e^{-kx} \tag{2-25}$$

式中　　$k$——吸收系数;

　　　$I_0$——入射辐射强度;

　　　$I$——吸收后的强度;

　　　$x$——吸收层厚度。

吸收系数 $k$ 是波长的函数,在一般吸收的波段内,$k$ 近似于常数,在选择吸收的波段内,$k$ 随波长不同有显著变化。吸收系数 $k$ 愈大,辐射被吸收的愈强烈。

(3) 大气对电磁辐射的吸收

大气中有许多对电磁辐射具吸收性的物质,它们选择吸收电磁辐射的某些波段,主要的吸收物质和吸收波段如图 2-18 所示。

1) 水汽 $(H_2O)$ 吸收。水汽对电磁辐射的吸收最为显著,其吸收带集中在中红外波段,实验表明液态和固态水比气态水具更强的吸收能力。水汽吸收带很多,归纳起来为如下几种:

- 2 个宽的强吸收带：波长为 $2.27 \sim 3.57~\mu m$ 和 $4.9 \sim 7.8~\mu m$。
- 2 个窄的强吸收带：其中心波长分别为 $1.38~\mu m$，$1.86~\mu m$。
- 1 个弱的窄吸收带：波长 $0.7 \sim 1.23~\mu m$。

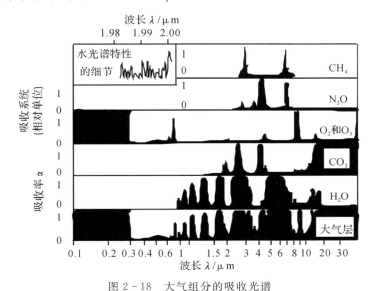

图 2-18　大气组分的吸收光谱

2）臭氧（$O_3$）吸收。臭氧吸收集中在紫外波段，对波长 $0.3~\mu m$ 以下的波段全部吸收，在 $9.6~\mu m$ 附近有一很窄的弱吸收带。

3）氧气（$O_2$）吸收。氧气对电磁辐射的吸收发生在小于 $0.2~\mu m$，$0.69~\mu m$，$0.76~\mu m$ 几处，但都很弱。

4）二氧化碳（$CO_2$）吸收。$CO_2$ 对电磁辐射的吸收主要发生在大于 $2~\mu m$ 的红外波段。

- 1 个宽的强吸收带：波长大于 $13~\mu m$ 的超远红外线几乎全被吸收。
- 2 个窄的强吸收带：$2.6 \sim 2.8~\mu m$ 和 $4.1 \sim 4.45~\mu m$。

此外，尘埃、水滴、$N_2O$、$CH_2CO$ 等也对电磁辐射有所吸收。

### 2.3.3　大气透射和大气窗口

**1. 大气透射**

透射是指电磁辐射与介质作用后，产生的次级辐射和部分原入射辐射穿过该介质，到达另一种介质的现象或过程，一般用透射率 $\tau$ 来表示透射能力，$\tau=$ 透射能量/入射能量。电磁辐射经大气输送时，由于大气的散射和吸收，其辐射能受到强烈的衰减，如太阳辐射中的可见光，经过大气时，其吸收率 $\alpha=14\%$，散射率 $\gamma=23\%$，所以透过大气到达地面的只有 $\tau=63\%$。

**2. 大气窗口**

大气窗口是指大气对电磁辐射的吸收和散射都很小，而透射率很高的波段。换句话说，就是电磁辐射在大气中传输损耗很小，能透过大气的电磁波段。电磁波谱上的大气窗口如图 2-19 所示。

Ⅰ. $0.15 \sim 0.20~\mu m$：远紫外窗口，目前尚未利用。

Ⅱ. $0.30 \sim 1.30~\mu m$：以可见光为主体的窗口，包括部分紫外和红外波段，它是目前应用最为广泛的一个窗口。可以用胶片感光摄影、扫描,也可用光谱测定仪和射线测定仪进行测量记录。

Ⅲ.1.40～1.90 μm:近红外窗口,透射率60%～95%,不能为胶片感光,只能为光谱仪及射线测定仪记录。

Ⅳ.2.05～3.00 μm:近红外窗口,透射率超过80%,同样不能为胶片感光,其中 2.08～2.35 μm窗口有利于遥感。

Ⅴ.3.50～5.50 μm:中红外窗口,透射率60%～70%,是遥感高温目标,如森林火灾,火山喷发等监测所用。

Ⅵ.8～14 μm:远红外窗口,透射率80%,当物体温度在 27℃时,能测得其最大发射强度。

Ⅶ～Ⅺ.位于毫米波段,这些窗口目前遥感还没有利用,或者不能利用(Ⅷ)。

Ⅻ.波长>1.50 cm,即微波窗口,其电磁波已完全不受大气干扰,即所谓"全透明"窗口,故微波遥感是全天候的。

对大气透射的研究,有非常重要的意义:为传感器寻找最佳通道,给辐射校正提供基本资料。如对地面物体进行遥感时,一定要选用"大气窗口",否则物体的电磁波信息到达不了传感器;而要对大气遥感,则应选择衰减系数大的波段,才能收集到有关大气成分、云高、气压分布和温度等方面的信息。

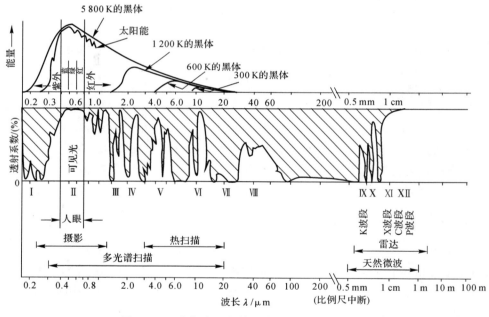

图 2-19  大气窗口及其遥感应用的电磁波谱图

# 习　题　2

1.简述电磁辐射的主要特性。

2.简述电磁波谱的划分及其遥感应用的主要特征。

3.电磁辐射的基本性质有哪些?

4.电磁辐射与物体的相互作用主要包括哪几个方面?

5.分析太阳和地球两个遥感辐射源的主要特点及其对地面物体电磁辐射的影响。

6.简述物体发射波谱与反射波谱特性,分析主要物体的反射和发射波谱特征。

7.分析如何根据植物的波谱特性判别其生长特点。

8.简述电磁波谱的大气传输特性及如何利用大气窗口实现对地面物体的探测。

# 第3章　无人机航空摄影原理

航空摄影属于遥感的范畴,是空中摄影的一个重要分支,通常将摄影高度在 10 km 以下的空中摄影称为航空摄影。而无人机航空摄影就是将航摄仪安装在无人机飞行载体上,按照一定要求对地面实施摄影的过程。其目的是为了获取指定地区的航摄影像,并在这些影像上记录地物、地貌特征以及地物之间的相互关系。还可以利用这些航摄影像直接进行地形、地物等辨识,提取 DEM、DOM 等数据信息,进而生成无人机航空摄影资料,这些航摄资料可应用于资源普查、环境保护、公共安全、电影拍摄等民用领域,更广泛应用于军事侦察领域。

## 3.1　概　　述

### 3.1.1　航空摄影发展历程

1849 年人类发明了照相机,为航空摄影发展提供传感器设备支撑;1858 年纳达从气球上对法国巴黎地面进行拍照活动,虽然从气球上拍摄的城市照片只有观赏价值,但却开创了从空中观察地球的历史;1903 年莱特兄弟发明了飞机,为航空摄影提供了必要条件,1909 年人类首次乘坐飞机拍摄了地面照片。世界上第一台航摄仪于第一次世界大战期间问世,这标志着真正的航空摄影活动的开始,而航空摄影测量学作为独立的学科体系也在该时期形成;第二次世界大战期间,美国开始广泛使用了机载照相机。

随着航空摄影技术的不断成熟以及卫星技术的不断进步,人类也逐步将摄影技术应用于航天侦察。1959 年 2 月 28 日美国成功发射了世界上第一个光学成像侦察卫星"发现者 1 号",1960 年 10 月美国又发射了第一颗无线电传输型照相侦察卫星"萨莫斯"。

随着飞机和飞行技术,以及航摄仪和感光材料等的飞速发展,航空影像的质量有了极大提高,其用途也日益广泛。

### 3.1.2　航空摄影的定义

航空摄影(aerial photography),又可称航拍,是指在飞机或其他航空飞行器上利用航摄仪摄取地面景物影像的技术,其距离地面的高度一般在 10 km 以下。航空摄影是以摄影学为基础原理的一种遥感技术,是在不接触物体本身的前提下,利用电磁波探测地面物体性质与特点的一门综合性探测技术。无人机航空摄影就是利用无人机平台上搭载的航摄仪从空中获取影像,进而获取被摄景物的形状、大小、位置及其相互关系。为了能够更好地获取影像,也为了能够使影像更有利于后期的处理与解算,航空摄影一方面需要选用精度与分辨率更高的航空相机,利用像点、摄影中心和对应物点满足共线的条件,实现对获取影像的高精度解算;另一方面在无人机飞行的前、中、后,需要对其飞行航路进行有效规划,并利用地形图对飞行区域的地形等进行预先分析,提高其航摄飞行的有效性。此外,执行航摄任务时,还需对无人机类型、航空摄影时间选取等进行预先规划,如航空摄影一般选在上午或下午,因为上午或下午地面上的景物比较清晰,有足够的照度,容易收到较好的影调效果。

当然,除从飞机拍摄的航空照片之外,也有从人造卫星拍摄的宇宙照片,从气球拍摄的气球照片等,这些都统称为空中摄影,航空摄影只是空中摄影的一个分支,它既有空中摄影的一般特点,又有其自身的特性。

航摄仪虽然是在空中对地面摄影成像,但其成像过程与一般摄影(照相)是相同的。即通过快门瞬间曝光将镜头收集到的地物反射光线(如可见光)直接在感光器件(CCD/CMOS)上感光,获得与地面景物亮度一致的数字影像,即航空像片(感光材料如果是胶片,则需要冲洗,将影像由潜像转变为负片,直至转变为与地物亮度一致的正像)。

然而,由于地物各部分反射的光线强度不同,其在 CCD/CMOS 上的感光程度也不同,从而形成各部分的(黑、白)色调和辐射特征各异;此外,无人机航空摄影的高度较高,空中蒙雾等大气条件对航摄仪的成像质量也会产生影响。为获得反差适中、影像清晰、层次丰富且有较高分辨率的高质量航空像片,航空摄影对航摄物镜、CCD/CMOS 成像器件的结构与特性等也有特殊要求。因此,在明确航摄目的之后,必须确定采用何种航摄仪;与卫星及大型有人飞机相比,无人机在空中飞行时,其姿态变化相对较大,这将直接影响航摄仪与地物间的位置、姿态,为航摄影像的后期解算增加了难度。

### 3.1.3　航空摄影的特点

与地面摄影不同,无人机航空摄影质量受大气条件和地面景物特征的影响较大;同时,航摄仪搭载在无人机飞行平台上,使其与传统航空摄影有一定区别,主要体现在以下几方面。

1. 机动性更强

由于载人飞行器自身结构设计等方面的特点,其起飞降落、飞行等方面的条件要求都很高,在我国租用载人飞行器的程序相对比较复杂,通用航空的机场、飞机也非常少。

然而,无人机航摄区域是许多载人飞行器无法到达的空域、高度或危险地区,如山谷、悬崖边缘、溪谷中央等;部分小型无人机体积小,动作灵活,可做超低空视距飞行。其稳定性、安全性好,转场等非常容易。

此外,无人机的起飞方式灵活、程序简单,对起降场地的要求较低,在操场、公路或其他较开阔的地面均可起降;可根据预置航路快速飞入航摄区域,最佳视角的选择较为便捷,成像及其影像处理迅速。与传统高分辨率卫星遥感数据相比,其在存档数据和编程拍摄等方面的时效性都很高。

2. 能够获取高分辨率图像和高精度定位数据

借助高精度惯导系统、坐标数据,无人机航空摄影可提取空间分辨率达到厘米级的图像,成像质量、精度都远远高于大型飞机航拍;我国疆土辽阔,地形和气候条件复杂,很多区域常年受积雪、云层等因素影响,导致卫星遥感数据的采集受到一定限制,而无人机航摄不受航高限制,恰好解决了这些限制,可满足高分辨率社会经济调查和三维立体景观图的制作及一般侦察等需求。

3. 所需人员少、价格低廉

随着社会经济的快速发展,社会、企业或个人对航空摄影的需求越来越大,航空摄影的前景有目共睹。

早期，人们主要使用载人飞行器执行航空摄影等任务。然而，载人飞行器的租赁时间通常从起飞开始计算直至着陆，其间包括转场飞行时间、拍摄飞行时间。如果由于天气或其他原因造成拍摄无法进行，费用照收；更麻烦的是飞行的申报手续还需要重新办理。

与之相比，无人机在空中飞行时仅需地面飞控手通过无线电链路和控制系统操作即可完成所有飞行、航拍等任务，自身结构及其操作都相对简单，使用成本较为低廉；无人机采用复合材料制作，其在设计生产及材料费等方面较为低廉。有统计显示，使用载人飞机航拍成本约10万元上下，采用无人飞机航空摄影总成本为4～5万元，很好地解决了一些应用领域如带状区域图面积小而开支大的难题。

4.能够承担高风险或高科技的飞行任务

无人机飞控手和科研人员能够在地面安全工作，飞行不会因为人为错误而发生事故或飞行测量失败；开展实时信息研究时，工作的人数不受限制；长时间或连续实时数据下传，保证研究的及时性和动态性。尤其对于车船无法到达地带的环境检测、有毒地区的污染监测、灾情检测及救援指挥，无人机航空摄影都有其独特优势。

### 3.1.4 航空摄影的分类

按照摄影的实施方式、倾斜角度等不同，可以将航空摄影分为不同的类型。

1.按像片倾斜角度分类

像片倾斜角是指航摄仪主光轴与通过透镜中心的地面铅垂线（主垂线）间的夹角，如图3-1所示。根据像片倾斜角 $\alpha$ 的不同，航空摄影可分为垂直摄影和倾斜摄影。

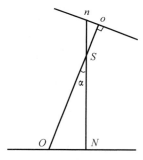

图 3-1 倾斜摄影示意图

垂直摄影是像片倾斜角等于0°，此时航摄仪主光轴垂直于地面（与主垂线重合），CCD平面（感光胶片）与地面平行。然而，由于飞行中的各种原因，倾斜角不可能绝对等于0°，故凡是倾斜角小于3°都可称为垂直摄影。由垂直摄影获得的像片称为水平像片，水平像片上地物的影像一般与地面物体顶部的形状基本相似，像片各部分的比例尺大致相同。水平像片能够用来判断各目标的位置关系和量测距离。

倾斜摄影是指倾斜角大于3°的航空摄影，采用这种方式获得的像片称为倾斜像片。倾斜像片可单独使用，也可以与水平像片配合使用。

2.按摄影的实施方式分类

按摄影的实施方式分类，可分为单片摄影、航线摄影和面积摄影。

单片摄影是指为拍摄单独固定目标而进行的摄影，一般只摄取一张（或一对）像片。

航线摄影是指沿一条航线,对地面狭长地区或沿线的线状地物(铁路、公路等)进行的连续摄影。为了使相邻像片的地物能互相衔接以及满足立体观察的需要,相邻像片间需要有一定的重叠,称为航向重叠。航向重叠一般应达到 60%,至少不小于 53%。

面积摄影是指沿数条航线对较大区域进行的连续摄影,又可称为区域摄影。面积摄影要求各航线互相平行。在同一条航线上相邻像片间的航向重叠为 53%～75%。相邻航线间的像片也要有一定的重叠,这种重叠称为旁向重叠,一般应为 15%～50%。实施面积摄影时,通常要求航线与纬线平行,即按东西方向飞行。但有时也按照设计航线飞行。由于在飞行中难免出现一定的偏差,故需要限制航线长度。一般为 60～120 km,以保证不偏航,避免产生漏摄。

#### 3. 按感光材料分类

按感光材料分类可分为全色黑白摄影、黑白红外摄影、彩色摄影、彩色红外摄影和多光谱摄影等。

全色黑白摄影:采用全色黑白感光材料进行的摄影。它对可见光波段(0.4～0.76 μm)内的各种色光都能感光,是一种应用范围广、容易收集到的航空遥感材料。如我国为测制国家基本地形图摄制的航空像片即属此类。

黑白红外摄影:采用黑白红外感光材料进行的摄影。它能对可见光、近红外(0.4～1.3 μm)光波段感光,尤其对水体植被反应灵敏,所摄像片具有较高的反差和分辨率。

彩色摄影:彩色像片虽然也是感受可见光波段内的各种色光,但由于它能将物体的自然色彩、明暗度以及深浅表现出来,因此与全色黑白像片相比,影像更为清晰,分辨能力高。

彩色红外摄影:彩色红外摄影虽然也是感受可见光和近红外波段(0.4～1.3 μm),但却使绿光感光之后变为蓝色,红光感光之后变为绿色,近红外感光后成为红色,这种彩色红外片与彩色片相比,在色别、明暗度和饱和度上都有很大的不同。例如在彩色片上绿色植物呈绿色,在彩色红外片上却呈红色。由于红外线的波长比可见光的波长长,受大气分子的散射影响小,穿透力强,因此,彩色红外片色彩更加鲜艳。

多光谱摄影:多光谱摄影是利用摄影镜头与滤光片的组合,同时对某一地区进行不同波段的摄影,取得不同的分波段像片。例如通常采用的四波段摄影,可同时得到蓝、绿、红及近红外波段四张不同的黑白像片,或合成为彩色像片;或将绿、红、近红外三个波段的黑白像片,合成假彩色像片。

## 3.2　无人机航空摄影任务规划

无人机航空摄影是利用无人机飞行平台从空中对地面实施航拍活动,并通过航空照片记录地面景物及人员等的活动。为了在有效时间内获取分辨率高、几何变形小、能够覆盖指定区域范围的影像,需要操作人员预先根据航空摄影要求,现地或利用数字地图,分析拍摄地域的地形、地貌,合理划分拍摄区域范围、合理规划无人机飞行航路、合理分配无人机无线链路频点。

### 3.2.1　无人机航空摄影基本工作过程

图 3-2 所示为整个无人机系统航空摄影的基本过程。可以看出,航空摄影中主要涉及三

个单位,即用户单位、航摄单位和当地航空主部门。

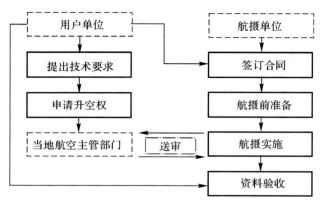

图 3-2　无人机航空摄影过程

　　航摄单位在执行无人机航空摄影任务时,需要先了解和掌握该次航空摄影的任务目标。围绕具体任务目标,依据无人机自身能力,细分任务,之后再按预定计划实施展开。其基本工作过程分为如下几步。

　　1.航摄单位与用户单位进行任务商定

　　在常规航摄规范之外,主要对以下几个方面重点协商。

　　1)确定执行航摄任务的区域范围,并在"航摄计划用图"上进行标识;

　　2)确定摄影比例尺及使用的航摄仪型号和焦距;

　　3)确定对航向重叠度与旁向重叠度的要求;

　　4)明确执行任务的时间期限;

　　5)应提交的航摄资料的名称和数量。

　　2.用户单位与航摄单位签订技术合同

　　用户单位与航摄单位商定了技术方案细节之后,双方即可签订技术合同。签订合同时,应明确航摄计划用图和当地气象资料由哪一方提供。航摄计划用图是航摄单位进行航摄实施的依据,也是无人机进行自主飞行的导航图。气象资料主要是近几年相同时间段当地的降雨、能见度等情况,以便合理确定实施航空摄影的日期。

　　在技术合同签订之前,双方还可以就部分技术问题进行商榷,如对像移值的限制等。

　　3.现地勘察

　　为提高任务执行效率,航摄单位在签订技术合同之后,即可组织飞控手等相关人员前往现地进行勘察,主要针对起降条件、飞行区域高大建筑物、飞行空域、空中交通管制等问题进行具体勘察;根据航摄任务确定无人机起飞降落区域、航线规划所涵盖的区域、无人机切入航摄区域的位置、应急情况下的备降场地等。

　　4.空域申请

　　依据我国的航空管制要求,向当地航空主管部门(空军或民航)提出空域使用申请,申请内容主要包括无人机飞行高度等主要飞行参数(依据空军或民航要求提供)、飞行航线及航摄区域位置坐标或航摄区略图、航拍时间等。

　　5.航摄前的准备

　　航摄单位在与用户签订合同后,就应着手进行航摄准备工作,主要包括航摄技术计算、人员调配和航摄仪检定等。

　　规划详细的飞行航线,设置起飞与降落场地位置,依据摄影比例尺要求,确定航摄区域无人机飞行高度、航带条数、飞行模式等,同时做好备降场地选择等应急预案。

　　航摄技术计算后,应将各条航线标明在航摄计划用图上,该地形图在航摄飞行时也作为导航图。在地图上,还应在每条航线上标明进入、飞出和转弯等各方向标识以及开始和终止摄影的标识,如图 3-3 所示。同时,确定所使用无人机的类型和具体型号。

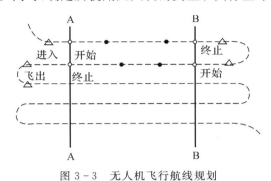

图 3-3　无人机飞行航线规划

A—A 和 B—B——摄影的边界线;　△——飞机进入、飞出的方向标识;
·——控制飞行方向的标识;　。——摄影开始和终止的标识;

　　**6.航空摄影的实施**

　　准备工作完成后,按照实施航空摄影的规定日期,携带无人机及航摄设备进驻起降区域,并等待空域和良好的天气以便开始进行航空摄影。

　　航空摄影时,按照预先规划的航线进行飞行,航摄过程中需要注意的就是摄取的航空像片必须满足航向和旁向上的重叠度要求,对于专业航摄仪来说,这点尤为重要。为了确保航摄工作的顺利进行,航摄时必须尽可能保持飞机的平稳姿态,保持平飞直飞和规定的飞行高度。

　　航摄任务结束后,应在最短时间内组织对航摄像片的成像质量检查和后期处理,主要包括几何与辐射纠正、拼图、匹配、立体提取、影像输出等。

　　**7.航摄资料验收**

　　航摄单位按照合同要求,向用户单位交付相应影像产品,并由用户单位对航摄像片的质量进行验收。

　　上述过程仅就无人机航空摄影过程进行了划分,部分工作过程的先后顺序在实际执行过程中,可以根据情况适当调整。

### 3.2.2　任务区地形分析

　　无人机执行航拍任务就是要利用航摄影像来了解、辨识和掌握任务区域的地形特征、地物分布特点、人员活动情况等,进而利用这些影像进行像点的量测、构建其三维立体影像等。

　　为了能够较为有效地对航摄区域进行拍摄,首先需要利用航摄地图从图上对该区域的地形情况进行分析,主要研究在该航摄区域及飞行航路上地形是否有较大起伏,有无高大建筑物,有无大面积湖泊等。其主要目的:一是为了更有效地切入航线,以便快速到达航摄区域;二是分析无人机飞行航路上是否有大型遮蔽物,防止无线电链路不通视造成无人机失控;三是在目视飞行时,飞控人员的操作场地是否便于选取等。

除此之外,为了能够更有效地对任务区域进行无人机航空摄影,如果条件允许,可以派相关人员预先到任务区域进行勘察,对于要拍摄的任务区域通过 GPS 等定位设备,拾取区域边界部分地物点以及重点航摄目标的坐标,以便在无人机飞行时设置航线及对航程点进行规划。

当航摄区域的面积较大、航线较长或航摄区内地形起伏变化较大时,应将航摄区划分成若干个摄影分区,如图 3-4 所示。

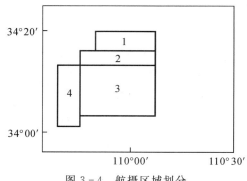

图 3-4　航摄区域划分

因为当航摄区域的面积较大时,将受到飞机续航时间和太阳光照及太阳高度角的限制,不可能通过一次飞行就完成整个摄区的航摄任务。由于航摄导航技术的限制,摄影航线不能太长,否则就难以保持航线的直线性及航线间的平行性,影响航摄飞行质量。而当航摄区内地形变化较大时,更应划分成若干个摄影分区,在每个分区内用不同航高进行摄影以保持像片比例尺的一致。

划分摄影分区时应注意以下两个要求。

1)航摄分区的界线应与成图图廓线相一致。

2)航摄分区内的地形高差不能超过如下规定:

当航摄比例尺小于 1∶8 000 时,不得大于四分之一航高;

当航摄比例尺大于或等于 1∶8 000 时,不得大于六分之一航高。

摄影航线的方向原则上均沿东西方向敷设,因为航线方向与图廓线平行、有利于航测作业。此外,在小比例尺航摄时,航高一般都大于 3 000 m,由于地球自转的影响,风向一般均为东西方向,此时沿东西方向敷设航线有利于改正偏流,保证飞行质量。

### 3.2.3　航空摄影参数计算

#### 1.航空摄影比例尺

执行航空摄影任务时,无人机飞行高度不同、航摄仪焦距大小不同,都会直接影响拍摄航片的收容面积、航摄仪航向与旁向重叠度等。而无人机在执行航拍任务时,其飞行高度、航摄仪焦距大小,直接决定了地面景物在航空像片上的比例尺大小,这就需要飞控手根据航拍需要预先计算。

航空摄影比例尺是指航摄像片上一线段与地面相应线段的水平距离之比。航空摄影比例尺大小对发挥航摄影像的使用潜力,降低飞行成本等方面具有重要作用。

航空摄影比例尺计算公式为

$$\frac{1}{m} = \frac{l}{L} = \frac{a}{b} \tag{3-1}$$

式中　$l$—— 影像长度；

　　　$L$—— 相应影像的实际长度；

　　　$a$—— 像距；

　　　$b$—— 物距。

由于无人机航空摄影时,像距与物距可以分别表示为航空相机的焦距与无人机的飞行高度,故式(3-1)可以表示为

$$\frac{1}{m} = \frac{a}{b} = \frac{f}{H} \tag{3-2}$$

式中　$H$—— 航拍时刻无人机相对于摄区平均平面的高度；

　　　$f$—— 相机焦距。

通常,航空相机的焦距是一个定值,故航摄飞行时对摄影比例尺的规划实际上就可根据飞行高度来最终确定。当然,影像平面的尺寸是一定的,为了获取地面一定收容面积的影像,航拍实施前确定无人机的飞行高度是十分必要的。

按照航空摄影要求的不同,可以采用不同大小的摄影比例尺:

1) 大比例尺航空摄影 —— $\dfrac{1}{m} \geqslant \dfrac{1}{1 \times 10^4}$；

2) 中比例尺航空摄影 —— $\dfrac{1}{1 \times 10^4} > \dfrac{1}{m} > \dfrac{1}{2.5 \times 10^4}$；

3) 小比例尺航空摄影 —— $\dfrac{1}{m} \leqslant \dfrac{1}{5 \times 10^4}$。

一般情况下,在满足成像精度和使用要求的前提下,选择较小的摄影比例尺。表3-1为测图航空摄影中航摄比例尺与成图比例尺之间的关系。在实际工作中,分析选择和确定摄影比例尺较为重要。

**表 3-1　航摄比例尺与成图比例尺之间的关系**

| 成图比例尺 | 航摄比例尺 | 航摄计划用图 |
| --- | --- | --- |
| 1:500 | 1:2 000 ～ 1:3 000 | 1:1×10 000 |
| 1:1 000 | 1:4 000 ～ 1:6 000 | 1:10 000 或 1:20 000 |
| 1:2 000 | 1:8 000 ～ 1:12 000 | |
| 1:5 000 | 1:10 000 ～ 1:20 000 （像幅 23 cm×23 cm） | 1:25 000 或 1:50 000 |
| 1:10 000 | 1:20 000 ～ 1:40 000 （像幅 23 cm×23 cm） | |
| 1:25 000 | 1:20 000 ～ 1:30 000 | |
| 1:50 000 | 1:35 000 ～ 1:80 000 | 1:100 000 或 250 000 |
| 1:100 000 | 1:60 000 ～ 1:100 000 | |

一般成图比例尺 $1/M$ 与摄影比例尺 $1/m$ 之比称为图像比 $K$,即

$$K = \frac{m}{M} \qquad (3-3)$$

因此,所谓摄影比例尺的选择,实际上就是确定图像比。显然,在保持图像精度的前提下,$K$ 值越大,经济效益越高。一般图像比 $K$ 取决于以下两个因素。

1)测绘仪器的放大率是否与选定的图像比匹配;

2)航摄资料的质量能否满足图像比的要求。

当然,随着航摄质量的不断提高,或者当航摄资料主要用于判读或修测旧图时,航摄比例尺还可以进一步缩小,以便最大限度地发挥航摄像片的作用。

2. 航高计算

航高通常是指飞机的飞行高度,在航空摄影测量中,航高是航摄像片的外方位元素之一,为了得到符合要求比例尺的航摄像片,无人机在执行航空摄影时,必须保持规定的航高。

由于航高的起算平面不同,飞机的飞行高度所表示的方法也不同,如图 3-5 所示。

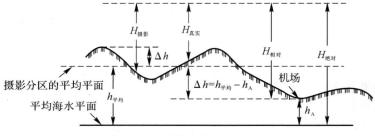

图 3-5 不同高度表示的方法

相对航高:飞机相对于飞机场的高度;

摄影航高:飞机相对于摄影分区平均平面(基准面)的高度;

绝对航高:飞机相对于平均海平面的高度;

真实航高:飞机在某一瞬间相对于实际地面的高度。

在航摄计算中,首先计算摄影航高,即

$$H_{摄影} = fm \qquad (3-4)$$

其次,计算摄影分区平均基准面的高程 $h_{平均}$,即

$$h_{平均} = \frac{h_{最高} + h_{最低}}{2} \qquad (3-5)$$

通常 $h_{最高}$ 和 $h_{最低}$ 是根据摄区内 10 个最高地物点和 10 个最低地物点高程在分别舍取其最大值和最小值后各自求得的平均值。在大比例尺城市航空摄影时,要特别注意建筑物、高压线和烟囱等的高度。

最后计算绝对航高,即

$$H_{绝对} = H_{摄影} + h_{平均} \qquad (3-6)$$

航摄时,无人机飞控手一般是根据绝对航高进行飞行的。

3. 单幅像片辐射区域计算

单幅像片的辐射区域可根据相幅大小和比例尺进行计算,或者根据相幅大小、焦距和航高进行计算,如图 3-6 所示。

设航摄像机相幅大小为 $a'b'$,相机焦距为 $f$,航高为 $H$,$\alpha$ 和 $\beta$ 为视场角,摄影比例尺分母为

$m$,则单幅像片辐射地面区域的长宽为

$$a = a'm = \frac{a'H}{f} \tag{3-7}$$

$$b = b'm = \frac{b'H}{f} \tag{3-8}$$

**4. 重叠度计算**

在航空摄影中,同一条航线内相邻像片之间的重叠度称为航向重叠度 $q_x$,相邻航线之间的重叠度称为旁向重叠度 $q_y$,一般均以百分数表示。为了使立体像对之间能有一定的连接,一般在航线方向要保持三度重叠,如图 3-7 所示。

根据重叠度的定义,则

$$q_x = \frac{P_x}{L_x} \tag{3-9}$$

$$q_y = \frac{P_y}{L_y} \tag{3-10}$$

两摄站之间的距离称为摄影基线 $B$,则摄影基线 $B$ 与重叠度 $q$ 的关系为

$$B_x = (1 - q_x)ml_x \tag{3-11}$$
$$B_y = (1 - q_y)ml_y \tag{3-12}$$

式中　　$B$——摄影基线;

　　　　$P$——重叠长度;

　　　　$q$——重叠度;

　　　　$l$——航摄仪像幅边长;

　　　　$L$——航摄仪像幅边长在地面上的投影长度;

　　　　$x$——下标,表示航线方向;

　　　　$y$——下标,表示垂直于航线方向。

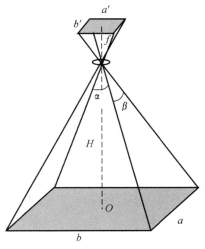

图 3-6　单幅像片辐射区域略图

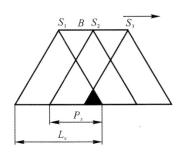

图 3-7　航向三度重叠示意图

由于地形的影响,用户规定的重叠度 $(q'_x, q'_y)$ 与相对于摄区平均平面(基准面)上的重叠度 $(q_x, q_y)$ 之间的关系可以表示为

$$q_x = q'_x + (1 - q'_x) \frac{\Delta h}{H_{摄影}} \tag{3-13}$$

$$q_y = q'_y + (1 - q'_y) \frac{\Delta h}{H_{摄影}} \tag{3-14}$$

式中

$$\Delta h = \frac{1}{2}(h_{最高} - h_{最低}) \tag{3-15}$$

通常沿航线方向相邻两张像片的重叠度不应小于53%,旁向方向相邻两条航线的重叠度不应小于15%。在航线方向增大重叠度意味着摄影基线的缩短,即航摄像片的数量增加了,并且航线的间距 $B_y$ 也由于地形起伏而缩短了。计算重叠度时,如果不考虑地形改正数,必将在航线之间产生航摄漏洞。

5.航线间隔和航摄基线计算

航线间隔是指相邻两条航路之间的间距,如图3-8所示。

假设单张像片辐射地面的宽度为 $b$;$d$ 为旁向重叠度,且 $d$ 满足两幅像片旁向重叠30%(15%~50%),则航路间隔为

$$S = b(1-d) \tag{3-16}$$

摄影基线是指同一航路上两张相邻像片的摄影间隔,如图3-9所示。

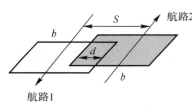

图3-8　航路间距计算略图

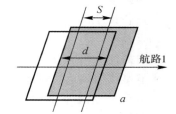

图3-9　同一航向相邻两张航片摄影间隔计算略图

假设单张像片辐射地面的宽度为 $a$;$d$ 为航向重叠度,且 $d$ 满足两幅像片旁向重叠60%(53%~75%);$S$ 为满足 $d$ 条件的两张像片中心的间距,则

$$S = a(1-d) \tag{3-17}$$

如果飞机飞行速度为 $v$,则摄影时间间隔 $T$ 为

$$T = \frac{S}{v} \tag{3-18}$$

### 3.2.4　飞行航路规划

为了确保无人机能完成指定的航摄任务,必须综合考虑航摄区域地形、任务要求等因素,为无人机制定可行的飞行路线,以确定其应该何时何地执行相应的动作。航路规划就是其中最关键的因素,可以说,无人机航路规划是物理可飞性、航路安全性、任务可行性、规划最优性、任务可靠性的统一。

航路规划(flight path planning)最早是伴随着有人驾驶飞机的领航行为出现的,由于20世纪早期的领航活动完全依赖于人工图上作业,所规划的航路往往只是一些有限的航路点连接而成的粗糙直线,故早期的航路规划也被称为航线设计或航线规划,其目的比较简单,主要

只是为了建立一条便于飞机利用机载及其他外部导航设备引导,使飞机能够顺利抵达目的地的飞行路线。

航路规划是用以规划无人机从起始点到目标点的航路,并对规划出的航路进行检验,预定的飞行航路通常标在航空数字地图上,主要标注有起点、检查点、转弯点和终点等。首先,规划的航路必须满足无人机性能要求,即航路规划必须考虑无人机飞行平台机动性能的限制,确保规划航路的可行性。其次,规划航路必须具备良好的安全性,需要考虑地形和碰撞回避,减少航路在时空域上的同步交叉。

根据关注内容的不同,无人机航路规划可以分为不同类型。按无人机执行航摄任务的不同阶段,航路规划可分为飞行、航摄、应急三个不同阶段,在每个阶段采用不同的航路规划策略;按规划时间特性,可分为预先航路规划(或称离线航路规划)和实时航路规划(或称在线航路规划);按规划技术的自动化程度,可分为人工航路规划、自动/自主航路规划、半自动航路规划。

无论是何种航路规划类型,其目的都是综合考虑任务要求、气象环境和地形条件等因素,制定满足约束条件和性能指标的飞行路线。本书在讨论航路规划时仅考虑其是否满足航摄任务要求。

在上述航摄参数计算的基础上,对完成某一次航摄任务的无人机航路进行规划时就需要将摄区大小、相邻航路间隔、摄影时间间隔等信息考虑进去。

图 3-10 中实线为无人机飞行路线,除飞行段外,其余部分即为航摄区,而航摄区应略大于实际摄影区(图中虚线区域),一般情况要多飞 1~2 条航路,在航向方向要充分考虑飞机的转弯半径等因素,确保航向重叠 53%~75%,旁向重叠 15%~50%,且保证航线弯曲度小于3%,像片旋转角小于 6°。

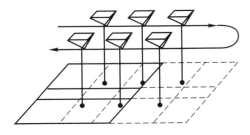

图 3-10　航空摄影的原理图

### 3.2.5　无线链路规划

无人机与地面站之间完全依赖无线链路进行信息的交互和控制,失去链路的无人机就像断线的风筝,完全失去控制。在复杂的电磁环境下,无线电频率之间的相互干扰是客观存在的,因此,对链路使用时也需要进行一定的规划。

无人机链路系统基本结构如图 3-11 所示,其主要完成对无人机的远距离遥控、遥测和任务信息传输等任务。遥控链路通常使用一条带宽为几千赫兹的上行链路,无论何时地面站请求发送命令,上行链路都必须保证能随时启用。遥测是了解无人机状态和对其实施遥控的必要监测手段,遥测信息主要包括无人机当前的飞行状态、发动机状态以及机上设备状态等。任务信息传输就是通过下行无线信道向测控站传送由机载任务载荷所获取的视频、图像信息,它是无人机完成侦测任务的关键,其传输带宽一般要几兆赫兹,最高的可达几十兆赫兹,甚至上百兆赫兹。

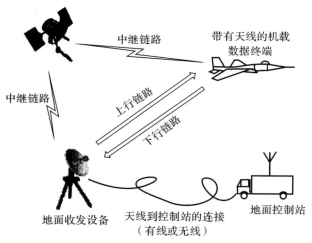

图 3-11　无人机链路系统基本结构

无人机链路应用的主要频段为微波(300 MHz～3 000 GHz),因为微波链路有更高的可用带宽,可传输视频画面,它所采用的高带宽和高增益天线抗干扰性能良好。不同的微波波段适用于不同的链路类型,一般来说,VHF(超短波)、UHF(特高频、分米波)、L 和 S 波段较适用于低成本的近程、短程无人机视距链路;超高频(厘米波)的 C,X 和 Ku 波段适用于近程、中程和远程无人机视距链路和空中中继链路;Ku,Ka(极高频)波段适用于中程、远程无人机的卫星中继链路。

1.视距传播规划

超短波特别是微波,频率很高,波长很短,没有绕射功能,因此两个微波天线只能在可视情况下才能正常通信。无人机链路通信主要采用地面站与无人机直接通信和地面站通过卫星中继(或无人机中继)与无人机通信,都采用视距通信的方式,因此无人机链路规划时应满足视距传播条件。

地球是球面体,对于远距离飞行的无人机而言,地球曲率是影响通视距离的主要因素,因此大多数情况下,应该考虑到地球曲率对链路的影响。无线电波直线传播的前提条件是处于均匀大气中,而实际在对流层的大气,其压力、温度及湿度等都会随着地区及离开地面的高度而变化,因此是不均匀的,会使电波产生折射、散射及吸收等物理现象。上述两种因素虽然对无人机无线链路产生影响,但是对于大多数近程和中程无人机来说,影响并不明显。

无人机实际飞行过程中,需要重点考虑地球表面的人工建筑和山脉的遮挡对电波传播产生的阻隔,进而影响通视距离。

如图 3-12 所示,若在距离发射机 $A_1$ 距离 $d$ 的 $E$ 点存在一高度为 $h$ 的山峰,此时直视线 $\overline{AB}$ 无法与地球表面相切,而是过山峰顶点 $F$。其计算过程表示如下。

1)根据距离 $d$ 和地球半径 $R$,计算圆心角 $\theta = d/R$。

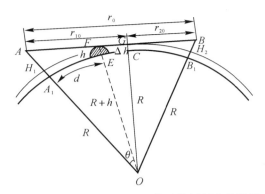

图 3 - 12　存在地形遮挡时信号传播距离的计算

2) 在 $\triangle AOF$ 中,已知边长 $\overline{AO}=R+H_1$,边长 $\overline{OF}=R+h$,以及两边的夹角 $\theta$,由余弦定理可求得第三边 $\overline{AF}$ 长度为

$$\overline{AF}=\sqrt{\overline{AO}^2+\overline{OF}^2-2\,\overline{AO}\,\overline{OF}\cos\theta} \qquad (3-19)$$

$\triangle AOF$ 三边长度已知,故可求得 $\angle AFO$ 的度数,进而可确定 $\angle OFG$ 的度数。

3) 在直角 $\triangle OFG$ 中,$\overline{OG}=\overline{OF}\sin\angle OFG$,令 $\Delta h=\overline{OG}-R$。

当 $\Delta h$ 求出后,该问题即转化为在地球半径为 $R+\Delta h$,发射天线和接收天线高度分别为 $H_1-\Delta h$,$H_2-\Delta h$ 的情况下 $A$,$B$ 两点间的理想通视距离。

4) 综合考虑大气折射的影响,可得视线距离计算公式为

$$r_0=\sqrt{\frac{4}{3}\times 2(R+\Delta h)}\left(\sqrt{H_1-\Delta h}+\sqrt{H_2-\Delta h}\right) \qquad (3-20)$$

从理论上看,$A$,$B$ 两点间存在山峰并非一定会影响视线距离,取决于山峰的高度和位置。

**2. 频率使用规划**

2015 年 3 月 10 日,工信部发布通知,规定了我国无人驾驶航空器系统的使用频段,根据《中华人民共和国无线电频率划分规定》及我国频谱使用情况,规划 840.5～845 MHz,1 430～1 444 MHz 和 2 408～2 440 MHz 频段用于无人驾驶航空器系统。840.5～845 MHz 可用于无人驾驶航空器系统的上行遥控链路,其中,841～845 MHz 也可采用时分方式用于无人驾驶航空器系统的上行遥控和下行遥测链路;1 430～1 444 MHz 频段可用于无人驾驶航空器系统下行遥测与信息传输链路,其中,1 430～1 438 MHz 频段用于警用无人驾驶航空器和直升机视频传输,其他无人驾驶航空器使用 1 438～1 444 MHz 频段;2 408～2 440 MHz 频段可作为无人驾驶航空器系统上行遥控、下行遥测与信息传输链路的备份频段。相关无线电台站在该频段工作时不得对其他合法无线电业务造成影响,也不能寻求无线电干扰保护。

(1)信道带宽及中心频率(见表 3 - 2)

(2)发射机发射功率(见表 3 - 3)

在 2015 年世界无线电通信大会(WRC - 15)上,各国讨论通过了允许无人机系统超视距控制和通信链路使用 Ku 和 Ka 频段卫星固定业务频率资源的决议。决议规定无人机可使用的频率包括,在 Ku 频段,下行为 10.95～12.75 GHz,上行为 14～14.47 GHz;在 Ka 频段,下行为 19.7～20.2 GHz,上行为 29.5～30 GHz。该频率划分对无人机的超视距远程控制和通信频率使用进行了调整和优化。

表 3 - 2　信道带宽及中心频率

| 工作频段 | 工作方式 | 波道间隔 | 中心频率/MHz | 备　注 |
|---|---|---|---|---|
| 840.5～845 MHz | 跳频方式 | 25 kHz | 840.487 5 + 0.025n<br>($n = 1, 2, \cdots, 180$) | 波道可根据不同传输容量要求进行波道合并使用 |
| 1 430～1 444 MHz | 波道指配 | 2 MHz | 1 429 + 2n<br>($n = 1, 2, \cdots, 7$) | |

表 3 - 3　发射机发射功率级

| 发射机功率等级 | 等效全向辐射功率(EIRP)极限值(参考值为 1 m 处发射功率)/dm | | | | |
|---|---|---|---|---|---|
| | 840.5～845 MHz | | 1 430～1 444 MHz | 2 408～2 440 MHz | |
| | 上行<br>dBm/通道 | 下行<br>dBm/通道 | 下行<br>dBm/通道 | 上行<br>dBm/MHz | 下行<br>dBm/MHz |
| 1 | 46 | 34 | 42 | — | — |
| 2 | 42 | 30 | 35 | 27 | 27 |
| 3 | 20 | 20 | 23 | 23 | 20 |

dBm:表征功率绝对值的值,计算公式为:$10 \lg P$($P$ 为发射功率/1mW)。

　　无人机执行航摄任务时的频率选择不能仅注重其绕射或散射能力,还需要关注无人机的实时传输与控制,在国家规范的频率范围内合理选择一些不易被干扰的频率。

　　例如 1.2 GHz 这个频段上我国目前没有开放性的业余频段,只提供取得资格证书的无线电爱好者合法使用权,从某种意义上说,未经授权的使用应是违法行为。433 MHz 是个开放的频段,这个频段的穿透力(绕射)较强,但它也有一个非常致命的弱点就是乱。由于这个频段频率相对不是很高,成本较低,天线较小易小型化,方便携带和安装,因此成为业余无线电中最为拥挤的频段。在有干扰的情况下,仅在地面试机正常,不足以说明问题,等一拉开距离,通信干扰就非常严重。

# 3.3　数字航空照相机分类

　　无人机航摄系统的关键设备之一就是航摄仪,它是安装在飞机上能对地面实施自动连续摄影的设备,通常称为航空照相机。由于航空照相机都是结构相当复杂、精密的全自动光学电子机械装置,具有精密的光学系统和电动结构,所摄取的影像能满足量测和判读的要求,因此航空照相机一般也可称为航摄仪。

　　根据影像承载的载体不同,航空照相机可以分为胶片式航空照相机和数字式航空照相机,早期的航空摄影主要采用的就是胶片式航空照相机。数字航空技术研究始于 20 世纪 90 年代,首款数字航摄仪于 2000 年在阿姆斯特丹的国际摄影测量第二十四届(ISPRS)大会上亮相,2004 年在伊斯坦布尔大会上成为热点,它是在 CCD 等相关技术发展的基础上建立起来的。

　　随着数字技术的快速发展,胶片式航空照相机的使用也在逐渐减少。20 世纪末,全世界用于摄影测量生产的胶片式航测相机超过 2 500 台,而现在只有大约 600 台仍在服役;与此同时,自 2001 年以来已有 300 台左右的大型航空数字照相机被售出。目前,数字航空照相机已逐步取代传统的胶片航空照相机,成为大比例尺地理空间信息获取的主要手段。

2007 年之前,我国使用的大幅面数字航空照相机均需从国外进口。2007 年 5 月,由刘先林院士主持研发的 SWDC 系列数字航空照相机正式通过产品鉴定,结束了国外硬件厂商的垄断局面。该系统基于多台非量测相机构建,其系统售价比国外同类产品低 50% 以上,且经过严格的相机检校过程,可拼接生成高精度的虚拟影像。经过大量实验发现,在选用 50 mm 镜头时,SWDC-4 型大幅面数字航空照相机的高程精度高达 1/10 000。

数字航空照相机的分类方法较多,根据摄影时摄影物镜主光轴与地面的相对位置,可将其分为框幅式(画幅式)、航线式(又称缝隙式)和全景式航空照相机三类。画幅式相机摄影时主光轴对地面的方向保持不变,每曝光一次获得一幅中心透视投影的图像;航线式相机沿着飞行方向连续拍摄,不分幅面;全景式相机沿着飞机的横向拍摄全部或大部分地面宽度,随着飞机不断向前飞行,即可进行大面积摄影。按光源不同,可将其分为昼间、夜间和通用航空照相机,昼间相机利用日光照明摄影,夜间相机利用人工照明摄影,通用相机可昼夜两用。按承影方式的不同,可将其分为数字式和胶片式航空照相机。此外,航空照相机还可以按照镜头焦距的长短、视角的大小等进行分类。

鉴于数字航空照相机是目前无人机航空摄影的主要任务平台,因此本书主要介绍数字航空照相机。根据 CCD 传感器结构与技术的不同,可将数字航空照相机分为单面阵数字航空照相机、多面阵数字航空照相机以及三线阵数字航空照相机三种类型。

### 3.3.1  单面阵数字航空照相机

单面阵数字航空照相机获取的影像幅面较小,通常为 4 K×4 K 或 3 K×4.5 K 左右。当其摄影比例尺为 1:18 000,航高为 3 050 m 时,其影像分辨率达到 0.16 m,影像清晰度高于 IKONOS 影像(1.0 m)和 QuickBird 影像(0.61 m)。部分系统装有高精度全球定位系统 GPS 和惯性测量装置 IMU,可提供较高精度的影像外方位元素。该型相机无框标,但像元行列排列非常规则。表 3-4 所示参数是美国的 EQ-90 mm-CLR 单面阵数字航空照相机的基本性能参数。

目前,在美国已经利用该型号航空照相机获取数字航空影像进行城市三维建模,包括 1:500,1:200 比例尺的 DEM、DOM、建筑物三维建模等。单面阵数字航空照相机的实际应用,将对航空摄影测量领域产生很大的影响。

**表 3-4  EQ-90 mm-CLR 数码航空照相机基本性能参数**

| 基本性能参数 | 具体指标 |
|---|---|
| 相机焦距 | 91.729 mm |
| 像幅尺寸 | 3.69 cm×3.69 cm |
| 视场角 | 30.5° |
| 像元行列数 | 4 096×4 096 |
| 校准精度 | RMSE<0.5 像素 |
| 数据格式 | TIFF(EARDAS 的金字塔结构) |
| 影像类型 | 8 bit 全色影像 |

单面阵航空数码相机无框标,因此,它对数字航空影像的处理与常规航空摄影测量不同,即不需要进行内定向。为了使现有的数字摄影测量工作站能够处理这种数码影像,一般采取将内定向的参数设置为恒等变换或平移变换。

### 3.3.2 多面阵数字航空照相机

胶片式航空照相机的像幅尺寸通常有 18 cm×18 cm,23 cm×23 cm,30 cm×30 cm,常用的主要是 23 cm×23 cm。由于技术原因,直接生产 23 cm×23 cm 大像幅的 CCD 还具有一定的困难,因此大多数面阵数字航空照相机的大面阵是由多个小面阵组合而成的。具有代表性的产品有 Z/I 公司生产的 DMC、奥地利 Vexcel 的 UltraCamD(UCD)/UCX、我国生产的 SWDC 等。

1. DMC 数字航空照相机

DMC 是由 4 台黑白影像的全色波段(pan)相机、4 台多光谱(MS)相机组成的,排列如图 3-13所示,摄影时同时曝光,其部分参数见表 3-5。4 个黑白影像的全色波段(pan)相机倾斜安装,它们之间的距离为 170 mm/80 mm,分别为前/右(F/R)视、前/左(F/L)视、后/右(B/R)视和后/左(B/L)视,所获得的 4 幅影像相互之间具有一定的重叠,而 DMC 提供给用户的是经过纠正和拼接的有效(virtual)影像。

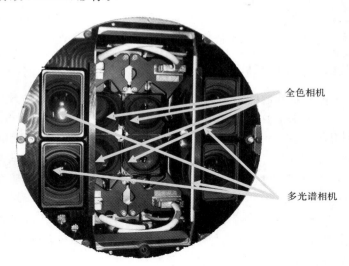

图 3-13　DMC 数字航空照相机光学镜头排列

#### 表 3-5　DMC 数字航摄仪基本性能参数

| 基本性能参数 | 具体指标 |
| --- | --- |
| 相机焦距 | 120 mm |
| 像元大小 | 12 $\mu$m |
| 像幅尺寸 | 16 cm×9 cm |
| 单像元行列数 | 全色 7 K×4 K,多光谱 3 K×2 K |
| 拼接后影像大小 | 7 680×13 824 |

2. UCD 数字航空照相机

UCD 数字航空照相机是世界上最先进的大幅面、高精度数字航摄系统之一,具备高分辨率、高几何精度和成像性能,能够连续摄影并高速转移和存储大量数字航摄影像,其基本性能参数见表 3 - 6。

表 3 - 6　UCD 数字航摄仪基本性能参数

| 基本性能参数 | 具体指标 |
|---|---|
| 全色波段影像尺寸 | 11 500×7 500 点 |
| 全色波段像素大小 | 9 $\mu$m |
| 实际物理幅面 | 103.5 mm×67.5 mm |
| 全色波段镜头焦距 | 100 mm |
| 快门速度 | 1/500～1/60 |
| 曝光速度(可调) | 一景/0.75 s(最快) |
| 机载设备容量 | 大于 1.5 TB(能存储无压缩影像 2 775 张) |
| 影像的几何精度 | < 2 $\mu$m |
| 像移补偿(FMC) | TDI 控制,最大 50 个像素 |

该型航摄仪是由 4 台黑白影像的全色波段(pan)相机、4 台多光谱(MS)相机组成的,但是 4 台黑白影像的全色波段(pan)相机按照航线航向顺序等间隔排列。每台相机的承影面上的 CCD 相机的个数不同:依次为四个角各一块(4 个 CCD)、上下各一块(2 个 CCD)、左右各一块(2 个 CCD)、中心一块(1 个 CCD),因此,它总共有 9 块 CCD 面阵。摄影时前后顺序曝光,若在飞行时每个相机在同一位置、同一姿态角下曝光,如图 3 - 14 所示,这样就能把 9 个小面阵拼接成大面阵。

图 3 - 14　UCD 数字航空照相机

3. SWDC 大面阵数字航空照相机

SWDC(Si Wei Digital Camera)系列数字航空照相机是由河南理工大学、中国测绘科学研究院、北京四维远见信息技术有限公司等共同研制,突破了中小比例尺地形图测绘、大比例尺地形图主要依靠野外测绘的作业方式,其系统外观如图 3-15 所示。

SWDC 是基于瑞典 Hasselblad H 系列 4 K×5 K 或 7 K×5 K 数码相机,集成重力 2 维稳定平台、数字罗盘、K 电动调节等系统。

SWDC 除具有一般数码航空相机特性外,最大的特点是镜头可更换,35 mm,50 mm,80 mm 焦距正好对应传统 23×23 相机的 88 mm,152 mm,300 mm 焦距,SWDC-4 数字航空照相机幅面较大,像素达 10 K×14.5 K(像元大小为 6.8 μm)。

SWDC 数字航空照相机的基高比大(0.55 以上),同等地面分辨率(GSD)下为其他进口数字相机的两倍。各种比例尺尤其是小比例尺航空摄影测量测制的相应比例尺 DLG,DEM,DOM 产品的平面及高程中误差均在限差的 1/3~1/2 范围内。

SWDC 数字航空照相机的航摄航高是进口数字航空照相机的 1/3~1/2。航高的降低使可飞天气增多,大大提高了飞行效率。由于其像元角大,视场角也较大,其像幅与进口相机大致接近;SWDC 数字航摄像机应用了强大的飞行管理系统和亚米级 GPS 实时坐标技术,在室内航摄技术设计完成后,航摄全过程实行高精度定点曝光,通过

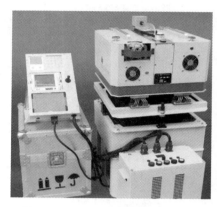

图 3-15 SWDC 数字航空照相机

内置式 GPS,可同时获取 GPS 辅助空三的 GPS 记录;SWDC 数字航空照相机可以根据摄区情况和技术要求选择 35 mm,50 mm,80 mm 镜头互换,从城区、平坦地区到山区测绘都有适当的焦距可选;SWDC 数字航空照相机由于采用了 GPS 辅助空三技术,使地面测定控制点的数量大大减少,在由 20 个像对、4~6 条航线组成的区域网中只需测定五个点(四角各测一个点,中间增设一个检查点)即可满足精度要求,使地面测定控制点的数量大大减少。

### 3.3.3 三线阵数字航空照相机

线阵列扫描相机主要有 MEOSS,WAOSS,HRSC,WAAC,TLS,ADS,其中 MEOSS,WAOSS,HRSC 主要是针对航天摄影并且主要用于测试和试验,WAAC(Wide Angle Airborne Camera)是一款将航天相机改装应用到航空领域的数字相机,它是第一款能够提供超过 8 bit 辐射分辨率的相机,这几种线阵列数码 CCD 的技术参数对比见表 3-7。

表 3-7 几种线阵列数字航空照相机的部分参数对比

| 系统名称 | 焦距 mm | 像素数 | 视场角 (°) | 立体角 (°) | 比特数 | 地面分辨率/航高/地面扫描宽度 m/km/km |
|---|---|---|---|---|---|---|
| MEOSS | 61.6 | 3 236 | 30 | 23.5 | 8 | 2/11/6.4 |
| WAOSS | 21.7 | 5 184 | 80 | 25 | 11 | 1/3/5 |
| DPA | 80 | 26 000 | 74 | 25 | 8 | 0.25/2/2 |
| WAAC | 21.7 | 5 185 | 80 | 25 | 11 | 1/3/5 |
| HRSC—A | 80 | 12 000 | 52 | 17,25 | 12 | 0.12/3/0.62 |

作为取代框幅式航片的方案之一,三线阵航空照相机在数字摄影测量领域也得到了广泛重视。TLS(Three - Line - Scanner)是日本 STRARLABO 公司开发的三线阵数字航空照相机,其设计初衷是用于记录地面上的线状特征,但其在摄影测量的几何处理方面也表现出较高的精度。

ADS 系列三线阵数字航空照相机是由瑞士徕卡(Leica Geosystems)公司和德国航天中心共同开发的商业化数字航空摄影测量系统。其第一款商业化产品 ADS40(Airborne Digital Sensor)于 2000 年在阿姆斯特丹的国际摄影测量第二十四届大会上正式推出(2001 年正式进入市场);2008 年推出的 ADS80 相机是一款先进的基于线阵 CCD 的推扫式数字航空相机,作为徕卡第三代航空照相机,相比于上一代 ADS40 相机,其在灵敏度、辐射分辨率、数据记录速度等方面均有较大改进,ADS40 相机与 ADS80 相机之间的主要参数对比见表 3 - 8。ADS 系列数字航空照相机在测绘、精细农业、海岸资源勘察和管理等方面得到了广泛的应用,有效促进了遥感与摄影测量技术之间的融合。

表 3 - 8　ADS40 与 ADS80 主要参数对比

| 主要参数 | ADS40 | ADS80 |
| --- | --- | --- |
| 焦距 | 62.5 mm | 62.77 mm |
| CCD 像元大小 | 6.5 $\mu$m×6.5 $\mu$m | 6.5 $\mu$m×6.5 $\mu$m |
| CCD 条数 | 10 | SH82(12)、SH81(11) |
| CCD 数字化 | 12 bit | 12 bit |
| A/D 数模转换分辨率 | 14 bit | 16 bit |
| 数据通道 | 16 bit | 16 bit |
| 灵敏度 | SH40 的四倍 | / |
| 灰度等级 | 12 bit | 12 bit |
| 辐射分辨率 | 8 bit | 10 bit 以及 12 bit |
| 数据压缩率 | 2.5～25 倍 | 2.5～3.6 倍 |
| 扫描宽度 | 12 000 像素 | 12 000 像素 |
| 视场角 | 64° | 64° |
| 全色波段 | 465～680 nm | 465～680 nm |
| 红色波段 | 608～662 nm | 608～662 nm |
| 绿色波段 | 533～587 nm | 533～587 nm |
| 蓝色波段 | 428～492 nm | 428～492 nm |
| 近红外波段 | 703～757 nm | 833～887 nm |

ADS40 相机有 3 组全色波段的 CCD 阵列,每组两个 CCD 并排放置,CCD 之间存在半个像素约 3.25 μm 的错位,这种设计可以提高几何分辨率。4 个多光谱 CCD(红、绿、蓝和近红外),同一种光谱的 CCD 还可以有多个投影方向。七种 CCD(全色的前视、下视和后视,红、绿、蓝、红外)排列在一个相片平面上(对应着同样的焦距),实际上单色波段的三组 CCD 不一定排列成相同的投影方向,其他的投影方向上也可以设置单色波段的 CCD,每个 CCD 在旁向方向上的视场角均为 64°。

ADS40 系统利用三线阵中心投影的 CCD 相机,能够为每一条航带连续地获取不同投影方向(一般分为前视、后视和下视)和不同波段(包括全色波段、红、绿、蓝和近红外波段)的影像,其中任何两张不同投影方向的影像(不论属于哪个波段)都可以构成立体像对(前视-后视,前视-下视,后视-下视),其成像原理如图 3-16 所示。

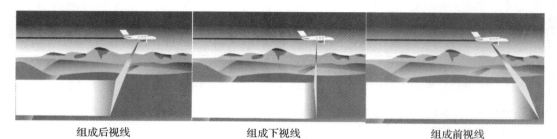

组成后视线　　　　　　　组成下视线　　　　　　　组成前视线

图 3-16　ADS40 三个全色波段成像示意图

在飞行过程中,三个全色波段的 CCD 平行地排列在同一个焦平面上(所有 CCD 的焦距相同,且相对位置固定)。相对于框幅式相机,在飞行过程中,全色的下视 CCD 实际上相当于记录下每一成像时刻等效的框幅相机正中心一列的信息,前视影像的 CCD 每一列记录下等效框幅式相机飞行方向上一列位于 $f\tan 28.4°$ 处影像的信息,后视 CCD 记录等效框幅式相机 $f\tan 14.2°$ 处一列影像的信息($f$ 为相机的焦距)。全色波段的影像通过 CCD 直接感应光线信息得到,而多光谱(红、绿、蓝和近红外)的 CCD 则记录分光镜分光之后的光谱信息。在成像过程中,GPS 以 2 Hz 的频率进行采样,IMU 以 20 Hz 的频率采集相对的直线位置和角元素;利用 IMU 的相对位置对 GPS 的绝对位置进行校正之后得到最后的外方位元素的直线元素。

ADS80 系统采用 12 000 像元的三线阵 CCD 扫描(SH81 型号相机有 11 条、SH82 型号相机有 12 条)和专业的单一大孔径焦阑镜头,其全色波段的前视、下视和后视影像能构成 3 对立体,一次飞行就可以同时获取前视、后视和底点三度重叠、连续无缝的全色立体影像以及彩色影像和彩色红外影像。ADS80 相机的 12 条 CCD 按照前视(27°)、底视(0°)、后视(14°)分为三组排列,前视组包括一条单独的全色 CCD,底视组包括一对相错半个像素全色 CCD 和红、绿、蓝、近红外等各一条 CCD,后视组包括一条单独的全色 CCD 和红、绿、蓝、近红外等各一条 CCD。该型相机立体成像角分别为 16°,24°,42°,在 3 000 m 航高时,地面采样间隔达到 16 cm,扫面条带宽 3.75 km,并采用可移动、抗震的硬盘存储器容量为 900 GB。

以上仅对部分典型数字航空照相机进行了介绍,其性能参数综合对比见表 3-9。

表 3 - 9　部分主流数字航空照相机部分性能参数对照表

| 产品型号 | | ADS80 | DMC | UCXp | UCX | DiMAC | SWDC－4 |
|---|---|---|---|---|---|---|---|
| 生产厂家 | | 瑞士徕卡 | 美国鹰图 | 奥地利威克胜 | 奥地利威克胜 | 卢森堡迪麦科 | 中国四维远见 |
| 最新产品发布时间 | | 2008.7 | 2001 | 2008.7 | 2006.5 | 2009.3 | 2007.6 |
| 像素数量 | 全色 | 12 000 | 13 824×7 680 | 17 310×11 310 | 14 430×9 420 | — | — |
| | 彩色 | 12 000 | 3 072×2 048 | 5 770×3 770 | 4 992×3 328 | 13 000×8 900 | 13 000×11 000 |
| 镜头焦距 | 全色 | 63 mm | 120 mm | 100 mm | 100 mm | — | — |
| | 彩色 | | 25 mm | 33 mm | 33 mm | 80 mm | 50 mm |
| 最大等效幅面(20 μm) | | 240 mm | 276 mm×153 mm | 346 mm×226 mm | 288 mm×188 mm | 260 mm×178 mm | 260 mm×220 mm |
| 成像及投影方式 | | 多中心投影（单镜头线阵推扫） | 虚拟中心投影（多镜头单点曝光） | 共中心投影（多镜头同点曝光） | 共中心投影（多镜头同点曝光） | 虚拟中心投影（多镜头单点曝光） | 虚拟中心投影（多镜头单点曝光） |
| 传感器类型 | | 全波段单镜头 | 4 全色＋4 多光谱 | 4 全色＋4 多光谱 | 4 全色＋4 多光谱 | 2 彩色 | 4 彩色 |
| | | 多线阵 CCD | 多面阵 CCD | 多面阵 CCD | 多面阵 CCD | 多面阵 CCD | 多面阵 CCD |
| | | 12 线阵 | 4 全色＋4 多光谱 | 9 全色＋4 多光谱 | 9 全色＋4 多光谱 | 2 彩色 | 4 彩色 |

# 3.4　数字航空照相机结构与特性

## 3.4.1　CCD 传感器及其特性

图像传感器又称影像传感器或光电传感器,其主要作用是将接收到的光(图像)信号转变为模拟电信号,目前普遍使用的图像传感器主要有 CCD 和 CMOS 两种类型。本书仅以 CCD 传感器为分析对象,对与航空照相机特性相关的 CCD 传感器部分内容进行介绍。

数字航空照相机主要是利用电荷耦合器件(CCD),将镜头所成影像的光信号转化成电信号,再把这种电信号转化成计算机可以识别的"数字信号"记录下来,最后转换成影像。数字航空照相机主要采用线阵或面阵 CCD 器件实施电子扫描高速采集高分辨率的地面静态影像,并将其记录在电子盘或直接传输至地面,其对采集信号的动态处理能力较电视摄像系统弱。

CCD 传感器相当于航空胶片,其实质是按某种规律排列的 MOS(金属-氧化物-半导体)电容器构成的移位存储器,如图 3 - 17 所示。MOS 是 CCD 的基础,CCD 感光的过程就是光子冲击感光元件产生信号电荷,并通过 CCD 上 MOS 进行电荷存储传输的过程。

1. 线阵和面阵 CCD

CCD 传感器是数字航空照相机的核心元件,它是由众多的微小光电二极管构成的固态电子感光部件。根据光电二极管的排列方式可以将 CCD 传感器分为线阵和面阵两种。

线状阵列是将多个光电二极管排列成一条直线,逐行进行感光成像,其逐行推进是由无人机沿航线方向的飞行实现的。线阵传感器的线阵列方向与飞行方向垂直,在快门曝光瞬间能够得到一条线影像,获取图像的方式如图 3 - 18 所示,而一幅影像则由若干条线影像拼接而成,故又将其称为推扫式扫描成像。

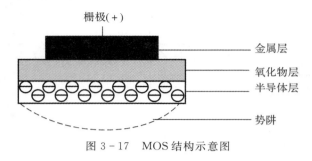

图 3-17　MOS 结构示意图

　　线阵 CCD 传感器的优点在于价廉,探测元件可精确定位,低功耗、灵敏度高、光学部件轻巧,结构简单,并且多个线阵可拼接成几千像元的大线阵;然而,线阵 CCD 传感器用于无人机航摄侦察与测量时,由于飞行平台受气流影响和航速变化,图像会发生畸变,需后期进行纠正,它在制图精度要求不太高的应用中,如资源调查、环境监测等领域应用效果良好,1994 年美国就使用它作为密西西比 36 550 英亩[①]土地覆盖制图的原始图像数据,数据采集费用大大降低。

　　面阵 CCD 是平面阵列 CCD 或区域阵列 CCD,它是将众多光电二极管排列成一个平面阵列,同时感受光信号,其 CCD 芯片感光区为一矩阵平面,一般长宽比为 3:2 左右;与画幅式航空照相机相似,面阵 CCD 传感器在快门打开瞬间获得一幅完整的中心透视投影的影像,其获取图像的方式如图 3-19 所示。

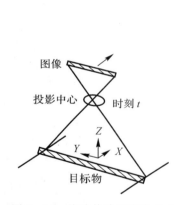

图 3-18　线阵传感器成像方式

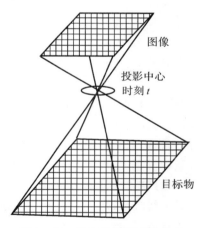

图 3-19　面阵传感器成像方式

　　20 世纪 80 年代初,CCD 面阵还只有 $100 \times 100$ 像元,由于 CCD 像元分辨率的原因,早期用于航空遥感的数字相机多为线阵和 TDI 阵列,随着 CCD 生产工艺的不断进步,CCD 面阵分辨率的不断提高,面阵数字航空照相机才得以快速发展与应用,目前绝大多数数码相机都采用面阵 CCD 方式。

　　几种 CCD 相机的参数见表 3-10。

---

　　①　英亩(acre),面积单位,1 arce≈4 046.86 m²。

**表 3 - 10　几种 CCD 相机及参数**

| CCD 类型 | 生产厂家 | 检测单元尺寸/$\mu$m | 单元数 | 阵列数据速率/MHz |
|---|---|---|---|---|
| 单色线阵 CCD | Dalsa | 10 | 6 000 | 60 |
| | Loral Fairchild | 10 | 6 000 | 5 |
| | Kodak | 7 | 5 000 | 25 |
| | EG&GReticon | 7 | 8 000 | 80 |
| 面阵 CCD | Dalsa | 12 | 5 120×5 120 | 60 |
| | Loral Fairchild | 7.5 | 4 096×4 096 | 60 |
| | Kodak | 9 | 2 048×2 048 | 20 |
| | EG&GReticon | 13.5 | 2 048×2 048 | 4 |

**2. CCD 彩色成像**

面阵数字航空照相机对于影像的色彩还原方法较多,主要有以下三种。

(1)三块 CCD 同时曝光

该方法可以在一次曝光拍摄的同时,捕捉到所有的彩色信息。当光线通过镜头射向 CCD 表面的时候,先由一个特制的棱镜式分光镜,将影像的成像光速成分射到三个不同的 CCD 平面。每一个 CCD 只记录红绿蓝色光中一种色光的彩色信息,并且只再现一种色彩,然后通过软件的对准处理,合成为一幅完整的全彩色画面。

(2)单块 CCD 三次曝光

该方法需要在数字航空照相机镜头的前方安装一个滤色片转轮,拍照时必须通过转轮中的红、绿、蓝三块滤色片,分别做三次单独的曝光,并记录下红、绿、蓝光的彩色信息。之后,数字航空照相机的处理软件将三次曝光的影像信息结合在一起,构成全彩色影像。

由于用三次曝光来记录彩色信息,仅局限于拍摄静态物体。此外,由于三次拍摄条件可能出现的差异,特别是曝光过程中,光源发生的波动会改变影像的彩色平衡。

(3)单块 CCD 一次曝光

每一单个的像素都以两种方式覆盖着不同的红、绿、蓝色滤色片,一种是条纹覆盖法,另一种是马赛克图案交错覆盖法。有些芯片上的绿滤色片多于红色和蓝色滤色片,这是因为需要去适应人眼视觉在可见光谱中对绿色更为敏感的特点。这样,较多地使用绿色滤色片可以改善影像的分辨率。

每一个感光的像素只能捕获一种色彩,它需要采取插值的计算方法实现从相邻的像素那里获得更多的彩色信息。如果不正确的彩色信息被赋值于像素之中,那么插值的效果也会出现问题,这通常在高反差影像的边缘部分表现得最为明显,如黑色的文字,常常会出现彩色的镶边。

与数字摄像机不同,数字航空照相机在动态实现高分辨率方面存在一定难度。虽然数字航空照相机的像素数高达数百万,动态录像的单幅图像的像素数只要几十万,但动态录像每秒钟要记录数十帧,总的数据量是非常庞大的,数字航空照相机的图像处理芯片是专为处理静态图片设计的,要处理动态的流文件存在明显不足。且巨大的数据量需要庞大的存储空间,因为即使采用高压缩比的 MPEG‐4 格式压缩,512 MB 的存储卡也只能存储十几分钟的高精度录像。

### 3.4.2　航摄物镜及其光学特性

任何凸透镜都可以在焦平面上构成物体的光学影像,但是由于单透镜存在多种像差(球面像差、像场弯曲、色差和畸变差等),因此为了消除像差,任务摄影物镜都至少由两个或更多的透镜组合而成。对于数字航空照相机来说,其摄取的航摄像片主要用于量测等,对影像的质量要求更高。为了更好地消除像差,提高影像质量,在设计、加工和装配航摄物镜时,总是选择不同品种和不同折射率的光学玻璃,研磨成各种具有一定曲率和一定厚度的透镜,并用黏合或非黏合的方式将这些透镜装配成一定的空间距离,装配时还要求将所有透镜的曲率中心都调试在同一条直线上,以形成主光轴。因此,航摄物镜是一个相当复杂的光学系统,一般由 7～13 个单透镜所组成,如图 3‐20 所示。

航摄物镜虽然由多个单透镜所组成,但为了简单起见,在叙述物镜的光学特性时,仍可以将它看作为一个组合的凸透镜。图 3‐21 表示一个单透镜主光轴的主要特征点。

图 3‐21 中 $MM$,$M'M'$ 表示凸透镜的两个分别与物方和像方空间接触的球面,$OO'$ 为主光轴,$F$ 和 $F'$ 分别为前、后主焦点,表示平行于主光轴的一束光线通过物镜后的焦点,

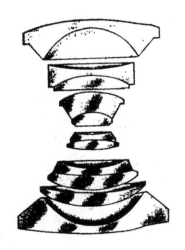

图 3‐20　航摄物镜组成示意图

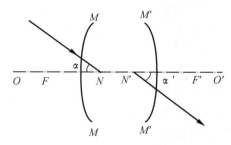

图 3‐21　单透镜主光轴的主要特征点

1.焦距、像角和视角

焦距和像角是航空照相机镜头的重要性能,它们分别能够说明镜头成像的大小和拍照的范围。

(1)焦距

镜头的焦距就是镜头的主焦点到主平面的距离。

镜头成像的大小与像距有着正比例的关系,而航空照相的像距就等于焦距,因此当照相高度一定时,镜头的焦距越长,影像也就越大。

(2)像角和视角

　　镜头的像角就是像场直径的两端到镜头后主点连线的夹角。而像场则是像面上影像明亮而清晰的有用部分,航空照相机的像幅(即 CCD 的大小)就是由像场来决定的。像幅通常取像场的内接四边形,如图 3-22 所示。

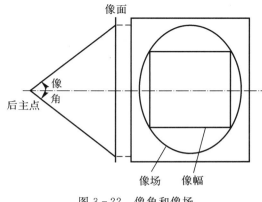

图 3-22　像角和像场

　　镜头按照像角的不同可以分为三种:像角大约在 50°以下的镜头,称窄角镜头;像角大约在 70°以上的镜头,称广角镜头;像角介于 50°和 70°之间的镜头,则称为常角镜头。

　　照相机视角越大拍照的范围也越大,它的大小不仅取决于像幅,而且和镜头的焦距有关。当像幅一定时,焦距越短,视角就越大。

　　2. 相对孔径、透射率、渐晕系数和分辨率

　　相对孔径、透射率和渐晕系数是从不同的角度来说明像面照度大小的。

　　(1)相对孔径

　　相对孔径的大小取决于有效孔径和焦距。有效孔径是能够透过镜头的平行主光轴的光束在镜头前面的截面直径。像面照度是随着有效孔径的增大和焦距的减小而增强的,因而有效孔径与焦距的比值越大,像面照度也就越大,这个比值($D/f$),就叫作相对孔径。相对孔径通常是以分子等于 1 的分数来表示。相对孔径的大小通常是可以调整的。调整光圈内径的大小可以使有效孔径改变。如果将有效孔径的变化数值分别与焦距相比,那么就可以得到一系列的相对孔径,如 1/4,1/5.6,1/8,1/11,1/16,1/22,1/32 等等。这列分数的分母,如 4,5.6,8,11,16,22,32 等,就称为光圈系数。由此可见,光圈系数就是相对孔径的倒数,最小光圈系数就等于最大相对孔径的倒数。最大相对孔径是镜头性能优劣的主要标志之一。

　　(2)透射率

　　镜头的透射率是透过镜头的光通量与射在镜头上的光通量之比。镜头的透射率越大,说明能够透过镜头的光线越多,像面上的照度就越大。

　　射在镜头上的光线,并不能够全部透过镜头。因为当光线射在透镜与空气的接触面上时,会由于表面的反射而受到很大的损失。例如,透镜与空气的每一个接触面,约能损失入射光线的 4%～5%。此外,入射光线由于透镜玻璃的吸收,也要损失一部分,如 1 cm 厚的透镜玻璃,大约能吸收入射光线的 1%。

　　由上可知,减少光的反射损失就能够增大镜头的透射率。减少光的反射损失的方法,是在透镜与空气的接触面上涂上一层透明膜,这种方法称为镜头的加膜。镜头加膜后能够减少光的反射损失。例如由 5 片透镜组成的某种照相镜头,它的透射率在未加膜时为 0.6,经加膜后就提高到 0.9 左右。

　　(3)渐晕系数

　　当射往镜头的光束与主光轴夹有一定角度时,由于受到镜头框的阻挡,有一部分光线不能射至像面,使像面边缘部分的照度减小,这种现象称为渐晕效应,像面中心的渐晕系数最大,它等于 1;离像面中心越远,入射光束与主光轴的夹角就越大,被镜头框阻挡的光线就越多,因而

渐晕系数就越小。

（4）相对孔径、透射率、渐晕系数和像面照度的数量关系

相对孔径、透射率和渐晕系数对于像面照度都有很大的影响，影响的程度可由如下的数量分析得知。

如图 3-23 所示，在像面上取一微小的正方形面积，它是地面上微小正方形面积的影像。因而所获得的光通量，取决于射往镜头的光通量 $F$。

$$F = B \cdot \Delta A \cos\theta \frac{\pi D^2}{4H^2} \cos^3\theta = \frac{\pi D^2 B \cdot \Delta A}{4H^2} \cos^4\theta$$

$$(3-21)$$

式中，$B$ 为空中景物亮度。

当光线通过镜头时，由于镜头的透射率（$\tau$）和渐晕系数（$K_\theta$）的影响，使得透过镜头的光通量 $F'$ 小于射往镜头的光通量 $F$。$F'$ 和 $F$ 有如下关系：

$$F' = \tau K_\theta F \qquad (3-22)$$

因此有

$$F' = \frac{\pi D^2 \tau K_\theta B \Delta A}{4H^2} \cos^4\theta \qquad (3-23)$$

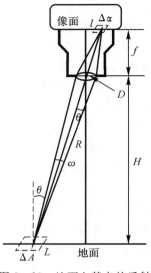

图 3-23 地面上某点的反射光传输示意图

由上面两式知，像面上的照度与相对孔径的二次方、透射率、渐晕系数和 $\theta$ 角余弦的四次方成正比。

由于相对孔径的倒数是光圈系数，所以，像面照度与光圈系数的二次方成反比，为了便于计算像面照度和照相曝光时间，光圈系数的数列排列成正比为 $2^{1/2}$ 的等比级数。这样，光圈系数相差一级，像面照度相差一倍。

渐晕系数和下角的余弦都随着下角的增大而减小，因而从象面中心到边缘，照度是逐渐减弱的。

（5）分辨率

镜头对被摄物体细微部分的表达能力，称为镜头分辨率。在航空照相中通常用镜头分辨率来说明光学影像的清晰程度，它以 1 mm 的宽度内能清晰分辨的线条数来表示。

测定镜头分辨率，需要特制的检验图片，该图片有若干线条组，每组的线条宽度和间隔相等，各组线条的数目和宽度都不同，有的图片还按照线条数目的多少标有号码，如图 3-24 所示。测定时，将被测的镜头向图片对光，用放大镜观察图片的影像，从中找出刚能清晰分辨的线条组，这组线条的数目或号码就表示该镜头的分辨率。

对航空照相来说，镜头分辨率越高就越有利，但是镜头分辨率的提高会受到限制。这是因为光的绕射和镜头存在像差的缘故。

因为光的绕射，镜头在拍摄一条光亮的细线时，所得的影像不可能还是细线，而是一条粗线，其照度中央大而两边逐渐减小。如果拍照的是两条相距很近的平行直线，其影像的照度就会合在一起。

光的绕射对分辨率大小的影响，与光圈系数有关系，当光圈系数增大（即光圈缩小）时，光通过的光孔减小，这时绕射现象较为明显，致使分辨率减小。因此，分辨率是随着光圈系数的

增大而减小的。

　　各种镜头均存在不同程度的像，这也使细线影像的照度沿宽度方向逐渐减小，因而降低了镜头的分辨率。显然，镜头的各种像越大，其分辨率就越小。例如，像面中心的像比边缘的像小，像面中心的分辨率就比边缘的大。

　　缩小光圈可以减小镜头的像，从而使分辨率增大。因此，如果只从镜头的像对分辨率的影响来说，分辨率是随着光圈系数的增大而增大的。

　　综合光的绕射和镜头像两方面的影响可知，光圈系数过大或过小，镜头的分辨率都不高。光圈系数过大时，光的绕射对于分辨率的影响较大，而光圈系数过小时，则镜头的像又对分辨率的影响较大，所以，要想

图 3 - 24　分辨本领检验图片

获得清晰度较高的平面物体影像，必须同时注意光的绕射和镜头像这两方面对于分辨率的影响，使光圈系数既不过大又不过小。

### 3.4.3　像移补偿及其实现方式

　　执行航空摄影任务时，由于无人机平台的飞行速度很快，即使曝光时间很短，在航摄仪成像面的地物，也将在衍射航线方向上产生位移，这个移动称为影像位移（像移），影像位移的存在会使航拍图像模糊。

　　飞机前向飞行产生的像移通常称为前向像移。除了前向像移外，在航空拍摄过程中，同时伴随有飞机姿态不同带来的随机像移，以及相机及其平台运动中受到震动产生的震动像移等。相机设计时，若不对此采取合理有效的措施，往往影响航拍图像的成像质量和相机分辨率。对于垂直拍照的航测相机来说，在其产生的诸多像移中，前向像移的影响最大，这也是本书重点分析的内容。

　　像移补偿（IMC，Image Motion Compensation）是指补充在曝光时间里因航空照相机与被拍摄对象之间存在相对运动而造成的影像位移。

　　如图 3 - 25 所示，假设航摄仪的快门在 $S$ 点上方打开，地面点 $A$ 在航摄胶片上的构象为 $a$，经过曝光时间 $t$ 后，在 $S'$ 点上方关闭时，地面点 $A$ 的构象为 $a'$，显然 $aa'$ 就是在曝光时间内由于飞机的前进运动而引起的像点位移。像移补偿就是为了将因相对运动产生的位移量 $aa'$ 消除。

　　像移补偿值的大小为

$$\delta = \frac{fWt}{H} = \frac{Wt}{m} \tag{3-24}$$

　　显然，像移补偿值 $\delta$ 与摄影比例尺 $1/m$、航摄仪焦距 $f$ 和曝光时间 $t$ 是成正比的，而与航高 $H$ 成反比。但是，摄影比例尺与地形起伏有关，因此，在同一像幅内，像移补偿值 $\delta$ 并不是常

数,在航摄中通常对最大像移值进行限制。表 3-11 为我国航摄规范中对不同摄影比例尺(或成图比例尺)所限定的最大容许像移值。

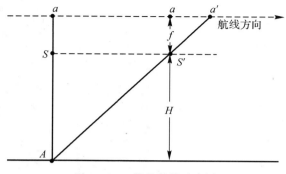

图 3-25  像移补偿示意图

**表 3-11  我国航摄规范中对不同摄影比例尺所限定的最大容许像移值**

| 摄影比例尺($1/m$)或成图比例尺($1/M$) | 最大容许像移值 $\delta_{最大}$ /mm |
| --- | --- |
| $1:m$ 小于 $1:1.2 \times 10^4$ | $\leqslant 0.07$ |
| $1:m$ 大于 $1:1.2 \times 10^4$ | $\leqslant 0.1$ |
| $1:M$ 在 $1/500 \sim 1/2\,000$ | $\leqslant 0.06$ |

速高比是像移补偿中一个重要的参数,速高比的获取精度决定了像移补偿的精度。国内外获取速高比的方法主要有平行狭缝法、扫描相关法、外差法、光程差法和直接计算法等。

无论是胶片航空照相机,还是数字航空照相机,像移的产生都是不可避免的,为了能够拍摄出清晰的像片,两种航空照相机均设计了像移补偿机构。一般认为,当像移量不超过 1/3～1/2 像元即可认为不会造成影像模糊,不需补偿。胶片式航空照相机与数字航空照相机在像移补偿方式上存在一定差异,画幅式胶片航空照相机对前向像移的补偿主要通过沿飞行方向移动胶片来实现,而全景式胶片航空照相机则是通过改变地物和像方反射镜与胶片之间的成影角度来消除前向像移的。与之相比,数字航空照相机的像移补偿方法较多,主要包括缩短曝光时间补偿、TDI CCD 补偿、全帧转移/帧转移 CCD 补偿、摆镜补偿、移动焦平面补偿等。其中,缩短曝光时间补偿方法对沿飞行方向和垂直于飞行方向的像移都有补偿作用,但同时也使输出信号的信噪比降低;由于受到系统最小信噪比的限制,曝光时间不能无限缩短,使得像质的改善是有限的;TDI CCD 补偿、全帧转移/帧转移 CCD 补偿方法必须采用相应的 CCD 器件;摆镜补偿需要在 CCD 和透镜之间放置一摆镜(平面镜)。

1. 缩短曝光时间补偿

像移对航摄的影响大小除了用影像位移大小来衡量外,还可以用像移调制传递函数 $MTF_V$。$MTF_V$ 可表示为

$$MTF_V = \sin c(fs) = \sin(\pi f v_i t)/(\pi f v_i t) \tag{3-25}$$

式中,$f$ 为图像的空间频率。

$MTF_V$ 的值越大,运动像移对图像质量的影响越小,图像越清晰,多数成像系统要求 $MTF_V > 0.64$。

由式(3-25)可知,在实际应用的时间范围内,缩短曝光时间可以使像移量 $s$ 减小,$MTF_v$ 增加,图像更为清晰。对于线阵 CCD 相机在物平面内沿像移方向集合上可以分辨的最小尺寸 $D$ 由下式决定:

$$D = v_0 t \tag{3-26}$$

式中　$v_0$—— 相机和目标的相对运动速度;

　　　$t$—— 曝光时间。

由式(3-26)可以看出,曝光时间越短,$D$ 越小,CCD 的几何分辨能力(正比于 $D$ 的倒数)越高。

缩短曝光时间对沿飞行方向和垂直于飞行方向的像移都有补偿作用,同时也会减小有效信号幅值,进而使输出信号的信噪比降低。

2. TDI CCD 补偿

Carl Zeiss Jenda 于 1982 年提出前向运动补偿(FMC)技术。FMC 技术采用 TDI CCD 器件,多级像元对同一目标多次曝光,并将信号电荷进行累加以提高信号强度。TDI CCD 补偿原理如图 3-26 所示。

在 $T_1$ 时刻对地面目标曝光,目标成像在 CCD 阴影所示的像元上(见图 3-26(a))。曝光结束后的 $T_2$ 时刻,由于相机随飞机一起运动,$T_1$ 时刻目标所成的像移动到图 3-6(b)所示阴影部分的下一级像元上,同时控制时钟使

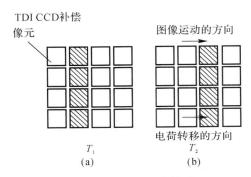

图 3-26　TDI CCD 补偿原理

$T_1$ 时刻的成像电荷包也移动到下一级像元,对同一目标继续曝光。依此类推,当最后一级像元曝光结束后,输出的信号为全部 TDI 像元对同一目标的积分电荷之和。普通 CCD 的输出信号 $S_0$ 的大小正比于输入照度 $H$ 和积分时间 $t$,即

$$S_0 \propto Ht \tag{3-27}$$

而 $M$ 级 TDI CCD 的输出信号 $S_{m0}$ 为

$$S_{m0} \propto MHt \tag{3-28}$$

由此可以看出,$M$ 级 TDI CCD 的输出信号提高了 $M$ 倍,但其几何分辨能力保持不变,仍由 $D = v_0 t$ 决定。

TDI CCD 进行像移补偿时,必须使目标图像在像平面上的移动速度与电荷包的转移速度同步。只有这样才能保证各级 TDI 像元对同一目标依次曝光,并最终输出同一目标的累加电荷信号,从而提高光电灵敏度和图像质量。若目标图像在像平面上的移动速度不等于电荷包的转移速度,将引起 MTF 的退化。

由于图像的移动是连续的、二维的,而 TDI CCD 的电荷转移是离散的、一维的,TDI CCD 也只能对图像作一维的离散像移补偿。因此即使在速度完全同步的条件下仍然存在像移问题。此外,TDI CCD 的级数是有限的,这使得信噪比的提高也受到限制。

3. 全帧转移/帧转移 CCD 补偿

这种补偿方式采用面阵全帧转移 CCD 或帧转移 CCD 器件对像移进行补偿。1992 年,Andre G. Lareau 等人在其专利中提出了一种利用全帧转移 CCD 进行像移补偿的方法,该方

法可以对不同的像移速度进行补偿。全帧转移CCD补偿的原理如图3-27所示。

成像区由二维排列的光敏单元组成,将所有光敏单元按列分成若干组,每组由若干列光敏单元组成。假设分成$N$组,如图3-27中所示的$C_1 \sim C_N$。又设对运动目标成像时,所成的像在成像区有沿图示方向的运动。如果使成像电荷包在驱动时钟的驱动下与像移同步运动,就可消除像移的影响。如果不同组的像移不同,可以对不同的组设置各自的控制及时钟驱动电路(同一组内各列的控制和时钟驱动电路是相同的),使电荷包转移速度与像移速度同步,以消除像移影响。组划分得越多,补偿效果越好,但系统越复杂。一般对5 000列左右的光敏元,划分为16组就可以取得较好的补偿效果。

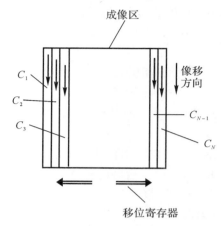

图3-27 帧转移CCD补偿原理

以三相CCD为例,每一个光敏元$C_i(i=1,2,\cdots,N)$都有一个计数器$CN_i$和一个时钟驱动器$CD_i$。控制器产生主时钟信号,帧启动/停止信号、预置数信号。曝光期间,计数器对主时钟信号计数。当计数值和预置数的值相等时,则产生一个触发信号,启动时钟驱动电路产生三相驱动脉冲$\phi_1,\phi_2,\phi_3$,使该组的电荷包沿像移方向转移一行。转移结束后,时钟驱动电路重置计数器的计数值,准备下一轮转移。改变计数器的计数值,就可以改变电荷包转移的速度,使之和像移速度同步。

### 4.移动焦平面补偿

焦平面是二维运动的,可以对像移进行二维补偿。像移传感器由较小的CCD或CMOS器件构成,装在成像系统的焦平面上。它对目标成像后,能够以很高的帧频输出。为了防止图像模糊,像移传感器获取图像的曝光时间很短,因此图像较暗,噪声也比较大。像移传感器输出的图像信号由光学相关器进行实时处理,测出相邻图像之间的位移并送给控制器。控制器根据图像位移值和位移传感器测得的焦平面位置值来驱动压电晶体,进而驱动焦平面运动,对像移进行补偿。

这种像移补偿方式是K. Janschek和V. Tchernykh于2001年提出的,其工作原理如图3-28所示。

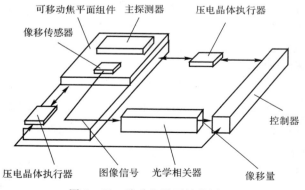

图3-28 移动焦平面补偿原理

移动焦平面补偿后的像移量,等于光学相关器对图像位移的检测误差与可移动焦平面的位置控制误差之和。由于像移补偿的执行元件直接由图像运动传感器提供的图像信号进行反馈控制,补偿效果较好。在 K.Janschek 等人的实验中,对于飞行器轨道高度为 600 km,地面分辨率为 2 m/像素的系统,采用 64 级 TDI CCD 补偿,曝光时间为 19 ms,像移量为 2 个像素;采用图像反馈的光机补偿,曝光时间为 50 ms,像移量为 0.5 个像素。

5.摆镜补偿

1998 年,K.Brieß 等人采用摆动平面镜的方法对星载 CCD 相机进行像移补偿。

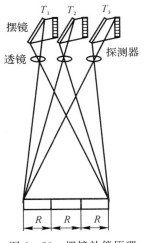

图 3-29　摆镜补偿原理

摆镜补偿的系统原理如图 3-29 所示。设补偿系统采用 $n$ 线阵 CCD(图中 $n=3$),每个单线阵 CCD 对地面区域 $R$ 成像, $n$ 线阵 CCD 的成像区域为 $nR$。在 CCD 和透镜之间放置一摆镜。在 $T_1$ 时刻,摆镜使 CCD 对地面的 $nR$ 区域成像。在 $T_2$ 时刻,成像系统沿航迹方向上移动了距离 $R$,同时摆镜转过一个角度,使 CCD 仍然对地面相同的 $nR$ 区域成像。在 $T_3$ 时刻,根据系统在航迹方向的运动,摆镜又转过一个角度,成像区域保持不变。这样采用 $n$ 线阵 CCD 成像系统的曝光时间为单线系统的 $n$ 倍。曝光结束后,图像信号被读出,摆镜返回 $T_1$ 时刻的初始位置,开始下一轮 $nR$ 区域的成像。

假设飞机飞行的速度为 $v$,飞行高度为 $H$,相机的焦距为 $f$,曝光时间为 $t$,则曝光时间内的飞机位移 $L$ 为

$$L = vt \tag{3-29}$$

如果在扫描方向上摆镜由前向后扫描(与飞机的方向相反),摆镜摆动的角度 $\theta$ 由下式确定:

$$\tan\theta = vt/H \tag{3-30}$$

摆动角速度为

$$\omega = \theta/t \approx v/H \tag{3-31}$$

这样,就可以使飞机飞行所造成的前向像移与摆镜摆动所产生的后向像移相互抵消。

上述系统的补偿运动是依据设定的飞行高度、飞行速度进行控制的。由于设定值和实际值存在误差,而且只能对飞行方向的像移作一维补偿,这种措施并不适用于高分辨率系统。要想进一步改善补偿效果,可以用测量装置测出飞行器的高度和速度,对摆镜进行闭环控制,但这样增加了系统的复杂程度和成本。

此外,像移还可以通过图像处理软件的方法进行补偿。该方法需要建立像移补偿产生的数学模型,通过算法对图像进行恢复。一般图像式像移补偿的方法都是在上位机上完成,系统集成性以及实时性都不如上述几种方法。但是随着 DSP 等快速高速运算器件的发展,通过改进算法,降低计算量,这种方法也有望很快地用于实时像移补偿。

总之,不同原因引起的像移有不同的补偿方法,各种方法有各自的特点及适用范围,但是所有的像移补偿系统都应该满足以下几方面的要求。

1)保证像面上各点的补偿精度即像移补偿残差在允许的范围内;

2)补偿系统不能影响其他部分的工作;

3）不降低成像质量，即不能导致离焦、降低透光率等现象的发生；

4）在像移速度范围内能简单补偿而不需外加设备或复杂的人工干预。

### 3.4.4　自动曝光

数字航空照相机获取的图像质量和曝光量有直接关系，合适的曝光量可以使得拍摄的图像细节丰富，图像更加清晰；曝光过度或曝光不足容易使图像的细节丢失。

无人机航空照相的特点是空对地拍摄，拍摄场景较为复杂，受光照、天气、景物特征、太阳高度角等的影响，拍摄景物的亮度变化很大，容易引起曝光不足或曝光过度。而合适的曝光量是获得清晰图像的关键，因此为获得清晰的图像，数字航空照相机的曝光控制是十分有必要的。而航空摄影曝光就是在综合考虑 CCD 感光度、景物亮度、大气条件和数字航空照相机的光学特性等基础上执行的操作。

数字航空照相机实现曝光的方式主要有手动曝光和自动曝光两种。手动曝光即人为地控制摄像机的曝光，自动曝光分为光圈优先曝光、快门优先曝光。对于航空照相机来说，要实现图像亮度与传感器接收到的光的能量之间的匹配，只要通过自动曝光结构控制传感器接受的光能量就可以了。控制曝光的主要参数有光圈大小、曝光时间长短和信号增益三种。控制光圈大小和曝光时间长短是通过控制传感器接收到光的能量来控制曝光的，而信号增益是将电信号做放大处理，最后在三者的协调控制处理后实现曝光。

#### 1. 自动测光方式

数字航空照相机自动曝光的基础和前提是准确获取外界景物的光线强弱，因此，数字航空照相机都装备有自动测光系统，通过安装在摄影物镜旁的光敏探测元件测定景物的亮度，并根据预置的 CCD 的感光度，由微处理机计算出曝光时间，再通过镜箱内的自动控制机构，自动调整光圈或曝光时间。为了与航摄物镜的色差校正范围一致，光敏探测元件的波谱响应范围应为 0.4～0.9 nm。

自动测光系统按其结构一般分为两类，即"光圈优先"和"快门优先"。光圈优先就是固定光圈号数，根据景物的亮度，自动调整曝光时间；而快门优先则是固定曝光时间，根据景物亮度，自动调整光圈号数。依据航空摄影时大气条件等变化较大的特点，一般采用两者优化组合的方式。不同航摄仪其自动测光系统工作会有一定区别，如 RC - 10 型航摄仪在工作时，主要根据 PEM - 2 测光表进行调整，开始工作时，光圈号数自动调整到 5.6，曝光时间将在预置的允许像移值范围内调整，如果曝光时间短于 1/1 000 s，光圈号数自动调整为 8；反之，如果曝光时间超出像移允许范围，则光圈号数自动调整到 4。

自动测光系统根据光学系统视场的大小，分为积分测光和微分测光两种。目前，RC 型和 RMK 型航摄仪都采用积分测光，其探测视场角为 ±30°；LMK 型航摄仪采用微分测光，其探测视场角为 ±1.25°。

通常微分测光比积分测光好，这是因为除了探测视场刚好沿着河流或公路进行探测外，一般不会产生在积分测光中容易出现的曝光不足（探测视场位于明亮景物上）或曝光过度（探测视场位于阴暗景物上）等现象。

按测光方式的不同，可将数字航空照相机分为外测光式和内测光式两种类型。

（1）外测光式

外测光式是指测光元件不通过照相镜头光路，独立地对被测景物测光的方式。测光元件可以放在取景器的侧面,也可放在照相镜头的周围。由于测光窗与镜头的位置不同,测光范围与镜头成像范围就有一定的偏差,偏差大小随摄影距离而变。由于这种偏差的存在,外测光不适用于更换不同焦距镜头的照相机。

(2)内测光(TTL)式

测光元件通过照相镜头光路进行测光的方式称为内测光式,又叫 TTL(Through the Taking Lens Sensing)式。这种方式常用在单镜头反光照相机或可换镜头的照相机中。由于测光方向与摄影方向一致,测光更为准确,且不受其他光线的影响。当摄影距离变化时,还可以进行自动修正。

这种方式根据测光元件安放位置的不同,又分为平均内测光、部分内测光和重点内测光三种形式。

1)平均内测光:这种测光方式是将测光元件安放在摄影光路中间,用以测量整个画面的平均光亮度。一般情况下,均可取得较好的曝光效果,但当被摄景物反差很大时,不能将摄影主要元素清晰地表达出来。

2)局部测光:将测光元件放在靠近像面的附近,反射镜将中心光束反射到测光元件上,从而形成部分内测光,因此其测光范围是被摄范围的一部分。

3)权重测光:重点测定画面某一集中位置的光亮度。根据测定位置的不同,又可分为中央权重和分割权重等。

(3)直接测光

测光元件与取景没有直接关系,它在摄影时直接测量快门幕帘(高速时)或 CCD 平面(低速及闪光摄影时)的反射光。由于摄影时测光,要求测光元件具有更高的灵敏度和更好的响应特性,故其一般常采用硅光敏二极管。

与传统相机相比,数字航空照相机 CCD 本身就是一个极大的测光元件,其测光区域面积比传统相机大,其最大优点就是能将整个 CCD 画面平均分为多个区域,且主体占所有区域的大部分面积,能够得到正确的曝光。

2.自动调光方式

早期的调光方法主要是基于 CCD 模拟信号的整场积分进行调光的,它是通过硬件电路来获得 CCD 电压信号算出其整场电压平均值、峰值或有效值等作为反馈信号,控制光阑的大小来控制 CCD 靶面照度或控制电子快门的触发脉冲来控制曝光时间,使得 CCD 信号的整场平均值、峰值或有效值在一定的阈值范围内。

基于 CCD 电压的调光方法系统结构框图一般如图 3-30 所示。但是该种方法当背景区域较大,或局部区域存在较强的干扰点时,将无法实现正确曝光。

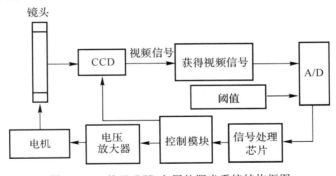

图 3-30　基于 CCD 电压的调光系统结构框图

随着 DSP 技术和图像处理技术的高速发展,人们将图像处理技术与调光技术相结合,提出了基于图像处理的新的调光方法。常见的基于图像处理的方法有灰度平均值法、基于灰度平均值和峰值加权的调光方法、图像分区法、二次均值法、信息熵法、主体鉴别法、灰度平均值和区域信息熵相结合法等。

灰度平均值法是借鉴 CCD 电压信号全场积分的方法,将整幅图像中各像素的灰度值累加和代替 CCD 整场积分电压。该种方法的出现推动了调光技术的发展,取消了 CCD 积分电路,将硬件用软件来实现。它将调光问题转化为图像处理的问题,然后将处理的结果作为反馈量,进而实现调光。调光技术与图像处理技术联系起来,显示了极大的灵活性,具有重大的转变意义。

信息熵法是以图像的信息熵作为反馈量的控制照相机的曝光时间,信息熵是图像所具有的信息量的量度,图像质量越好,信息熵越大。同时研究发现信息熵与曝光时间之间存在一定的函数关系,并且具有一定的单调关系,因此可以通过搜索信息熵的最大值找到使得图像质量较好的曝光时间。

主体鉴别法是针对背景照度与目标照度相差很大的情况下提出的,该方法首先将整幅图像平均分块,算得每块的灰度平均值形成新的矩阵 $\boldsymbol{P}$,对 $\boldsymbol{P}$ 中的数值进行二维梯度搜索,并以梯度较大的位置为边缘将图像标记为两部分,最后根据两部分所占的整幅图像的比重,确定出目标区域作为反馈量控制照相机的曝光时间。该方法对背景与目标区域照度对比较明显,且目标占大部分的情况适用,但航空拍摄时,场景不确定,可能目标区域与背景区域相比所占的比重小,此时将不适合。

灰度平均值和区域信息熵相结合的调光方法,是在光电平台执行任务时,由地面操作人员根据跟踪目标,选定感兴趣的区域,其算法分为三步:

1)为灰度平均值法针对整幅图像进行初调。

2)为地面人员提取感兴趣区域。

3)为目标区域内信息熵法调光。

但该方法不能实现航空照相机的全自动调光。

基于数值分析的调光方法,其基本原理是通过实验得到一组快门速度与图像亮度的关系,根据数值分析中寻找方程根的迭代法,可以得到希望的快门时间。

3. 曝光时间

根据感光测定理论可知,曝光量等于像面照度 $E_{像}$ 和曝光时间 $t$ 的乘积,即

$$H = E_{像} t \qquad (3-32)$$

则

$$t = \frac{H}{E_{像}} \qquad (3-33)$$

如果不考虑航空照相机的杂光,则

$$E_{像} = \frac{\pi B K_a}{4k^2 K_f} \qquad (3-34)$$

式中　　$B$——空中景物的亮度(包括空中蒙雾亮度);

　　　　$k$——光圈号数;

　　　　$K_a$——物镜的透光率;

$K_f$—— 滤光片倍数。

所以

$$t = \frac{4k^2 K_f H}{\pi B K_a} \qquad\qquad (3-35)$$

当然，数字航空照相机自动曝光时间的确定，还必须考虑感光度。曝光值与图像亮度和感光度的函数为

$$E_v = f(B_v, S_v) \qquad\qquad (3-36)$$

感光度（ISO）的数值越大，CCD 对光线的敏感程度越高。通常情况下，当光照条件足够时，以最小的 ISO 值来拍摄相对静止的物体，就可以获得清晰度较高的像片。但当光线较暗时，尽管增加 ISO 值会增加图像噪度，但还是一种比较可行的方法。

根据式（3-36）可知，自动曝光需要解决的问题是：如何确定图像亮度值 $B_v$ 与曝光量 $E_v$ 之间的关系，即确定 $f$。一些数字相机采用测光计或其他光电设备来获得参照亮度，从而进行曝光值查询。不同测光方式由于其所以选区域不同，其参照的亮度值也不相同。

对于明暗区域差别较大的被摄景物，较难获得合适的曝光量，需要进行适当的曝光补偿，其实质就是调节光圈或快门速度。曝光补偿分为正补偿和负补偿两种，正补偿是增加曝光量，用 $E_v+$ 表示；负补偿是减少曝光量，用 $E_v-$ 来表示。

### 3.4.5　航摄滤光片

为了尽可能消除空中蒙雾亮度的影响，提高航空景物的反差，航空摄影时一般都需要附加滤光片。

与地面摄影用的滤光片相比，航空摄影用的滤光片有许多特殊的要求。首先，航摄滤光片是航空照相机光学系统的一部分，对制作滤光片所用的材料和滤光片表面的平度都有特殊的要求，各种厂家所生产的航空照相机都配有相应的滤光片，彼此并不通用，否则将影响焦平面上影像的清晰度。其次，航摄滤光片的波谱透射特性与地面摄影用的滤光片也不同，地面摄影时，使用滤光片主要是为了补偿各种景物颜色的表达，而航摄滤光片是为了消除某一波谱带，因此其波谱透射曲线的坡度比较陡。

#### 1.滤色镜的结构

航空照相滤色镜呈圆形，周围装有金属框。在框的边缘上有固定锁扣，以便固定在镜头上，框内镶着一块起滤光作用的两面平行的镜片。这种镜片带有一定的颜色（黄、橙或红色），对光线具有选择吸收的性质，因而光线透过这种镜片后，其光谱成分会被改变。

镜片是用特殊的有色玻璃制成，还有的用两块无色玻璃夹一层有色胶膜制成。用有色玻璃制成的镜片不易褪色，其光谱透光性较为稳定；胶质的镜片易于褪色，容易改变透光性能，但是它在制作时，却容易获得各种比较精确的光谱特性。

#### 2.滤色镜的光谱特性

光谱透光特性是滤色镜的基本特性，它说明滤色镜能够透过哪些波长的光线及其透射量。透过光线的波长和透射量，取决于滤色镜对各单色光的光学密度，因而滤色镜的光谱透光特性，可用它对各单色光的光学密度的变化曲线（叫光谱透光曲线）来表示。从曲线上可以看出，滤色镜吸收和透过各单色光的情况。目前航空照相常用的滤色镜，按号数或颜色来区分，有表3-12 中的五种。

表 3 - 12　滤色镜型号颜色表

| 编　号 | 型　号 | 颜　色 |
| --- | --- | --- |
| No.1 | JB6 | 浅黄色 |
| No.2 | JB8 | 深黄色 |
| No.3 | CB4 | 浅橙色 |
| No.4 | CB6 | 深橙色 |
| No.5 | HB12 | 红色 |

图 3 - 31 所示为国产航甲－17 型航摄仪所用的 5 种不同颜色的滤光片的光谱透光曲线。由图可见,航摄滤光片的波谱透射曲线由零急剧地增大到 100%。此外,航摄滤光片的密度由中心向边缘逐渐递减,以补偿焦平面上的照度分布。

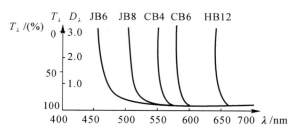

图 3 - 31　航甲－17 型航空照相机所用的 5 种不同颜色的滤光片波谱透射曲线

从图 3 - 31 中可知,航空照相滤色镜能够全部吸收光谱短波部分的光线,绝大部分透过光谱长波部分的光线,透光曲线几乎弯成直角,这一透光特性是航空照相滤色镜能够减小大气烟雾影响的原因。

航空照相滤色镜既有黄、橙、红色之分,同一颜色又有深浅之别,毫无疑问其光谱透光特性也是有区别的,它们的区别主要表现在吸收短波光线的波长范围不同,滤色镜的颜色由黄到红,或是同一颜色由浅到深时,吸收短波光线的波长范围就会逐渐扩大,而向长波部分延伸,或者说透过长波光线的波长范围越来越小。浅黄色(1 号)的滤色镜吸收波长小于 4 700 埃(Å)[①]的光线,浅橙色(3 号)的吸收波长小于 5 500Å 的光线,而深橙色(4 号)的吸收范围则更向长波部分延伸,扩大到吸收波长小于 5 800Å 的光线。滤色镜所以要有这样的差别,是为了能够减小不同程度的大气烟雾影响。

在测图航空摄影中可供使用的滤光片并不多,但判读用的航空摄影中,滤光片却是分离波谱段的重要介质,因此现代航空照相机一般都配备多种颜色的滤光片,以满足不同用途的需要。

表 3 - 13 列出了我国常角航空照相机所配备的不同颜色的滤光片,其中 RMK 型航摄仪备有 12 种滤光片,但较为常用的是 KL(用于彩色航空摄影或能见度良好的低航高黑白航空摄影)、B(用于轻蒙雾下的黑白摄影)和 D(用于假彩色摄影或重蒙雾下的黑白摄影)等 3 种。

---

①　埃(Å),长度单位,$1\text{Å} = 10^{-10}\ \text{m} = 0.1\ \text{nm}$。

**表 3 - 13　我国常角航摄仪所配备的不同颜色的滤光片**

| 编　号 | 航甲-17 型航摄仪 | HS2323 型航摄仪 | AΦA 型航摄仪 | RC 型航摄仪 | RMK 型航摄仪 | MRB/LMK 型航摄仪 |
|---|---|---|---|---|---|---|
| No. 1 | 浅黄色(JB6) | 灰色 | 浅黄色(C-16) | 彩色摄影用(400) | KL(无色) | 彩色摄影用(350) |
| No. 2 | 浅黄色(JB8) | 浅黄色(JB3) | 浅黄色(C-18) | 浅黄色(420) | A1(415) | 黄色(500) |
| No. 3 | 橙色(CB4) | 黄色(JB8) | 橙色(OC-12) | 假彩色摄影用(520) | A2(425) | 橙色(550) |
| No. 4 | 深橙色(CB6) | 深橙色(CB6) | 深橙色(OC-14) | 浅黄色(525) | A3(435) | 红色(650) |
| No. 5 | 红色(CB12) | 红色(CB12) | 红色(KC-14) | 红色(600) | A(460) | |
| No. 6 | | | | 红外摄影用(705) | B(490) | |
| No. 7 | | | | | C(525) | |
| No. 8 | | | | | D(535) | |
| No. 9 | | | | | F(600) | |
| No. 10 | | | | | H(635) | |
| No. 11 | | | | | J(672) | |
| No. 12 | | | | | L(720) | |

注:(1)表中 J,C,H 是国产滤光片红、橙、黄的代字;B 是玻璃的代号;4,6,8,12 等数字表示玻璃所属种类。同一颜色的滤光片,其数字越大,则颜色越深。

(2)原苏制滤光片分别用 C,OC,KC 表示黄、橙和红色,数字大,颜色越深。

(3)括号内的数字表示波谱透射率达到 50% 时相应的波长(单位为 nm)。

**3.航空摄影滤光片的选择**

大气烟雾的亮度主要由蓝、紫色等短波光线组成,其中红、橙色等长波光线较少。当使用长波光线的特性时,它能阻止大气烟雾发出的短波光线,而让被照景物反射的长波光线通过,使 CCD 感光,这样就减小了大气烟雾的影响,保证了影像的质量。

滤色镜吸收光线的波长范围,是随着它的号数增大而向长波部分延伸的,它的号数越大,被它吸收的长波光线也就相应增多。所以,要减小不同的烟雾必须使用不同号数的滤色镜,使用号数越大的滤色镜,减小烟雾影响的效果就越好。但是,滤色镜不仅阻止烟雾发出的短波光线,而且也阻止景物反射的短波光线。这样既减小了进入照相机的光量,又减弱了景物阴影部分和反射短波光线的物体的反射光,使它们的影像细部受到损失。因此,在使用滤色镜照相时,不应该只从减小烟雾影响的效果出发,片面强调使用号数较大的滤色镜,而应该针对不同的烟雾情况,选用不同号数的滤色镜,使其既能减小烟雾的影响,又能尽量避免阴影部分的细部损失和过多地降低光量。还须指出,滤色镜对减小青色烟雾影响的效果较好,对减小灰白色烟雾影响的效果很差。

在测图航空摄影中,使用滤光片的目的主要是为了补偿空中蒙雾亮度对航空景物反差的影响。当航摄仪备有自动测光装置时,由于自动测光光敏元件位于物镜筒的边缘,而滤光片安置在镜箱的外端,所以摄影物镜与光敏元件都在滤光片的覆盖之下。在这种情况下,因为光敏元件所量测的光强与投影到摄影物镜上的光强是相等的,所以摄影时就不再考虑滤光片倍数。

一般而言,随着航高或空中蒙雾亮度的增大,所用滤光片的颜色应由浅黄色变为深黄色。在能见度低的航高摄影时,也可使用彩色摄影用的无色滤光片(UV 镜)以消除紫外波谱的辐射。但在任何情况下,滤光片都是必须使用的,因为航摄滤光片还有补偿焦面照度不均匀分布的作用。

当航摄资料主要用于判读时,根据所需提取的地物信息,滤光片的选择应与景物波谱特性和 CCD 的感色性相匹配,即滤光片的透射率、CCD 的感光度和所需提取的地物的最大波谱反射率应当一致。

### 3.4.6　航空数字影像存储与处理

与胶片式航空摄影测量系统相比,数字航空摄影测量系统可以直接获取地形、地物的数字影像,无须事后的胶片冲洗、数字化等烦琐过程,克服了因胶片变形等引起的几何变形误差。航空数字影像的控制处理可以在无人机返航之后进行,也可以在无人机飞行过程中直接处理,极大地提高了航空影像的处理效率。

1. 数字影像的存储

与传统胶片式航空照相机相比,数字航空照相机的最大优势之一就是能够实现影像的快速存储与分发。即在无人机执行航摄任务的过程中,数字航空照相机可将拍摄的数字影像通过无线链路传送至地面数据控制终端,根据数据分发的时效性和分辨率等要求,可对数字影像进行一定比例的压缩处理;为了避免无线链路受到干扰等影响,利用具备高速数据传输和存储功能的控制电路,将数字影像直接存储在机载电子盘中,以供无人机返航后的处理使用。

如 DMC 相机,当其工作在全彩色 12 bit 状况下,相机系统每两秒钟得到一幅 260 Mb 原始 RAW 图像,通过各自独立的光纤从 CPU 传送到可插拔的移动硬盘,每个硬盘的容量为 280 Gb,能提供带有三个并行的光纤通道的总容量为 840 Gb 的存储能力。在含分辨率(12 bit)的四频段彩色模型状态下,DMC 一次运行能拍摄并存储 2 000 张以上照片,这相当于传统相机 3 桶 120 m 胶卷。另外,移动硬盘在运行中可更换,这样又进一步提高了图像的存储能力。

2. 数字影像的定位与立体显示

无人机航空像片数字定位的概念目前尚未有明确的定义,笔者参阅武汉测绘科技大学王之卓院士对数字摄影测量的定义,给出了数字定位的一种定义。所谓的数字定位技术就是基于数字影像与摄影测量的基本原理,应用数字图像处理、影像匹配、模式识别、机器视觉等多学科的理论和方法,提取航空照相侦察影像中指定目标的坐标信息。

定义包含了四个方面的内容。

1)处理对象:航空摄影侦察影像(硬拷贝、数字影像);

2)基本原理:摄影测量原理、数字图像处理原理;

3)涉及学科:数字图像处理、影像匹配、模式识别、机器视觉;

4)处理目标:提取目标坐标信息。

实现航空像片数字影像的数字定位主要包含以下七个环节。

(1)数字影像获取

对于光学像片(胶片),采用数字化设备进行影像数字化处理,生成数字影像;对于数字航空照相机的图像,通过相机系统自身的初步图像预处理之后,作为处理图像的源数据,图3-32

为无人机获取的航空像片经过数字化后得到的数字影像。

图 3-32　数字化的航空像片

（2）数字影像内定向

通过内定向解算，实现影像几何变形的校正以及图像坐标到像片坐标系的转换。对于数字航空照相机获取的影像，则不需要进行内定向，一般采取将内定向的参数设置为恒等变换或平移变换。

（3）数字影像相对定向

相对定向解算恢复了航空摄影时影像间的空间相对位置，生成空间立体模型，立体模型的建立精度直接影响后期目标定位精度。

（4）数字影像绝对定向

以地面已知的控制点作为基准，将经过相对定向生成的立体模型纳入到规定的大地坐标系统中，实现模型坐标到大地坐标的转换。

（5）影像匹配

在相对定向解算和绝对定向解算过程中，均需要一定数量的同名像点支持完成数据解算任务，采用影像匹配技术使人工选点转变为自动选点。

（6）数据粗差检测

在影像匹配过程中，由于影像间存在几何和灰度的不一致性，造成影像匹配的部分错误匹配，采取数据粗差检测删除错误匹配点而保留正确点，从而使得全自动处理成为可能。

（7）立体定位

当数据解算完毕后，基于虚拟现实技术，在空间立体模型中进行目标定位，实现目标三维坐标高精度解算。

3. 数字影像的拼接

航空影像拼接是将两幅以上具有一定重叠度的航空影像（可能是不同时间、不同视角或者不同传感器获得的）拼成一幅大型的无缝高分辨率影像的技术，其目的是为了增大影像的覆盖范围，提高影像的可读性。

在单镜头数字航空摄影中，航空影像拼接可将其获取的单航带内或多个航带影像拼接为一幅完整影像。由于技术水平和经济原因,部分航空相机集成多个高端普通数码相机,采用多个小面阵 CCD 实现多镜头成像,事后对影像进行纠正、拼接成统一投影中心的大幅面高分辨率虚拟影像,从而实现高分辨率、大范围的地面覆盖,如我国自主生产的 SWDC 大幅面数字航空照相机。

航空影像拼接的两个关键技术就是图像配准和图像融合。图像配准是图像融合的基础,航空影像拼接技术的发展很大程度上取决于图像配准技术的创新。目前在影像拼接中主要用到两种方法:一种是基于特征匹配的拼接;另一种是基于坐标信息的拼接。在拼接中,核心技术主要由影像数据的预处理、影像匹配和影像数据融合三个模块组成。早期的图像配准技术主要采用点匹配法,这类方法速度慢、精度低,而且常常需要人工选取初始匹配点,无法适应大数据量图像的融合。图像拼接的方法很多,不同的算法步骤会有一定差异,但大致的过程是相同的。一般来说,图像拼接主要包括以下五步,其流程如图 3-33 所示。

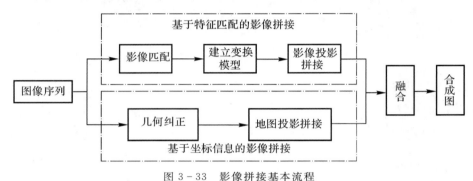

图 3-33　影像拼接基本流程

(1)图像预处理

图像预处理包括数字图像处理的基本操作(如去噪、边缘提取、直方图处理等)、建立图像的匹配模板以及对图像进行某种变换(如傅里叶变换、小波变换等)等操作。

(2)图像配准

图像配准就是采用一定的匹配策略,找出待拼接图像中的模板或特征点在参考图像中对应的位置,进而确定两幅图像之间的变换关系。

(3)建立变换模型

建立变换模型就是根据模板或者图像特征之间的对应关系,计算出数学模型中的各参数值,从而建立两幅图像的数学变换模型。

(4)统一坐标变换

统一坐标变换就是根据建立的数学转换模型,将待拼接图像转换到参考图像的坐标系中,完成统一坐标变换。

(5)融合重构

融合重构将待拼接图像的重合区域进行融合得到拼接重构的平滑无缝全景图像。

无论是对单面阵 CCD 获取的不同时刻影像进行拼接,还是对多个小面阵 CCD 获取的同一时刻影像进行拼接,为了保证拼接精度,对影像的畸变差纠正都是必不可少的。

航空照相机物镜系统的设计、制作和装配所引起的像点偏离理想位置的点位误差称为光学畸变差,光学畸变差是影响像点坐标质量的一项重要误差。

（1）CCD 安装引起的误差

这主要包括两个方面，一是 CCD 平面与透镜的主光轴不垂直而引起的误差；另外一个是 CCD 的几何中心不在像主点上，即主点坐标不为零。

（2）光学畸变差

光学畸变是航空相机摄影物镜观测地面景物时造成所观察物体的影像失真，其大小描述了光学系统对物体所成的像相对于物体本身而言的失真程度。光学畸变差主要包括径向畸变差和偏心畸变差两类。

（3）面阵内畸变

对于数字航空照相机来说，面阵内变形参数有比例尺参数和修剪参数，比例尺参数代表了非方形像元的尺寸，修剪参数用来补偿像素阵列的非正交特性。

进行航空影像拼接时，就需要对这些因畸变引起的误差进行系统分析，构建相应的模型对其进行纠正，从而提高拼接精度。

此外，对于多面阵数字航空照相机来说，需要将多个 CCD 面阵获取的原始图像转换整合成标准的中心投影的数字图像。如 DMC 地面数据处理终端安装有可插拔移动硬盘（MDR），用于与 RAID 盘交换数据，一个多 CPU 的服务器，用于快速数据后处理。在 4 小时之内能处理完一次拍摄完的全部数据，处理后的影像包括运行数据均存储在可交换介质上。

部分无人机的航摄系统中安装的飞行后处理软件除了可将航摄数据进行有效处理，并将其与飞行数据以及其他传感器获取的数据进行无缝融合之外，还可对航摄任务成功与否进行快速分析，对实际飞行的航线和预先设计的航线进行对比分析，对于设计计划中的错误参数，即使不能完全在飞行中即时校正，但也能立刻分析出是否需要重飞。

## 3.5　普通航拍设备及操作要求

近几年，随着小型固定翼无人机、旋翼机等在制造工艺、可靠性、飞行控制精度、续航能力方面的不断提高，特别是无刷电机以及动力电池性能提高，无人机航拍技术在普通民用及消费级领域的应用也愈加广泛。固定翼无人机适合于测绘航拍，无人直升机与多旋翼无人机更适合于视频和航片的航拍（这也是消费级应用较多的机型）。

普通航拍的主要目的是为了从更加专业的角度获取不同视角的地面影像，之后再由专业编辑人员将从空中获取的视频或静态航片与地面拍摄影像进行编辑整合，从而形成一个多维的视频或航片影像，提高了航摄影像的观赏性。航拍不仅可以提高普通摄像机或照相机的收容面积，还可以完成从不同高度和视角对地面景物的航拍，其对人员不易到达的区域或角度更为有效。

普通航拍主要分为电视摄像和数码照相两种方式，它既要有硬件设备支撑，也要有软件条件配合。硬件设备主要指整套航拍飞行器、图像传感器与传输设备、稳定云台等，普通航拍所采用的图像传感器均为民用级别设备经过一定改造而成，其图像传输也普遍采用独立的图传设备实现，而没有将图像融合到遥控、遥测链路之中。软件主要指操控航拍设备团队的能力与水平，一个优秀且高效的航拍团队不但需要有娴熟的操作手，而且还需要优秀的摄影师的配合，以及对设备的调试改装，比如对飞控参数的调试、云台减震的处理、云台稳定的调试、发动机的调校、航拍相机的参数设定、航拍系统的整合等。

航拍之后航片的后期处理主要包括拼接、裁剪、渲染、修饰等,它占据了很大部分的工作。航拍出来的原始片质量的高低,取决于航拍团队对设备的熟练程度以及团队的协作水平,这需要时间去磨合。而对于航拍测绘来说后期的工作量就更大了,这些工作需要交给专业的人员处理,或者只交付给客户原始片。本节仅对普通航拍所使用的数码相机及操作注意问题进行讲述。

### 3.5.1 航拍相机

对于日益广泛使用的旋翼无人机以及对航拍任务较为简单的小型固定翼无人机来说,其数字航空照相机普遍采用传统的单镜头反光相机(简称:单反相机),这些相机兼具静态照相和动态摄录等功能。为了能够实现其对不同航摄区域的拍摄,还设计专门的相机云台。工作过程中,单反相机被安装在特定的云台上,通过地面遥控器或自控系统,控制云台转动,从而改变单反相机光学镜头的指向;利用单反相机的高分辨率、高快门速度、高感光度、可连续拍摄等特性,实现对地面景物的自动、连续拍摄。

虽然单反相机的类型很多,但其主要的光学、电子结构等基本相同,本节不再阐述。这里仅对当前无人机使用较多的几款典型单反相机及其技术特性作一介绍。

目前,用于航拍的单反相机既有利用佳能、尼康等厂商生产的相机改造的;也有部分无人机(航模)生产厂家为了提高航拍相机与其飞行平台之间的一体化特性,自主生产了部分航拍相机及相应的云台。

S1000 的八旋翼无人机使用的就是佳能 5D Mark - Ⅱ 和 Mark - Ⅲ 两款相机,并配有 Zenmuse 3 轴云台;大疆如影(Ronin - M)可搭载相机的最大质量为 3.6 kg,经过测试可供选择的相机主要有尼康 D800,BMPCC,Canon 5D MK - Ⅱ,Canon 5D MK - Ⅲ,Panasonic GH3/GH4,Sony a7S,Sony Nex7 等。

大疆禅思 X5 系列使用的就是自主设计制造的 Zenmuse X5,Zenmuse X5R 航拍相机,这两款相机的技术参数及其相应云台参数见表 3 - 14。

**表 3 - 14 禅思 X5 系列航拍相机技术参数**

| 参数类型 | 分析指标 | Zenmuse X5 | Zenmuse X5R |
|---|---|---|---|
| 相机参数 | 尺寸 | 120 mm(W)×135 mm(H)× 140 mm(D) | 136 mm(W)×125 mm(H)× 131 mm(D) |
| | 总质量(含标配镜头、配重圈、遮光罩、Micro - SD 卡) | 526 g | 583 g |
| | 静态功耗 | 8 W | 19.5 W |
| | 镜头 | 镜头可更换 M43 卡口,支持自动对焦、可控光圈 | 镜头可更换 M43 卡口,支持自动对焦、可控光圈 |
| | 传感器 | 4/3 英寸 CMOS 传感器 | 4/3 英寸 CMOS 传感器 |
| | 有效像素 | 1 600 万 | 1 600 万 |
| | 照片最大分辨率 | 4 608×3 456 | 4 608×3 456 |
| | ISO 范围 | 100～25 600 | 100～25 600 |
| | 电子快门速度 | 8～1/8 000 s | 8～1/8 000 s |

续表

| 参数类型 | 分析指标 | Zenmuse X5 | Zenmuse X5R |
|---|---|---|---|
| 相机参数 | 视角 | 15 mm/ $f1.7$:72°<br>12 mm/ $f2.0$:84° | 15 mm/ $f1.7$:72°<br>12 mm/ $f2.0$:84° |
| | 照片拍摄模式 | 单张拍摄、多张拍摄（BURST）:3/5/7 连拍、自动包围曝光（AEB）、定时拍摄（5/7/10/20/30 s） | 单张拍摄、多张拍摄（BURST）:3/5/7 连拍、自动包围曝光（AEB）、定时拍摄（5/7/10/20/30 s） |
| | 视频存储最大码流 | 60 Mb/s | 2.4Gb/s（平均:1.7 Gb/s） |
| | 支持存储卡类型 | Micro - SD 卡,最大支持 64GB 容量,传输速度为 Class 10 及以上或达到 UHS - 1 评级的 MicroSD | MicroSD 卡,最大支持 64GB 容量,传输速度为 Class 10 及以上或达到 UHS - 1 评级的 Micro SD,固态硬盘（SSD）,支持 512GB 容量（匹配 ZENMUSE X5R 相机） |
| 镜头参数 | 型号 | DJI MFT15 mm $f/1.7$ ASPH | DJI MFT15 mm $f/1.7$ ASPH |
| | 光圈类型 | 7 片控光片/圆形虹膜光圈 | 7 片控光片/圆形虹膜光圈 |
| | 镜头结构 | 7 组 9 片（3 片非球面镜片） | 7 组 9 片（3 片非球面镜片） |
| | 焦距 | $f=15$ mm（等效 35 mm） | $f=15$ mm（等效 35 mm） |
| 云台参数 | 型号 | Zenmuse X5 | 禅思 X5R |
| | 控制精度 | ±0.02° | ±0.02° |
| | 云台安装方式 | 可拆式 | 可拆式 |
| | 可控转动范围 | 俯仰:−90°～ +30°;<br>水平:±320° | 俯仰:−90°～ +30°;<br>水平:±320° |

大疆精灵 3(Phantom 3)系列搭载一体化云台相机和实时高清图传,画质清晰。操作简单、到手即飞。精灵 3 采用自行研发的云台镜头,是广角镜头。其中精灵 3 的 Standard 支持 2.7K 视频录制,精灵 3 的 Advanced 支持 30 帧每秒的 2.7K 视频拍摄,精灵 3 的 Professional 可支持 30 帧每秒的 4K 视频拍摄,且三者均可实现 1 200 万像素的静态照片拍摄。

由于普通航拍对无人机飞行高度、飞行距离等方面的要求都比较低,所以还可使用小型高清运动相机,通过 WiFi 功能近距离传输航片。

### 3.5.2　航拍操作要求

要完成好一次航拍任务,不仅需要优良的航拍设备,也需要一个优秀的团队,以及团队人员的操作水平。航拍一般需要注意以下几个方面。

1)天气情况。航拍对天气条件的要求比较高,需要选择晴天、光线柔和、天空通透的天气条件进行拍摄。

2)身体素质。对于专业摄影师而言,有一副好的体魄,更利于航拍,只有好的身体素质,才能有足够的体力在野外连续操控无人机完成航拍过程。

3）飞行安全。不能否认航空活动潜在炸机事故及附带损伤的可能性，这可能是决策者和团队成员最关心的焦点问题之一。一般来说，航空器与地面交通工具、水面交通工具相比是最安全的、事故率是最低的，但是一旦发生事故，其社会影响巨大、损失也大。

4）照相机及相关设备。照相设备也是决定能否拍出好照片的要素之一，一台好的高速照相机说不定就能为您留下美好的瞬间。摄友们还可以配备一台有红外线设置的相机，在拍摄河川的时候，会得到意想不到的效果。

5）拍摄技巧也至关重，航拍除了要注意以上几点，拍摄技巧也是造就美丽作品的重要因素。

· 去掉 UV 镜，可以减少镜头前的干扰。

· 优先保证快门速度。航拍清晰照片通常需要保证快门速度达到镜头焦距的 2 倍。拍风光照片时，光圈设置在 $f8 \sim f11$ 即可，尽量提高快门速度。

· 减少一挡曝光。相机不是为航拍设计的，在地面拍摄时，画面通常会有 1/3 的天空；而航拍多是向下俯拍，画面很少纳入天空，这时的测光会比正确曝光过量一挡。

· 预设白平衡微调。无人机航拍时的飞行高度若在 $700 \sim 1\ 000$ m 的高空，紫外线太多，所以拍出来的照片多是偏蓝色，可以提前预设白平衡。

· 确定镜头焦段。俯拍时，适宜选用 $100 \sim 200$ mm 焦段的镜头来选拍地面风光，这样可以拍出品质相对较好的航拍作品。

利用直升机执行航拍任务时，需要注意以下几个问题。

1）了解发动机系统。发动机应是成熟的、可靠性高的、工作稳定的。

2）了解发射机与接收机的工作距离及是否有加密处理。遥控的距离不够远，就会限制航拍距离；加密也很重要，不加密、不抗干扰，很容易失控。

3）直升机航拍振动水平越低越好，振动太大影响拍摄效果。

4）要航拍应当首先要稳定。机身不稳定拍出来的效果也不好，而且容易造成事故。

5）燃油和机体（即机件）的续航时间和距离。如果没有出色的续航时间和距离，那拍出来的照片也没有多大用处。然后就是机体的载重量和设备的重量和质量。机体的载重量很重要，它决定了所搭载设备的数量和质量，它与发动机的功率及旋翼转速、大小设计有关。载重量大才能把镜头带上天，如果没有余地，加满油后加上设备已经是最大起飞重量，那么在航拍中发动机始终处于全功率工作状态，这样一是耗油，二是容易出现疲劳性故障。而设备的重量和质量也固然重要，重量越小、像素越高的数码相机是必备的；而且还要考虑相机的防抖功能和是否广角，广角的相机拍照的视角广、效果好。

6）航拍的选址，要选环境优美又不影响其他人的地方，既能拍出美图，又能避免安全事故的发生；而且，操纵手应尽量站于高处，便于观察模型和风景。

7）直升机航拍最后就是考虑不利因素的影响：设备是否受到外来因素的影响；有没有物体阻挡视线；附近是否有高压电线；是否影响到其他人的正常生活等。

8）航拍的地形勘测。首先要确定拍摄需求是影视还是地形勘测。无论是哪个，最重要的就是稳定性，而影视方面要求更为高一些。

9）航拍震动的解决：一是靠飞机组装和调试；二是靠飞机与视频设备连接的云台这个关键设备。

# 习　题　3

1. 查阅相关资料,并简述航空摄影的发展历程。

2. 什么是航空摄影?

3. 简述航空摄影的主要特点。

4. 根据不同的分类方法,试述航空摄影的主要分类。

5. 如何进行无人机航空摄影任务规划?

6. 简述数字航空照相机的主要分类。

7. 简述数字航空照相机像移补偿的主要方式及其实现。

8. 简述数字航空照相机的主要结构及其特性。

9. 航摄物镜的主要参数有哪些? 其光学特性对航摄的影响主要在哪些方面?

10. 简述数字影像定位的定义,并分析其内涵以及对其进行数字定位处理的主要过程。

# 第4章 无人机电视摄像与跟踪定位原理

## 4.1 概　　述

电视摄像是应用电子技术对景物或人员等的活动情况进行转换、记录、传送和重现的技术，也是记录声音和活动图像的重要方式和手段。无人机电视摄像系统就是由电视图像摄取（也包括红外图像摄取）、记录、传送、接收重现以及控制等五大部分组成，用以完成无人机对地面一定区域的连续侦察，以及对地面目标的快速定位等功能。

电视摄像机是无人机摄取图像的重要传感器之一，早在1925年英国人就成功试验了机械扫描电视。与此同时，美国人也发明了电子扫描系统和光电摄像管。1930年左右，英、俄等国开始了机械黑白电视的广播，之后在1951年美国试播了一种与黑白电视机不能兼容的彩色电视信号；而在1953年，美国采用了NTSC制式彩色电视系统，实现了与黑白电视系统的兼容。应该说从20世纪50年代起，伴随电视侦察技术开始逐步应用于军事情报获取领域，航空与航天侦察技术也得到了快速发展，其情报获取的准确性和时效性也得到了极大提高。

### 4.1.1 信号摄取

电视信号主要由电视摄像机摄取，摄像机的任务是把自然景物的光图像分解并转换为由电压或电流代表的电信号。当景物的反射或散射光摄入摄像机的镜头时，首先在摄像器件上（如固体摄像器件CCD表面）形成与景物光图像相对应的二维电荷图像。这个电荷图像利用电荷耦合转移方式，形成随时间变化的一维函数的电信号。这个过程连续进行，就可以产生连续的图像信号，达到传送图像的目的。直接由感光元件上产生的电信号很微弱，并且带有很多杂波、失真等缺陷，所以在摄像机中还设置有各种各样的处理电路，用以对信号进行放大、去杂波、各种校正、补偿、变换等一系列过程，最后输出理想的和符合标准的模拟或全数字电视信号。

### 4.1.2 编辑记录

无人机电视摄像系统获取的信号主要分为两路，一路通过无线链路直接传输至地面，一路直接传输至机载记录设备。因此，无人机的编辑记录主要有两种方式：一种是把电视图像记录在机载电子盘（或视频记录仪）上，以便在无线电受到干扰时能够获取完整的电视图像；一种将通过无线链路传输至地面的图像直接记录在磁带等介质上，这种条件下，还可以将搭载电视摄像机的光电转台等参数信息以字符的形式叠加在电视图像上，以便后期编辑、观察分析使用。待无人机电视侦察任务结束后，再从记录设备上采集电视信号，并将重要地域或时节的侦察图像进行编辑加工，以便向需求单位通报或共享侦察情报信息。

根据无人机飞行时间的要求和电子盘记录空间的大小，为保证电子盘有足够的空间记录电视信号,在不影响电视图像观测分析的条件下,机载记录设备可对电视图像进行一定比例的压缩。

### 4.1.3　发送传输

无人机电视摄像系统的发送传输主要依靠无线通信链路,即利用微波技术将机载条件下的电视图像通过机载无线发射机发送至地面,地面数据显示(控制)终端对接收的电视信号进行解译,并在数据显示(控制)终端上实时显示或记录。对于小型无人机来说,由于其无线电链路仅完成对无人机的飞行控制功能,因此电视图像需要利用专门的无线图传设备进行传输。

### 4.1.4　接收重现

解决了传送问题之后,电视图像就以电信号的方式传至地面控制终端,并利用接收设备对信号进行接收还原。

接收设备就是电视监视器或视频采集卡,电视监视器可以直接在屏幕上显示电视图像,而视频采集卡还需要利用视频播放软件进行显示。

### 4.1.5　控制与处理

电视摄像系统要实现实时侦察与跟踪定位任务,必须有相应的电视摄像控制系统和电视图像数据处理系统。光电转台(云台)及其控制机构、电视图像跟踪处理就是无人机电视摄像系统的重要组成部分。光电转台能够根据地面站(或遥控器)发送的方向、俯仰等角度参数自动调整电视摄像机的光轴指向,从而保证电视摄像机的光学中心始终指向要侦测的目标,进而实现对目标的跟踪与定位功能;机载控制处理设备能够根据地面发送的电视摄像机焦距大小、图像校正等指令,自动调整电视图像的视场大小、图像对比度、清晰度等。

## 4.2　CCD 结构与原理

1969 年,CCD(Charged Coupled Device,电荷耦合器件)由贝尔研究所的 W. S. Boyle 与 G. E. Smith 发明,并于次年发布。由于 CCD 具有储存信号电荷并进行传输的功能,它可广泛应用于内存、显示器以及延迟元件等。关键应用的 CCD 图像传感器,利用称为帧转移(frame transfer)方式(FT - CCD)的简单构造,于 1971 年也由贝尔研究所发布。

1985 年搭载于民用摄影机上的 25 万像素高分辨率 CCD 图像传感器的发布,正式宣告 CCD 图像传感器的实用化;之后,CCD 图像传感器的时代终于来临。在其正式实用化后,也开发出了许多基本技术,包括提高画质、拓展图像大小的技术。CCD 是集传感部和扫描部为一体的功能器件,用于取代电视摄像管将摄像机镜头摄取的光图像转换为电子信号,完成光/电转换、信息存储和扫描读取等任务。其中,扫描读取是利用电荷转移方式实现的。

CCD 技术的不断发展和应用,使得 1966 年和 1967 年分别发表的两种图像传感器逐渐被淘汰。随着 CCD 图像传感器在摄影机领域的深入应用,1993 年适用于静止图像的全像素读出方式的 CCD 研制成功。该技术在提高摄影机分辨率的同时,极大提高了数字照相机的发展。

另一种应用较为广泛的图像传感器是 CMOS 器件,该种图像传感器又可分为两类:一类是其像素不具有信号电荷放大功能,称为 PPS(Passive Pixel Sensor,无源像素传感器);另一类是其像素具有信号放大功能,称为 APS(Active Pixel Sensor,有源像素传感器)。

CMOS 图像传感器多为 APS,因此 1966 年 APS 类型的 bipolar phototransistor 图像传感器的产生也标志着 CMOS 的诞生。之后,1968 年和 1969 年分别发布了使用光电二极管与 MOS 晶体管的 APS。

本书主要以 CCD 图像传感器为对象进行介绍。

### 4.2.1 CCD 基本结构

CCD 即电荷耦合器件,又可称为 CCD 图像传感器或图像控制器。它是一种半导体器件,CCD 上有许多排列整齐的光电二极管,能感应光线,并将光学信号转变成电信号,经外部采样放大及模数转换电路,实现由模拟影像到数字影像的转化。CCD 上植入的微小光敏物质称作像素(pixel),一块 CCD 上包含的像素数越多,其提供的画面分辨率也就越高。

CCD 的基本单元是 MOS 电容器,这种电容器能存贮电荷,其结构如图 4-1 所示。以 P 型硅为例,在 P 型硅衬底上通过氧化在表面形成 SiO₂层,然后在 SiO₂上淀积一层金属作为栅极。P 型硅里的多数载流子是带正电荷的空穴,少数载流子是带负电荷的电子。当金属电极上施加正电压时,其电场能够透过 SiO₂绝缘层对这些载流子进行排斥或吸引。于是带正电的空穴被排斥到远离电极处,剩下的带负电的少数载流子在紧靠 SiO₂层形成负电荷层(耗尽层),电子一旦进入由于电场作用就不能复出,故该现象又称为电子势阱。

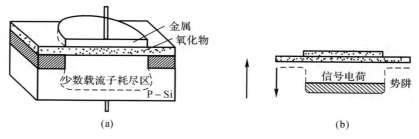

图 4-1　CCD 结构和工作原理图

(a)用作少数载流子贮存单元的 MOS 电容器剖面图;　(b)有信号电荷的势阱,图上用阱底的液体代表

当器件受到光照时(光可从各电极的缝隙间经过 SiO₂层射入,或经衬底的薄 P 型硅射入),光子的能量被半导体吸收,产生电子-空穴对,这时出现的电子被吸引存贮在势阱中,这些电子是可以传导的。光越强,势阱中收集的电子越多,光弱则反之。这样就把光的强弱变成电荷的数量,实现了光与电的转换;而势阱中收集的电子处于即使停止光照一定时间内也不会损失的存贮状态,这就实现了对光照的记忆。

总之,上述结构实质上就是个微小的 MOS 电容,由它构成像素,既可"感光",又可留下"潜影",感光作用是靠光强产生的电子电荷积累,潜影是各个像素留在各个电容里的电荷不等而形成的,若能设法把各个电容里的电荷依次传送到输出端,再组成行和帧并经过"显影"就实现了图像的传递。

### 4.2.2　CCD 工作原理

CCD 图像传感器的工作过程主要包括四步：

1）光电转换，即将光转换成信号电荷；

2）电荷的储存，储存信号电荷；

3）电荷的转移，转移信号电荷；

4）电荷的检测，将信号电荷转换为电信号。

**1. 光电转换**

光电转换是根据照射到摄影面的光强弱产生电荷，也就是存在于物质中的电子自光取得能量后改变状态，只要施加少许电场，电子就呈现自由运动状态的现象。

物理上而言，光电转换可以分为两种状态变化：一是外部光电效应，另一个是内部光电效应，如图 4-2 所示。

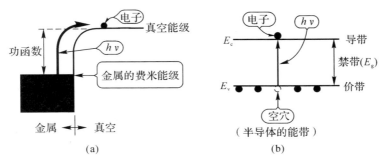

图 4-2　外部光电效应与内部光电效应

(a)外部光电效应；　(b)内部光电效应

（1）两种光电效应

外部光电效应是指在固体表面的电子，接受光子(photon)的能量被释放到真空的现象。此时，需要价带与真空能级之间的能量差，这种能量差称为功函数(work function)。内部光电效应是指在固体内部，电子所处的几个能级中能量较低的电子因光子的能量，激发成较高能量电子的现象。

具体来说，在半导体之一的 Si 单晶体中，原子具有的电子轨道能量，随着结晶晶格的周期性形成带状的能量分布状态(band)，电子的能级可分为价带与导带两种。当处于能级的状态，也就是在能带内价带的电子可接受光的能量，激发到导带的现象，称为内部光电效应。

由于激发至导带的电子，只要施加少许电压（电场）即可移动，故可根据光的强弱取出信号电荷。使用半导体的 CCD，留用内部光电效应取得光电转换产生的信号电荷。

用于 CCD 图像传感器的 Si 单晶体材料，在室温下价带 $E_v$ 与导带 $E_c$ 的电势差为 1.1eV。此电势差为禁带(energy gap)。在进行光电转换时，需要能量大于此能级的光子。

光子具有的能量，可由普朗克常数 $h(6.626 \times 10^{-34}\text{J} \cdot \text{s})$ 与光频率 $\nu(\text{Hz})$ 的乘积表示。此外，由于光频率等于光速 $c(2.998 \times 10^8\text{m/s})$ 除以光波长 $\lambda(\text{m})$，因此，光子的能量 $E(\text{J})$ 可由下式表示：

$$E = h\nu = h\frac{c}{\lambda} \tag{4-1}$$

其中,能量 $E$ 的单位为焦(J),由于这是接收能量后,因此将电子所在电势的变换换算成电势差(V)时,必须除以电子的电荷量 $q(1.602 \times 10^{-9}C)$ 才行。由此可得,在单晶 Si 内可进行光电转换的光波长最大约为 1 100 nm,称为基础吸收端。

(2)光的吸收

半导体吸收光时,将光子的能量转换为电子的能量。在转换过程中,光子带有将电子从价带激发至导带的所需能量,进行光电转换时称为基础吸收。但对于光的吸收而言,光波长感光度带来的重大影响,是非常重要的条件。

Si 单晶基板中的光如图 4-3 所示,将基板表面的坐标设为 0,光沿垂直于表面的 $x$ 轴的方向边吸收边前进。

若将基板表面深度 $x$ 处的光强度视为 $I$,前进距离 $\mathrm{d}x$ 的光强度变化为 $\mathrm{d}I$ 的话,$\mathrm{d}I$ 与此时的光强度 $I$ 和前进距离 $\mathrm{d}x$ 的关系如下:

$$\mathrm{d}I = -\alpha I \mathrm{d}x \tag{4-2}$$

式中,$\alpha$ 为光的吸收系数。当 $\alpha$ 越大时,光在基板表面附近立即被吸收;相反 $\alpha$ 越小,即光前进到基板深处,仍不易被吸收。Si 单晶的吸收系数 $\alpha$ 与光的能量变化之间的关系如图 4-4 所示。

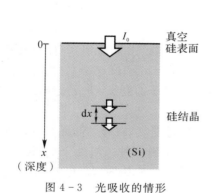

图 4-3 光吸收的情形

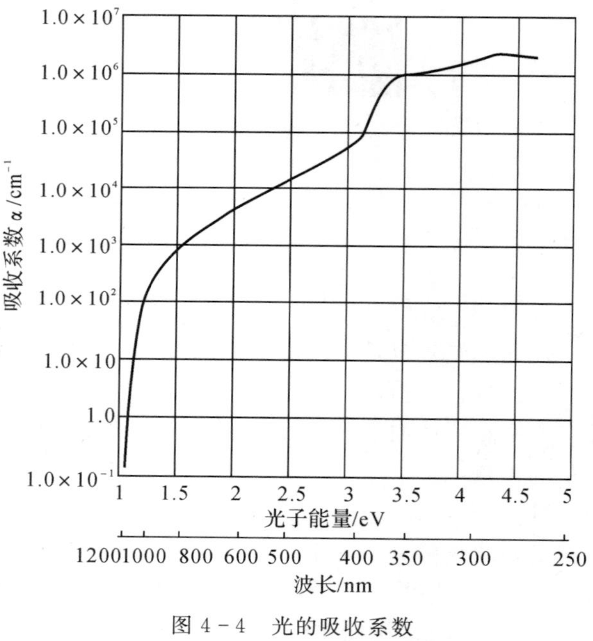

图 4-4 光的吸收系数

注:Si 单晶,绝对温度 297 K,部分 300 K。

从图 4-4 中的吸收系数可知,即使在可见光的范围内,波长较短的蓝光可在较接近基板表面的地方被吸收,但是波长较长的红外光,则必须到达基板深处才可被吸收。人眼可看见的各种颜色,在 Si 基板吸收一半的光时所需要的结晶厚度(深度)可见表 4-1。蓝光需要 0.3 $\mu m$ 的深度即可吸收一半的光,但红光所需的深度为 3.0 $\mu m$,是蓝光的 10 倍。

由此可以看出,光电转换就是吸收照射在摄影面的光能量取得信号电荷的动作。此外,用于 CCD 图像传感器的 Si 单晶,为了进行光电转换,根据 Si 单晶的能带状态,可知需要波长在

1 100 nm 以下的光。

表 4 - 1　光的色彩与吸收深度(Si 单晶)

| 颜　色 | 波长/nm | 吸收一半光的深度/ $\mu$m |
|---|---|---|
| 紫 | 400 | 0.093 |
| 蓝 | 460 | 0.32 |
| 绿 | 530 | 0.79 |
| 黄 | 580 | 1.2 |
| 橙 | 610 | 1.5 |
| 红 | 700 | 3.0 |

**2. 电荷存储**

电荷的存储是搜集光电转换所得的信号电荷,直到输出前的存储动作。典型的 CCD 图像传感器中,光电二极管内光电转换产生的信号电荷存储于此。

大多数的 CCD 图像传感器利用的是带负电的电子可被高电势吸收的性质,将信号电荷集中存储。储存电荷的电势分布状态,称为电势阱。

如何在 Si 单晶中制造出高于周围电势的高电势阱来储存电荷,这里以表面型 MOS 电容器为例加以介绍。

如图 4 - 5 所示的 MOS 电容器,由 P 型 Si 形成基板。首先,将 MOS 电容器的基板背面(半导体端)接地,在表面电机(金属端)施加正电压。这样,在电极施加电压之前,整个基板大约处于接地电势。受到电极施加电压的影响,电势分布改变,位于电极下的 Si 基板表面的电势升高。在此状态下,由于最接近电极的 Si 基板表面的周围被接地电势包围成为基板中电势最高的部位形成电势阱,因此可在此存储带负电的电子。

由于电极与 Si 基板之间有 Si 氧化的绝缘物($SiO_2$),电子无法流向电极。如果信号电荷的电子一旦存储在该电势阱,随着电荷数量的变化表面电势降低。若要定性解释信号电荷存储的情况,可将图 4 - 5 所示表面电势分布图视为水桶,信号电荷的电子如水般存储在水桶中。

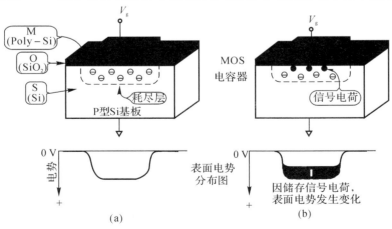

图 4 - 5　MOS 电容器与表面电势
(a)无信号电荷;　(b)有信号电荷

这里具体介绍一下单个 CCD 栅极电压变化对耗尽层的影响。

如图 4-6(a)所示,在栅极 $G$ 施加正偏压 $U_G$ 之前,P 型半导体中空穴(多数载流子)的分布是均匀的。当栅极施加正偏压 $U_G$(此时 $U_G$ 小于 P 型半导体的阈值电压 $U_{th}$)后,空穴被排斥,产生耗尽层,如图 4-6(b)所示。偏压继续增加,耗尽区将进一步向半导体内延伸。当 $U_G > U_{th}$ 时,半导体与绝缘体界面上的电势(常称为表面势,用 $\phi_S$ 表示)变得如此之高,以至于将半导体体内的电子(少数载流子)吸收到表面,形成一层极薄的(约 $10^{-2}$ $\mu$m)但电荷浓度很高的反型层,如图 4-6(c)所示。反型层电荷的存在表明了 MOS 结构存储电荷的功能。然而,当栅极电压由零突变到高于阈值电压时,轻掺杂半导体中的少数载流子很少,不能立即建立反型层。在不存在反型层的情况下,耗尽区将进一步向体内延伸,而且,栅极和衬底之间的绝大部分电压降落在耗尽区上。如果随后可以获得少数载流子,那么耗尽区将收缩,表面势下降,氧化层上的电压增加。当提供足够的少数载流子时,表面势可降低到半导体材料费米能级 $\phi_F$ 的 2 倍。例如,对于掺杂为 $10^{15}$ cm$^{-3}$ 的 P 型半导体,费米能级为 0.3 V。耗尽区收缩到最小时,表面势 $\phi_S$ 下降到最低值 0.6 V,其余电压降在氧化层上。

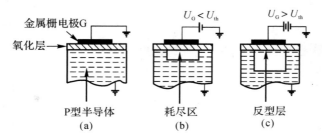

图 4-6　单个 CCD 栅极电压变化对耗尽区的影响
(a)栅极电压为零;　(b)栅极电压小于阈值电压;　(c)栅极电压大于阈值电压

在没有反型层电荷时,势阱的"深度"与栅极电压 $U_G$ 的关系恰如 $\phi_S$ 与 $U_G$ 的线性关系,如图 4-7(a)所示空势阱的情况。图 4-7(b)所示为反型层电荷填充 1/3 势阱时表面势收缩,表面势 $\phi_S$ 与反型层电荷量 $Q_{INV}$ 间的关系如图 4-6 所示。当反型层电荷足够多,使势阱被填满时,$\phi_S$ 降到 $2\phi_F$。此时,表面势不再束缚多余的电子,电子将产生"溢出"现象。这样,表面势可作为势阱深度的量度,而表面势又与栅极电压 $U_G$、氧化层的厚度 $d_{OX}$ 有关,即与 MOS 电容容量 $C_{OX}$ 与 $U_G$ 的乘积有关。势阱的横截面积取决于栅极电极的面积 $A$。MOS 电容存储信号电荷的容量为

$$Q = C_{OX} U_G A \tag{4-3}$$

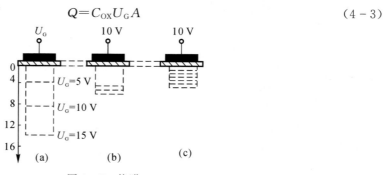

图 4-7　势阱
(a)空势阱;　(b)填充 1/3 的势阱;　(c)全满势阱

3. 电荷耦合

图 4-8 所示 CCD 中表示了四个彼此靠得很近的电极之间的电荷转移过程。假定开始时有一些电荷存储在偏压为 10 V 的第一个电极下面的深势阱里，其他电极上均加有大于阈值的较低电压（例如 2 V）。设图 4-8(a) 为零时刻（初始时刻）的状态。经过 $t_1$ 时刻后，各电极上的电压变为如图 4-8(b) 和图 4-8(c) 所示。若此时电极上的电压变为如图 4-8(d) 所示，第一个电极电压由 10 V 变为 2 V，第二个电极电压仍为 10 V，则共有的电荷转移到第二个电极下面的势阱中，如图 4-8(e) 所示。由此可见，深势阱及电荷包向右移动了一个位置。

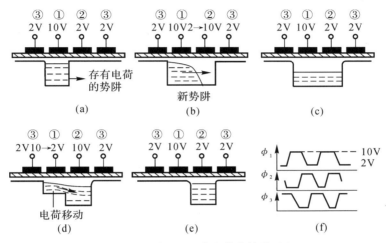

图 4-8　三相 CCD 中电荷的转移过程

(a) 初始状态；　(b) 电荷由①电极向②电极转移；　(c) 电荷在①、②电极下均匀分布；
(d) 电荷继续由①电极向②电极转移；　(e) 电荷安全转移到②电极；　(f) 三相交叠脉冲

通过将一定规则变化的电压加到 CCD 各电极上，电极下的电荷包就能沿半导体表面按一定方向移动。通常把 CCD 电极分为几组，每一组称为一相，并施加同样的时钟脉冲。CCD 的内部结构决定了使其正常工作所需要的相数。图 4-8 所示的结构需要三相时钟脉冲，其波形图如图 4-8(f) 所示，这样的 CCD 称为三相 CCD。三相 CCD 的电荷耦合（传输）方式必须在三相交叠脉冲的作用下，才能以一定的方向逐单元地转移。另外必须强调指出，CCD 电极间隙必须很小，电荷才能不受阻碍地从一个电极下转移到相邻电极下。这对于图 4-8 所示的电极结构是一个关键问题。如果电极间隙比较大，两相邻电极间的势阱被势垒隔开，不能合并，电荷也不能从一个电极向另一个电极完全转移，CCD 便不能在外部脉冲作用下正常工作。

能够产生完全耦合条件的最大间隙一般由具体电极结构、表面态密度等因素决定。理论计算和实验证实，为了不使电极间隙下方界面处出现阻碍电荷转移的势垒，间隙的长度应小于 3 μm。这大致是同样条件下半导体表面深耗尽区宽度的尺寸。当然如果氧化层厚度、表面密度不同，结果也会不同。但对绝大多数 CCD，1 μm 的间隙长度是足够小的。

以电子为信号电荷的 CCD 称为 N 型沟道 CCD，简称为 N 型 CCD。而以空穴为信号电荷的 CCD 称为 P 型沟道 CCD，简称为 P 型 CCD。由于电子的迁移率（单位场强下的运动速度）远大于空穴的迁移率，因此 N 型 CCD 比 P 型 CCD 的工作频率高很多。

4. 电荷的注入与检测

(1) 电荷的注入

在 CCD 中,电荷注入的方法有很多,归纳起来,可分为光注入和电注入两类。

1)光注入。当光照射到 CCD 硅片上时,在栅极附近的半导体体内产生电子-空穴对,其多数载流子被栅极电压排开,少数载流子则被收集在势阱中形成信号电荷。光注入方式又可分为正面照射式与背面照射式。图 4-9 所示为背面照射式光注入的示意图。

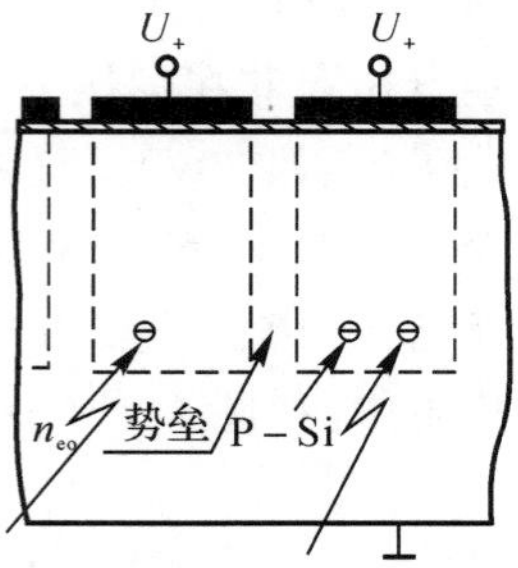

CCD 摄像器件的光敏单元为光注入方式。光注入电荷可表示为

$$Q_{IP} = \eta q \Delta n_{eo} A T_C \tag{4-4}$$

图 4-9 背面照射式光注入

式中　$\eta$ —— 材料的量子效率;

　　　$q$ —— 电子电荷量;

　　$\Delta n_{eo}$ —— 入射光的光子流速率;

　　　$A$ —— 光敏单元的受光面积;

　　　$T_C$ —— 光注入时间。

由式(4-4)可以看出,当 CCD 确定以后,$\eta$,$q$ 及 $A$ 均为常数,注入势阱中的信号电荷 $Q_{IP}$ 与入射光的光子流速率 $\Delta n_{eo}$ 及光注入时间 $T_C$ 成正比。光注入时间 $T_C$ 由 CCD 驱动器的转移脉冲的周期 $T_{SH}$ 决定。当所设计的驱动器能够保证其注入时间稳定不变时,注入 CCD 势阱中的信号电荷只与入射辐射的光子流速率 $\Delta n_{eo}$ 成正比。单色入射辐射时,入射光的光子流速率与入射光谱辐射通量的关系为 $\Delta n_{e\lambda} = \frac{\phi_{e\lambda}}{h\nu}$,其中 $h$,$\nu$,$\lambda$ 均为常数。因此,在这种情况下,光注入的电荷量与入射的光谱辐射通量 $\phi_{e\lambda}$ 呈线性关系。该线性关系是应用 CCD 检测光谱强度和进行多通道光谱分析的理论基础。原子发射光谱的实测分析验证了光注入的线性关系。

2)电注入。电注入是指 CCD 通过输入结构对信号电压或电流进行采样,然后将信号电压或电流转换为信号电荷。电注入的方法很多,常用的主要有电流注入和电压注入两种。

a.电流注入法。如图 4-10(a)所示,由 $N^+$ 扩散区和 P 型衬底构成注入二极管。IG 为 CCD 的输入栅,其上加适当的正偏压以保持开启并作为基准电压。模拟输入信号 $U_{IN}$ 加在输入二极管 ID 上。当 $\phi_2$ 为高电平时,可将 $N^+$ 区(ID 极)看作 MOS 晶体管的源级,IG 为其栅极,而 $\phi_2$ 为其漏极。当它工作在饱和区时,输入栅下沟道电流为

$$I_S = \mu \frac{W}{L_G} \times \frac{C_{OX}}{2} (U_{IN} - U_{IG} - U_{th})^2 \tag{4-5}$$

式中　$W$ —— 信号沟道宽度;

　　　$L_G$ —— 注入栅 IG 的长度;

　　　$\mu$ —— 载流子表面迁移率;

　　　$C_{OX}$ —— IG 栅电容。

经过 $T_C$ 时间注入后,$\phi_2$ 下势阱的信号电荷量为

$$Q_S = \mu \frac{W}{L_G} \times \frac{C_{OX}}{2} (U_{IN} - U_{IG} - U_{th})^2 T_C \tag{4-6}$$

可见这种注入方式的信号电荷 $Q_S$ 不仅依赖于 $U_{IN}$ 和 $T_C$,而且与输入二极管所加偏压的大小有关。因此,$Q_S$ 与 $U_{IN}$ 的线性关系很差。

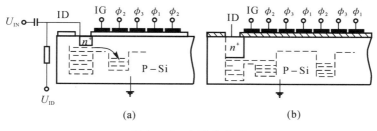

图 4 - 10　电注入方式

(a)电流注入法；(b)电压注入法

b. 电压注入法。如图 4 - 10(b)所示,电压注入法与电流注入法类似,也是把信号加到源极扩散区上,所不同的是输入 IG 电极上加有与 $\phi_2$ 同位相的选通脉冲,但其宽度小于 $\phi_2$ 的脉宽。在选通脉冲的作用下,电荷被注入第一个转移栅 $\phi_2$ 下的势阱里,直到势阱的电位与 N⁺区的电位相等时,注入电荷才停止。$\phi_2$ 下势阱中的电荷向下一级转移之前,由于选通脉冲已经终止,输入栅下的势垒开始把 $\phi_2$ 下和 N⁺ 的势阱分开,同时,留在 IG 下的电荷被挤到 $\phi_2$ 和 N⁺ 的势阱中。由此而引起的起伏,不仅产生输入噪声,而且使信号电荷与 $U_{ID}$ 线性关系变坏。这种起伏,可以通过减小 IG 电极的面积来克服。另外,选通脉冲的截止速度减慢也能减小这种起伏。电压注入法的电荷注入量 $Q$ 与时钟脉冲频率无关。

(2)电荷的检测(输出方式)

在 CCD 中,有效地收集和检测电荷是一个重要问题。CCD 的重要特性之一是信号电荷在转移过程中与时钟脉冲没有任何电容耦合,而在输出端则不可避免。因此,选择适当的输出电路可以尽可能减轻时钟脉冲容性地馈入输出电路的程度。目前 CCD 的输出方式主要有电流输出、浮置扩散放大器输出和浮置栅放大器输出。

1)电流输出。如图 4 - 11 所示,当信号电荷在转移脉冲的驱动下向右转移到末级电极(图中 $\phi_2$ 电极)下的势阱中后,$\phi_2$ 电极上的电压由高变低时,由于势阱提高,信号电荷将通过输出栅(加有恒定的电压)下的势阱进入反向偏置的二极管(图中 N⁺ 区)。由 $U_D$、电阻 $R$、衬底 P 和 N⁺ 区构成的反向偏置二极管,相当于无限深的势阱。进入反向偏置的二极管中的电荷,将产生输出电流 $I_D$,且 $I_D$ 的大小与注入二极管中的信号电荷量成正比,而与电阻 $R$ 的阻值成反比。电阻 $R$ 是制作在 CCD 内的电阻,阻值是常数。所以,输出电流 $I_D$ 与注入二极管中的电荷量呈线性关系,且有

$$Q_S = I_D dt \tag{4-7}$$

$I_D$ 的存在,使得 A 点的电位发生变化,$I_D$ 增大,A 点点位降低。所以可以用 A 点的电位来检测二极管的输出电流 $I_D$,用隔直电容将 A 点的电位变化取出,再通过放大器输出。

图 4-11 中的场效应管 $T_R$ 为复位管。它的主要作用是将一个读出周期内输出二极管没有来得及输出的信号电荷通过复位场效应输出。因为在复位场效应管复位栅为正脉冲时复位场效应管导通,它的动态电阻远远小于偏置电阻 $R$,使二极管中的剩余电荷被迅速抽走,使 A 点的电位恢复到起始的高电平。

2)浮置扩散放大器输出。由图 4-12 所示,前置放大器与 CCD 同制作在一个硅片上,$T_1$ 为复位管,$T_2$ 为放大管。复位管在 $\phi_2$ 下的势阱未形成之前,在 RG 端加复位脉冲 $\phi_R$,使复位管导通,把浮置扩散区剩余电荷抽走,复位到 $U_{DD}$。而当电荷到来时,复位管截止,由浮置扩散区

收集的信号电荷来控制 $T_2$ 管栅极电位变化。设电位变化量为 $\Delta U$，则有

$$\Delta U = \frac{Q_S}{C_{FD}} \tag{4-8}$$

式中，$C_{FD}$ 是与浮置扩散区有关的总电容。

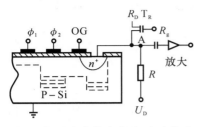
图 4-11 电荷输出电路-电流输出

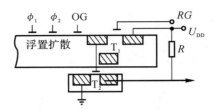
图 4-12 电荷输出电路-浮置扩散放大器输出

如图 4-13 所示，总电容包括浮置二极管势垒电容 $C_d$ 和 OG,DG 与 FD 间的耦合电容 $C_1$，$C_2$，及 T 管的输入电容 $C_g$，即

$$C_{FD} = C_d + C_1 + C_2 + C_g \tag{4-9}$$

经放大器放大 $K_V$ 倍后，输出的信号为

$$U_0 = K_V \Delta U \tag{4-10}$$

以上两种输出机构均为破坏性的一次性输出。

3)浮置栅放大器输出。图 4-14 为浮置栅放大器输出。$T_2$ 的栅极不是直接与信号电荷的转移沟道相连接，而是与沟道上面的浮置栅相连。当信号电荷转移到浮置栅下面的沟道时，在浮置栅上感应出镜像电荷，以此来控制 $T_2$ 的栅极电位，达到信号检测与放大的目的。

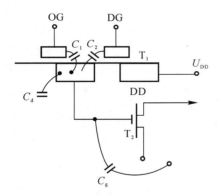

图 4-13 浮置扩散区 FD 的等效电容

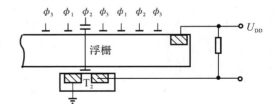
图 4-14 电荷输出电路-浮置栅放大器输出

显然，这种如图 4-15 所示的机构可以实现电荷在转移过程中进行非破坏性检测，由转移 $\phi_2$ 下的电荷所引起的浮置栅上电压的变化为

$$\Delta U = \frac{|Q_S|}{\frac{C_d}{C_3}(C_3 + C_{\phi_2} + C_g) + (C_{\phi_2} + C_g)} \tag{4-11}$$

式中，$C_{\phi_2}$ 为 FG 与 $\phi_2$ 间氧化层电容。

图 4-15 绘出了浮置栅放大器的复位电路及有关电容分布情况。$\Delta U_{FG}$ 可以通过 MOS 晶

体管 $T_2$ 放大输出。

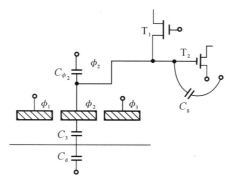

图 4 - 15　浮置栅放大器输出的等效电容

# 4.3　CCD 分类与特性

### 4.3.1　CCD 的分类

电荷耦合摄像器件又简称为 ICCD，它的功能是把二维光学图像信号转变成一维视频信号输出。

ICCD 有线型和面型两大类。二者都需要用光学成像系统将景物图像成像在 CCD 的像敏面上。像敏面将照在每一像敏单元上的图像照度信号转变为少数载流子密度信号存储于像敏单元（MOS 电容）中。然后，再转移到 CCD 的移位寄存器（转移电极下的势阱）中，在驱动脉冲的作用下顺序地移出器件，成为视频信号。

对于线型器件，它可以直接接收一维光信息，而不能直接将二维图像转变为视频信号输出。为了得到整个二维图像的视频信号，就必须用扫描的方法实现。

1. 线型 CCD 摄像器件的两种基本形式

（1）单沟道线型 CCD

图 4 - 16 所示为三相单沟道线型 CCD 的结构图。由图可见，光敏阵列与转移——移位寄存器是分开的，移位寄存器被遮挡。在光积分周期里，这种器件光栅电极电压为高电平，光敏区在光的作用下产生电荷存于光敏 MOS 电容势阱中。

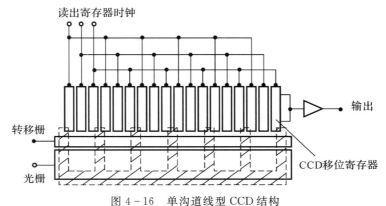

图 4 - 16　单沟道线型 CCD 结构

当转移脉冲到来时,线阵光敏阵列势阱中的信号电荷并行转移到 CCD 移位寄存器中,最后在时钟脉冲的作用下一位位地移出器件,形成视频脉冲信号。

这种结构的 CCD 的转移次数多、效率低、调制传递函数 MTF 较差,只适用于像敏单元较少的摄像器件。

(2)双沟道线阵 CCD

图 4-17 所示为双沟道线型摄像器件。它具有两列 CCD 移位寄存器 A 与 B,分列在像敏阵列的两边。当转移栅 A 与 B 为高电位(对于 N 沟器件时),光积分阵列的信号电荷包同时按箭头方向转移到对应的移位寄存器内,然后在驱动脉冲的作用下分别向右转移,最后以视频信号输出。显然,同样像敏单元的双沟道线阵 CCD 要比单沟道线阵 CCD 的转移次数少一半,它的总转移效率也大大提高,故一般高于 256 位的线阵 CCD 都为双沟道的。

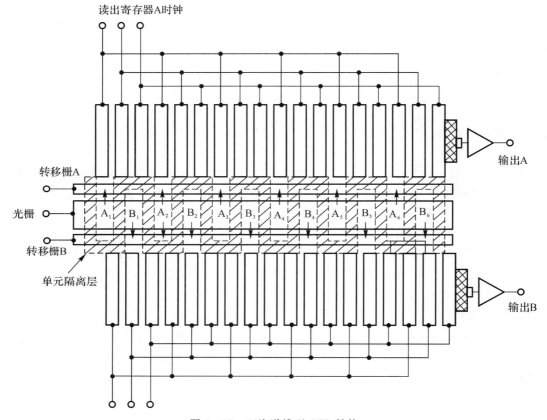

图 4-17 双沟道线型 CCD 结构

2.面阵 CCD

按一定的方式将一维线型 CCD 的光敏单元及移位寄存器排列成二维阵列,即可以构成二维面阵 CCD。由于排列方式不同,面阵 CCD 常有帧转移、隔列转移、线转移和全帧转移等方式。

(1)FT 帧转移方式 CCD

如图 4-18 所示帧转移方式 CCD 的结构由感光部(成像区)、存储部(暂存部)和水平位移

（水平读出）寄存器等三部分组成。成像区由并行排列的若干电荷耦合沟道组成（图中虚线方框），各沟道之间用沟阻隔开，水平电极横贯各沟道。假定有 $M$ 个转移沟道，每个沟道有 $N$ 个成像单元，整个成像区共有 $M \times N$ 个单元。暂存区的结构和单元数都和成像区相同。暂存区与水平读出寄存器均被遮蔽。

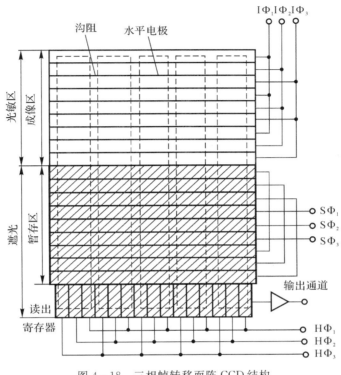

图 4 - 18　三相帧转移面阵 CCD 结构

在感光部经光/电转换积累的每帧信号电荷，在场消隐期间迅速地全部转移到存储部，感光部又重新进入电荷积累状态。被转移到存储部的一帧信号电荷，在每个行消隐期间，把相当于一扫描行的信号转移到水平位移寄存器。进入水平位移寄存器的信号电荷在行正程期间以标准行扫描速度转移到输出端，最后得到标准的电视信号。因为感光部产生的信号电荷要一次全部转移到存储部，所以存储部必须与感光部具有相同的像素数和面积，区别仅在于存储部表面为防止光照而加有金属遮光层。这种帧转移方式 CCD 的电极构造简单，分解力与灵敏度也较高。但是，这种方式由于感光成像区和电荷存储区面积相同，所以器件总面积较大。另外，在感光区由于电荷的积累与转移在区域上并未分开，在转移过程中仍然有电荷积累，因而产生垂直拖尾现象。又因为透明电极对光照有一定的吸收，尤其对蓝色光吸收较多，而造成彩色画面偏色。由于以上缺点，帧转移方式除在早期 CCD 摄像机中使用外，一直很少使用。目前，FT - CCD 对此已经有了很大的改进。

（2）IT 行间转移方式 CCD

行间转移方式 CCD 的结构如图 4 - 19 所示，它把感光部和转移部做水平相间排列，使其成对紧靠在一起，其下方为水平位移寄存器。除感光部之外，其他部分覆盖有金属遮盖层，阻挡光线进入 CCD 内部，转移部也是电荷的暂存部分。感光部的每个单元（像素）与转移部的每个单元一一对应，左右耦合，二者之间由转移控制门控制。感光部（所有像素）由光/电变换产生的信号电荷，在场消隐期间由控制门控制，很快转移到暂存部分，只需要一次转移就可完成全部像素的转移，感光部又重新回到电荷积累状态。被转移到各暂存部分的信号电荷与帧转移方式 CCD 的存储部工作情况一样，在行消隐期间，每次移出一个扫描行，送到下方的水平位移寄存器，在行扫描正程期间，再依次转移到输出端，即可得到标准的电视信号。

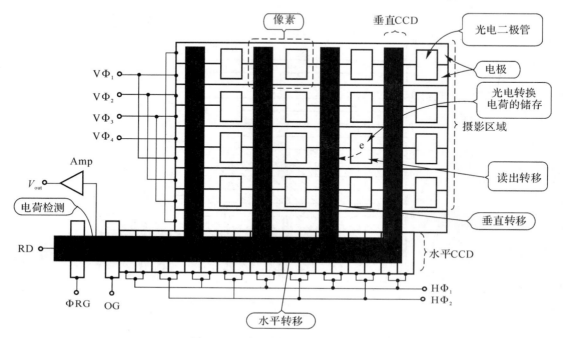

图 4-19　行间转移面阵 CCD 结构

　　这种行间转移方式省去了存储部，固体 CCD 芯片面积较小，驱动电压脉冲波形也比较简单。由于感光部与转移部分开设置，垂直拖尾现象明显减轻。其缺点是，因为感光部与转移部相间排列，遮光层部分面积较大，光利用率降低，影响到 CCD 灵敏度的提高。但是由于 CCD技术的不断进步，特别是片上微透镜技术的开发成功，使其灵敏度得到很大提高。行间转移方式（IT）CCD 在摄像机中使用较广泛。

　　(3)FIT 帧-行间转移方式 CCD

　　帧-行间转移方式 CCD 是帧转移方式和行转移方式的组合，其结构如图 4-20 所示。它包括感光部、转移部、存储部和水平位移寄存器等部分。由图中可以看出，FIT 上半部分与行间转移方式相同，而下半部分则与帧转移方式相同。帧-行间转移方式 CCD 的工作过程如下：场正程期间由感光部积累信号电荷，在场消隐期间通过控制门，同时一次性转移到转移部相应的势阱中，这一工作过程与行间转移方式相同。然后，暂存在转移部的信号电荷又很快转移到下面的存储部中。在场正程期间，在行频时钟脉冲的控制下，每一行消隐期间内像素电荷逐行移入水平位移寄存器中。而后，在行正程期间，水平位移寄存器把每个像素移动输出端，产生视频信号。在存储部以后发射的过程与帧转移方式相同。这种帧-行转移方式，由于是帧转移和行间转移两种方式的结合，因而具有两者的优点，尤其是在高亮度情况下的垂直拖尾得到明显改进。但是，这种转移方式的 CCD 由于附加有存储部，所以芯片面积较大，制造成本也高，适用于高档的电视摄像机中。

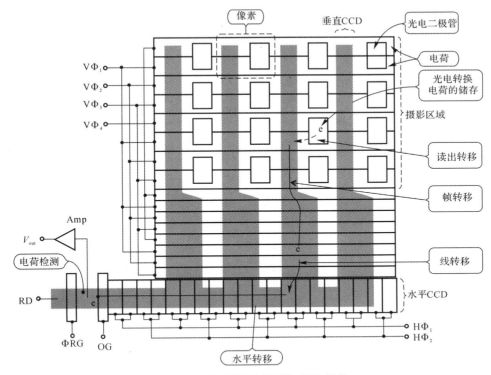

图 4 - 20　帧-行间转移面阵 CCD 结构

### 4.3.2　CCD 的特性

CCD 性能的优劣,是决定整个摄像机性能优劣的重要标准,从某种意义上讲,也是摄像机性能指标的重要体现。

1. 分解力

在 CCD 上的感光单元,即像素数量是一定的,如果这个数量太小,或者尺寸太大的话,将会影响到画面解像的精密程度——当被摄对象有极其精细的细节的时候,CCD 不能分辨,则会产生混叠干扰。因此,CCD 上感光单元的数量、尺寸以及密度等都将对成像质量有着重要影响。

可以采用增加像素数,在光学通路中增加光学低通滤波器压减图像高频成分,以及采用空间偏置技术使基色信号间混叠干扰相位相反、相互抵消的方法,来提高信号分解力。

分解力常用调制传递函数 MTF 来评价。图 4 - 21 画出宽带光源与窄带光源照明下线阵 CCD 的 MTF 曲线。

线阵 CCD 固体摄像器件向更多位光敏单元发展,现在已有 $256×1,1\ 024×1,2\ 048×1,$ $5\ 000×1,10\ 550×3$ 等多种。像元位数越高的器件具有更高的分辨率,尤其是用于物体尺寸测量中,采用高位数光敏单元的线阵 CCD 器件可以得到更高的测量精度。另外,当采用机械扫描装置时,亦可以用线阵 CCD 摄像器件得到二维图像的视频信号。扫描所获得的第二维的分辨取决于扫描速度与 CCD 光敏单元的高度等因素。

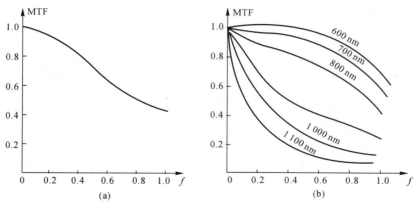

图 4-21　某线阵 CCD 的 MTF 曲线

(a)2 856 K 白炽光源；　(b)单色光光源照明

二维面阵 CCD 的输出信号一般遵守电视系统的扫描方式。它在水平方向和垂直方向上的分辨率是不同的,水平分辨率要高于垂直分辨率。在评价面阵 CCD 的分辨率时,只评价它的水平分辨率,且利用电视系统对图像分辨率的评价方法——电视线数的评价方法。电视线评价方法表明,在一幅图像上,在水平方向能够分辨出的黑白条数为其分辨率。水平分辨率与水平方向上 CCD 的像元数量有关,像元数量越多,分辨率越高,现有的面阵 CCD 的像元数已发展到 512×500,795×596,1 024×1 024,2 048×2 048,5 000×5 000 等多种,分辨率越来越高。

2.灵敏度

CCD 的灵敏度,以光通量为 1 流明(lm)的 3 200 K 色温的光线投射到它上面所产生的电流强度的大小来定义。CCD 的灵敏度越高,说明 CCD 光电转换能力越强。

CCD 的光谱灵敏度取决于量子效率、波长、积分时间等参数。量子效率表征 CCD 芯片对不同波长光信号的光电转换本领。不同工艺制成的 CCD 芯片,其量子效率不同。灵敏度还与光照方式有关,背照 CCD 的量子效率高,光谱响应曲线无起伏,正照 CCD 由于反射和吸收损失,光谱响应曲线上存在若干个峰和谷。

3.动态范围

动态范围是 CCD 能够重现的画面的亮暗部分之间的相对比值。这个范围越高越好,CCD 的动态范围决定了 CCD 转换的最大电荷量与受杂波干扰影响而限制在一定幅值的最小电荷量的差。前者的提高要依靠材料技术的改进、CCD 结构设计的合理性以及电极上电压大小等因素,而后者也和电路结构等有关。

CCD 势阱中可容纳的最大信号电荷量取决于 CCD 的电极面积及器件结构(SCCD 或BCCD)、时钟驱动方式及驱动脉冲电压的幅度等因素。

设 CCD 的电极有效面积为 $A$,Si 的杂质浓度 $N_A$ 为 $10^{15}$ cm$^{-3}$,氧化膜厚度为 0.1 $\mu$m,电极尺寸为 $10×20$ $\mu$m$^2$,栅极电压为 10V,则 SCCD 势阱中的电荷量 $Q$ 为 0.6 pC 或 $3.7×10^6$ 个电子。$Q$ 可近似用下式表示:

$$Q = C_{OX} U_G A \tag{4-12}$$

式中　$C_{OX}$—— 单位氧化膜面积的电容量;

$U_G$—— 栅极电压。

在 BCCD 中计算比较复杂,随着沟道深度增加,势阱中可以容纳的电荷量减小。对于与上述 SCCD 条件相同的 BCCD,若氧化膜厚为 0.1 $\mu$m,相当于沟道深度的外延层厚度为 21 $\mu$m,则 $Q_{SCCD}/Q_{BCCD}$ 约为 4.5。

对于二相驱动情况,实际能容纳电荷的电极面积是整个电极面积的一半。为此,二相驱动情况下,势阱中存储的电荷量要减少一半。

**4. 暗电流**

CCD 暗电流是内部热激励载流子造成的。在正常工作的情况下,CCD 在低帧频工作时,可以几秒或几千秒的累积(曝光)时间来采集低亮度图像,MOS 电容处于未饱和的非平衡态。然而随着时间的推移,暗电流会在光电子形成之前将势阱填满热电子,使得因热激发而产生的少数载流子使系统趋向平衡。因此,即使在没有光照或其他方式对器件进行电荷注入的情况下,也会存在不希望有的暗电流。由于晶格点阵的缺陷,不同像素的暗电流可能差别很大。在曝光时间较长的图像上,会产生一个星空状的固定噪声图案。这种效应是因为少数像素具有反常的较大暗电流,一般可在记录后从图像中减去,除非暗电流已使势阱中的电子达到饱和。

众所周知,暗电流是大多数摄像器件所共有的特性,是判断一个摄像器件好坏的重要标准,尤其是暗电流在整个摄像区域不均匀时更是如此。产生暗电流的主要原因有以下几点。

(1)耗尽的硅衬底中电子自价带至导带的本征跃迁

暗电流的密度大小由下式决定:

$$I_i = q \frac{n_i}{\tau_i} \chi_d \qquad (4-13)$$

式中　$q$—— 电子电荷量;

　　　$n_i$—— 载流子浓度;

　　　$\tau_i$—— 载流子寿命;

　　　$\chi_d$—— 耗尽区宽度。

若 $n_i = 1.6 \times 10^{10}$ cm$^{-3}$,$\tau_i = 25 \times 10^{-3}$ s,则 $I_i = 0.1 \chi_d$(nA·cm$^{-2}$)($\chi_d$ 以 $\mu$m 为单位)。由式(4-13)可见,电流面密度 $I_i$ 随耗尽区宽度 $\chi_d$ 而增加,而 $\chi_d$ 依衬底掺杂、时钟电压和信号电荷而不同,一般在 1～5 $\mu$m 范围内变化。

(2)少数载流子在中性体内的扩散

在 P 型材料中,每单位面积内由于这种原因而产生的电流(单位:A·cm$^{-2}$)为

$$I_b = \frac{q n_i^2}{N_A \tau_n} L_n = \frac{6.6}{N_A} \left( \frac{\mu}{\tau_n} \right)^{1/2} \qquad (4-14)$$

式中　$N_A$—— 空穴浓度;

　　　$L_n$—— 扩散长度;

　　　$\mu$—— 电子迁移率;

　　　$n_i$—— 本征载流子浓度。

这个暗电流分量受硅中缺陷和杂质数目影响很大,因此很难预测大小。

(3)Si-SiO$_2$ 界面引起的暗电流

该暗点为

$$I_S = 10^{-3} \delta_s N_{ss} \qquad (4-15)$$

式中　$\delta_S$——界面态的俘获截面；

　　$N_{SS}$——界面态密度。

以上几种暗电流中，以第三种原因产生的暗电流为主，而得到在室温下低达 $5\ nA \cdot cm^{-2}$ 的暗电流密度。但是，在许多器件中，有许多单元，其每平方厘米可能有几百毫微安的局部暗电流密度。这个暗电流的来源是一定的体内杂质，该杂质产生引起暗电流的能带间复合中心。这些杂质在原始材料中就有，在制造器件时也可能被引入。为了减小暗电流，应采用缺陷尽可能小的晶体和减少玷污。

另外，暗电流还与温度有关。温度越高，热激发产生的载流子越多，因而，暗电流就越大。据计算，温度每降低 $10℃$，暗电流可降低 $1/2$。

5. 噪声

在 CCD 中有以下几种噪声源：

1）由于电荷注入器件引起的噪声；

2）电荷转移过程中，电荷量的变化引起的噪声；

3）由检测时产生的噪声。

CCD 的平均噪声值见表 4-2，与 CCD 传感器有关的噪声见表 4-3。

**表 4-2　CCD 噪声**

| 噪声的种类 | | 噪声电平（电子数） |
|---|---|---|
| 输出噪声 | | 400 |
| 转移噪声 | SCCD | 1 000 |
| | BCCD | 100 |
| 输出噪声 | | 400 |
| 俘获噪声 | SCCD | 1 150 |
| | BCCD | 570 |

**表 4-3　与 CCD 传感器有关的噪声**

| 噪声源 | 大小 | 代表值（均方根载流子） | |
|---|---|---|---|
| 光子噪声 | $N_S$ | $100, N_S = 10^{-4}$ | |
| | | $1\ 000, N_S = 10^6$ | |
| 暗电流噪声 | $N_{DC}$ | $100, N_{DC} = N_{Smax}$ | |
| 光学胖零噪声 | $N_{FZ}$ | $300, N_{FZ} = 10\% N_{Smax}$ | |
| 电子胖零噪声 | $400\ C_{IN}$ | $100, C_{IN} = 0.1\ PF (N_{Smax} = 10^6)$ | |
| 俘获噪声 | 参见表 4-2 | $10^3, SCCD$ | 2 000 次转移 |
| | | $10^2, BCCD$ | |
| 输出噪声 | $400\sqrt{C_{out}}$ | $200, C_{out} = 0.25\ pF$ | |

注：$N_S$ 为电荷包的大小。

（1）光子噪声

由于光子发射是随机过程，因而势阱中收集的光电荷也是随机的，这就成为噪声源。由于噪声源与 CCD 传感器无关，而取决于光子的性质，因而成为摄像器件的基本限制因素。这种噪声主要对于低光强下的摄像有影响。

（2）暗电流噪声

暗电流噪声与光子发射一样，暗电流也是一个随机过程，因而也成为噪声源。而且，若每个 CCD 单元的暗电流不一样，就会产生图形噪声。

（3）胖零噪声

胖零噪声包括光学胖零噪声和电子胖零噪声，光学胖零噪声由使用时的偏置光的大小决定，电子胖零噪声由电子注入胖零机构决定。

（4）俘获噪声

俘获噪声在 SCCD 中起因于界面缺陷，在 BCCD 中起因于体缺陷，但 BCCD 中俘获噪声小。

（5）输出噪声

这种噪声起因于输出电路复位过程中产生的热噪声。该噪声若换算成均方根值就可以与 CCD 的噪声相比较。

此外，器件的单元尺寸不同或间隔不同也会成为噪声源，但这种噪声源可以通过改进光刻技术而减少。

6. 色彩还原特性

色彩还原性取决于 CCD 对不同波长的光线灵敏度反应的均匀性。只有在它对各波长光线的光谱响应比较均匀一致的前提下，才能还原色彩正常的画面。在目前技术条件下，CCD 的色彩还原特性完全可以满足人眼的视觉要求。

7. 黑斑和拖尾

由于热激发效应，CCD 有时在没有入射光的时候也可能产生若干电荷，这样，当输入画面为黑时，输出画面却表现为有一定的暗轮廓显示，该现象称作黑斑。通过对 CCD 材料精度的控制，改进 CCD 内部结构以及在电路中增加黑斑校正电路等措施，可以将黑斑的影响减弱到不会被察觉的程度。

由于在高亮度下某些感光单元电荷的积累数量过多而产生溢漏至相邻某些位置的感光单元，导致画面产生垂直亮带的现象叫作拖尾。在 CCD 中采用溢出漏的设置可以消除拖尾，得到良好的高亮度特性。

8. CCD 芯片像素缺陷

1）像素缺陷：对于在 50% 线性范围的照明，若像素响应与其相邻像素偏差超过 30%，则为像素缺陷。

2）簇缺陷：在 3×3 像素的范围内，缺陷数超过 5 个像素。

3）列缺陷：在 1×12 像素的范围内，列的缺陷超过 8 个像素。

4）行缺陷：在一组水平像素内，行的缺陷超过 8 个像素。

# 4.4 光电稳定平台原理与特性

无人机光电平台系统通常包括传感器、光学系统、承载平台和数据存储器等分系统。传感器按工作波段,可分为可见光、红外和激光传感器;光学系统按焦距,可分为定焦、多挡可切换定焦和连续变焦镜头;承载平台按稳定轴数,可分为二轴、三轴或多轴稳定平台;数据存储器按容量可分为普通型和海量型。

从上述分类来看,光电平台种类较多,这还不包括正在研制中的激光探测与距离选通成像、固态 3D 激光雷达等新型光电载荷。但通观其技术及应用发展过程,光电平台经历了单载荷光电平台、双载荷光电平台和多载荷光电平台几个阶段,具体应用视需求而定。

从各国无人机光电平台的实际配备来看,单载荷平台因其轻便、易维修、更容易投入战场使用及技术进步的原因在一定范围内仍在使用,但其被双载荷和多载荷光电平台代替趋势不可逆转,多载荷光电平台正逐渐发展成为主流配置。

从具体的光电载荷来看,光学相机正被电视摄像机所取代;红外行扫描器正被前视红外所代替;低照度摄像机已很少使用。

从技术和应用角度来看,无人机载光电平台正向着高分辨率、高灵敏度、高精度、多功能、体积小、重量轻、寿命长、可靠性高和耐冲击振动等方向发展。总体上,无人机光电平台在需求牵引和技术推动下正迎来新一轮的发展热潮。

无人机视频图像直接定位的基本思路是通过飞机的位置姿态参数、转台角度参数、摄像机参数等综合解算,实现目标的图像坐标到地面坐标的转换过程。在坐标转换过程中,涉及图像坐标系、摄像机坐标系、转台坐标系、飞机坐标系以及大地坐标系五个坐标系。本书仅对无人机光电平台系统中的光电转台以及无人机目标定位与跟踪的基本方法进行介绍。

## 4.4.1 光电稳定平台及其发展趋势

机载光电稳定平台是安装在无人机等运动载体上的陀螺稳定平台。平台上安装对地探测装置,基于视轴稳定技术搜索或跟踪地面目标。近年来,光电稳定平台得到了快速发展,并广泛搭载于直升机、固定翼飞机、无人机、舰船和车辆等各种运载平台,可用于侦察、瞄准、导弹制导等军事领域,也可用于搜救、缉私、安全、环境监测、森林防火等非军事领域。

光电稳定平台是实现无人机视频图像跟踪与定位处理的关键设备之一。它采用陀螺仪作为反馈元件,隔离动基座对负载的角扰动,使负载稳定在固定的惯性空间的转台,利用陀螺仪的特性能够保持平台台体方位稳定;也用来测量运动载体姿态,并为测量载体线加速度建立参考坐标系,又简称陀螺平台、惯性平台。

光电稳定平台内部通常装有红外热像仪、可见光摄像系统和激光测距机等多种光学传感器。无人机执行任务时,光电稳定平台可以隔离载体的干扰运动,保持光学传感器的瞄准线在惯性空间角度的稳定,从而保证平台上的探测设备可以始终指向目标。

### 1.典型光电稳定平台

光电稳定平台的发展是随着陀螺仪的演变而变化的。早在 1936 年,就出现了滚珠轴承式的动力陀螺稳定平台,该平台在军舰上用作测距仪的稳定器。1950 年美国研制成功三轴陀螺稳定平台 XN－1。之后,在导弹和运载火箭惯性制导系统中,相继出现了静压气浮陀螺平台、动压气浮自由转子陀螺平台、液浮陀螺平台等,由于陀螺平台采用了这些浮力支撑、摩擦力矩减小的陀螺仪,其精度得到提高。美国分别应用在"潘兴Ⅰ"导弹、"土星"运载火箭、"民兵Ⅰ"、"民兵Ⅱ"导弹以及"北极星"导弹上。20 世纪 60 年代末,美国研制出结构简单、精度高、成本低的挠性陀螺仪为敏感元件的挠性陀螺平台,它在"三叉戟Ⅰ"潜地导弹、"战斧"巡航导弹,以及"潘兴Ⅱ"导弹上得到应用。随着陀螺平台技术的研究和发展,1973 年美国研制出没有框架的浮球平台,即高级惯性参考球平台。为了进一步提高制导精度和可靠性,对浮球平台的支撑系统和温控系统进行了改进。陀螺稳定平台已由框架陀螺平台发展到浮球平台,陀螺平台的质量由几十千克发展到仅 0.8 千克,外廓尺寸由 0.5 m 以上发展到仅为 0.08 m 的小型陀螺平台。

StarSafire 系列转塔由 FLIR 公司研制。其中 StarSafireⅢ型被美国海岸警卫队选定为标准转塔,配备"鹰眼"无人机。它的直径为 38.1 cm,传感器包括红外相机、彩色变焦相机、高分辨彩色侦察相机(能穿透薄雾)、激光照射装置以及激光测距仪。其中红外成像器件是 640×480 阵元的大型中波红外焦平面阵列,能产生相当清晰的红外图像。热成像仪有 4 种视场:视场范围 25°的宽视场、5.4°的中视场、1.4°的窄视场以及超窄视场。彩色昼用相机也可以提供宽、中、窄三种视场。彩色侦察相机除了中视场和超窄视场外,还有用于超长距离侦察的 0.29°极窄视场。需要指出的是,镜头视场的选择涉及画面范围和目标放大倍率的关系。视场越窄,目标的放大倍率越高;反之,视场越宽,涵盖的范围越广,但无法看清目标的细节。

BriteStar 转塔体形稍大,直径为 40.6 cm、质量为 54.43 kg,目前主要配用美国海军"火力侦察兵"无人直升机。该转塔内除安装 SafireⅢ型转塔配备的可见光/红外传感器、激光测距及照射系统外,还配备了为激光制导武器提供引导的激光目标指示系统。转塔内置有瞄准模块,可以使成像仪和光电相机自动瞄准激光指示器的照射点,保证两类传感器动作协调一致,便于控制人员在不同频谱图像间快速切换。

Safire 系列的最新成员是 StarSafire HD。它是第一种全数字高清稳像式机载传感器转塔,使用焦距 1 500 mm 的镜头,所有传感器生成的图像都是全数字式的,避免了模/数转换对分辨率造成的损失,高带宽的数字视频传输,确保所有的场景细节能完整地从传感器传回平台,转塔内置 7 套成像传感器或激光传感器,只通过一根光纤就可实现控制。美国陆军已将 Safire HD 和 StarSafireⅢ转塔系统用于"快速浮空器初始部署"(RAID)计划。该计划为小型系留式气球配备高性能传感器,在约 100 m 高度实施监视、预警,为部署在伊拉克和阿富汗的美军提供警戒保护。

MX 系列转塔由美国 WESCAM 公司生产。它最初用于各种有人驾驶飞机,如用于美国海军 P-3C 海上巡逻机和海岸警卫队 C-130 侦察机的 MX-20 转塔;用于海岸警卫队 HU-25"猎鹰"飞机、形体较小的 MX-15 转塔。经过进一步改进后,MX-15 转塔配备了通用原子航空系统公司生产的"蚊式"改进型无人机,在伊拉克使用了 1 年半。传感器系统包括彩色变焦相机、配备超长焦距镜头的彩色或单色侦察相机、红外变焦相机、激光测距仪、激光照射装置。其中红外摄像机有宽、中、窄、超窄 4 种视场,彩色变焦相机有宽、中、窄 3 种视场。而利用超长焦的侦察相机,可以观测目标的细节。

WESCAM 还在 MX-15 基础上研制了 MX-15D,将用于引导激光制导武器的激光目标指示系统整合进转塔。MX-15D 型是直径 15 in(约 38.1 cm)级转塔中,是光电/红外识别距离最远的。还有形体更紧凑的 MX-12 型转塔,直径 30.5 cm、质量 24 kg,可根据需要在三级红外变焦相机、彩色变焦相机、高倍率侦察相机、激光测距仪、激光照射装置中任选4种。为了拍摄清晰的图像、对目标精确定位，就要避免传感器的抖动、消除无人机飞行对传感器成像的影响，否则再长焦距的镜头、再高分辨率的成像元件也只能得到模糊的影像。为此，MX系列所有型号转塔的万向节中都置有由固态光纤陀螺和加速度计组成的惯导系统(IMU)，用以精确测定平台的姿态、形成控制信号，使转塔传感器始终稳定指向目标。

"多谱目标获取系统"(MTS)转塔由美国雷声公司研制，主要用于美国空军的"捕食者"及飞行性能更强的"捕食者B"无人机。MTS-A转塔用于配备"捕食者"，直径为43.2 cm，整合有光电/红外传感器和激光指示系统。用于配备"捕食者B"的MTS-B转塔比A型更重、传感器探测距离更远，其直径53.9 cm、重量103.5 kg。共设置有7种视场，其中2个超窄视场(0.08°×0.11°)、1个窄视场、3个中视场和1个宽视场(35°×45°)。在超窄视场(最高光学倍率)时，红外相机和光电相机分别有2倍、4倍的电子变焦比，以进一步放大图像。

MTS系列转塔与MX系列转塔一样，也安置有IMU单元。MTS系列转塔最突出的技术特点是把图像融合能力作为标准配置，雷声公司对此进行了十多年的研究，系统地把拍摄的30万像素(640×480)红外图像和可见光图像进行信噪比分析，然后选择两幅图像中最清晰的像素叠加生成一幅图像，处理过程完全自动化。雷声公司还将进一步改进MTS转塔，包括提高光电/红外系统的分辨率和清晰度、研制可包含更多细节的短波相机、采用体积更小的二极管泵浦激光器、开发压缩视频格式等方面，以提高转塔系统的性能，使信息传输更快、占用带宽更小。

美国现役无人机安装的部分典型光电平台性能和应用情况见表4-4。

**表4-4 美国典型光电平台性能及应用情况**

| 光电平台 | Ultra 8500 XR 转塔 | Safire Ⅲ 转塔 | MTS-A 转塔 | "全球鹰"传感器组合 |
|---|---|---|---|---|
| 传感器 | 红外热像仪<br>高敏感相机 | 红外照相机<br>彩色变焦相机<br>高分辨率彩色侦察相机<br>激光照射装置<br>激光测距仪 | 电视摄像机<br>前视红外<br>人眼安全激光测距机<br>激光照射器<br>激光光斑跟踪器 | 数字相机<br>前视红外<br>合成孔径雷达 |
| 尺寸 | 直径：229 mm<br>高度：343 mm | 直径：381 mm | 直径：443 mm<br>高度：475 mm | 不详 |
| 质量 | 13.1 kg | 35.6 kg | 56.3 kg | 401.4 kg |
| 应用 | "影子400"<br>"影子600" | "鹰眼" | "捕食者"A型 | "全球鹰" |
| 平台图片 | | | | |

其他国家的无人机光电平台较美国相对滞后，缺乏用于侦察打击一体化的大型平台，多结

合本国情况,注重实用,其携带的传感器一般可依据任务需要相互组合形成多任务系统,操作简便(见表 4-5)。

**表 4-5　其他国家典型光电平台性能及应用情况**

| 光电平台 | POP200 插入式吊舱 | MOSP 多任务平台 | Goshawk350 光电平台 | "红隼"成像系统 |
|---|---|---|---|---|
| 传感器 | 红外传感器<br>CCD 电视<br>(传感器可选) | 电视观测器<br>激光指示器/测距仪<br>前视红外观测器<br>(多传感器组合可选) | 电视摄像机<br>焦平面红外探测器<br>眼安全激光器<br>(多传感器组合可选) | 静态黑白 CCD 照相机<br>可见光 CCD 行扫描仪<br>"独眼巨人"2000 红外行扫描仪 |
| 尺寸 | 直径:260 mm<br>高度:380 mm | 直径:300 mm<br>高度:500 mm | 直径:350 mm<br>高度:490 mm | 分体式结构 |
| 质量 | 13～16 kg | 30～35 kg | 25～32 kg | 40～55 kg |
| 应用 | "Eye View" | "猎人""巡逻兵"<br>"苍鹭""搜索者" | "麻雀"<br>"探索者" | "红隼" |
| 平台图片 | | | | |
| 国家 | 以色列 | 以色列 | 南非 | 法国 |

**2.光电稳定平台发展趋势**

**(1)高性能传感器与集成技术**

光电传感器有前视红外观测器、电视摄像机、激光测距机、激光照射器等,其中,电视摄像机有较高的分辨率和彩色图像,但仅适用于昼间;前视红外观测器适于夜间侦察;激光测距机用于测量目标距离;激光照射器则用于为精确制导武器指示目标。

随着光电子技术和微电子技术的发展,光电传感器也在不断更新换代,并出现了一些新型机载光电传感器。采用大面阵/微光 CCD 的摄像机极大地改善了分辨率,提高了接收灵敏度;高清晰度电视视频技术,从隔行扫描发展到逐行扫描和图像处理,可消除图像斜纹,提高成像的速度和图像的清晰度,已成为美国国防部战术需求和无人机用视频的工业标准;数码相机的应用可以兼顾摄像机和照相机的不同需求。

传感器在不断提升性能的同时,也在向集成化方向发展,以适应不同的作战需求。一种是同一平台集成多种传感器,实现功能和性能匹配互补,如美军无人机装备的光电平台通常集成有 4～7 种传感器,以满足侦察打击一体化的需求。另一种是同一传感器集成多种功能,如量子阱红外探测器具有 100 万～400 万像素的高集成度和 mk 级的高灵敏度,能同时探测 2～3 个光谱波段;激光测距/目标指示器则是向融合方向发展,以便既能测量目标距离,也能同时为武器系统指示所要攻击的目标。

（2）高精度稳定瞄准和跟踪技术

高精度稳定瞄准和跟踪目标是无人机光电平台的核心性能之一，它的精度决定着传感器能否对目标进行精确探测和准确判断，影响着无人机的作战效能。

1）高精度复合稳瞄技术。当具备高清晰度动态视频源数据后，要获取有用的信息，图像的稳定性就显得尤为重要。稳定平台常用的形式有反射镜稳定和平台整体稳定。二级复合稳定在平台整体稳定实现粗稳的基础上，有机结合反射镜精稳技术。这一技术对平台控制技术提出了更高要求，同时也需要多光谱共光路技术的支撑。"捕食者"无人机装备的 MTS－A 型和 MTS－B 型光电平台已实现该技术的实战应用。

2）多光谱共光路技术。可见光电视、红外热像仪、微光电视、CCD 相机、激光测距/照射器、光斑跟踪器、激光照明器等是机载光电系统常用的传感器。可见光、红外、激光工作于不同的波段，需要相应的光学系统和窗口，这就造成光学系统体积、质量较大，光轴校准比较困难，稳瞄精度难以提高。多传感器采用共光路结构，进行集成化设计可以有效减轻系统质量，缩小体积，增大光学系统口径，提高分辨率、灵敏度和稳瞄精度。雷神公司在 MTS－A 型和 MTS－B 型光电平台上通过采用反射式光学系统使这一技术得到了应用。

3）空中自校轴技术。光电平台的多传感器集成使各传感器保持光轴平行成了一个非常关键的问题，对目标定位精度影响极大。传统做法是在地面进行周期校准，但由于地面、空中环境差别，如温度变化、外界振动、应力释放等因素，会造成已校准的光轴在空中重新发生偏离。因此有必要采取空中实时校轴的办法校准光轴平行差。这样做就免除了载体振动、冲击和温度与气压变化对光轴的影响，并可在需要时随时校准光轴，提高定位精度，较好地满足作战需求。

（3）新型成像技术

可见光、红外是传统的成像手段，新型成像技术的应用可以突破环境条件的限制和传感器本身的局限性，提供更加丰富、详细的目标信息，为指挥员的准确判断提供依据。

1）多光谱/超光谱成像技术。多光谱（数十谱段）和超光谱（数百谱段）成像是利用传感器对目标进行多个光谱成像的技术，可实现对目标信息的高识别率和超精细观察。超光谱成像技术具有较强的反伪装、反隐蔽和反欺骗能力，便于对战区目标信息的全面掌握。另外，通过气溶胶云层的被动超光谱成像可对非传统攻击进行预警，也可对生化战微粒进行探测和识别。目前，第一代机载超光谱传感器已成功应用于美国"捕食者"和"先驱"无人机，而商业卫星的多谱段数据信息产品已成为商业应用中的支柱，分辨率达到几米。

2）光探测与距离成像技术。光探测与距离成像技术，即主动照明和距离选通成像探测技术，是利用激光束高空间分辨力成像的特征，对低观测性目标进行探测和识别的一种手段。在中等云层、尘土飞扬和烟雾环境下，通过使用精确的短脉冲激光，捕获反射回来的光子实现成像；还可实现夜间低能见度的高分辨力成像，使图像更加清晰，作用距离更远，达到远距离字符识别能力。

（4）侦察信息综合处理技术

随着传感器技术的发展，通过光电平台侦察的信息将越来越丰富，这些海量的侦察信息需要进行综合处理才能为指挥员提供有效的决策支持。侦察信息处理技术以满足作战需求为直接目的，目前，主要呈现出以下几个方面发展趋势。

1）目标信息集成技术。现代武器系统和信息化作战要求侦察系统能够提供更多的目标侦察信息，有必要在获取目标侦察视频的同时，进一步发展目标地理定位、被动测距、运动状态估计、图像增强、拼接侦察、地理注册等技术,以提高目标搜索和捕获效率,达到先敌发现、先敌精确打击的目的。

2)图像智能处理技术。图像/信号处理技术和网络技术的发展使图像智能处理成为可能,这将极大地减轻人员负担,甚至让人远离战场。如通过主动目标提示器,传感器可以自动搜索符合目标库中的特征目标,或者提示操作人员重点观察上次观察后的变化目标或者与环境有明显差异的目标。目前,雷神公司在 MTS‑A 平台上采用了图像自动最优化技术,能够使图像显示信息最大化,增强情景认知和远程监控能力。

3)图像融合技术。不同类型的传感器对目标侦察的侧重点不同,各有优缺点,因此有必要对来源不同的图像进行融合,以最大程度利用所得图像信息。

a. 不同光谱成像的融合。可见光、红外、超光谱成像所得信息极为丰富,能够全面反映目标信息,但数据量大,处理复杂,需借助图像融合技术达到良好的侦察效果。目前,前视红外和电视图像的融合处理已应用在雷神公司的 MTS‑A 型和 MTS‑B 型光电平台上。

b. 光成像与雷达成像的融合。光电载荷成像清晰,但易受云雾雨雪气象条件限制,探测距离短。合成孔径雷达能够穿透云层、烟雾和战场伪装,以高分辨率进行大范围成像。将光电传感器技术与合成孔径雷达技术相结合,利用雷达对目标进行探测和定位,然后通过光电传感器对目标进行准确识别,既是传感器数据融合,也是将两者功能互补。

### 4.4.2　光电稳定平台结构与特性

按结构形式,光电稳定平台可分为框架陀螺平台和浮球平台两种。无人机上搭载的光电稳定平台一般为框架陀螺平台。框架陀螺平台按稳定的轴数可分为单轴、双轴和三轴陀螺稳定平台。陀螺稳定平台使用何种陀螺仪作为稳定敏感元件,就称为何种陀螺平台,如气浮陀螺平台、液浮陀螺平台、挠性陀螺平台和静电陀螺平台等。

光电稳定平台系统的组成如图 4‑22 所示,主要包括三大部分,即平台本体、控制单元、反馈回路。

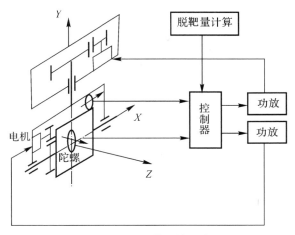

图 4‑22　稳像系统组成

1. 平台本体

稳像系统的主体仪器一般有二轴(方位、俯仰)或三轴(方位、俯仰、横滚)的框架结构,具体选择依据系统搜索范围及精度要求而定。二轴框架通常由内环(水平环)和外环(方位环)组成,内环用于安装光电测量仪器,外环垂直安装在基座上。两环的转动轴正交,外环可做一定幅度范围(如360°)的连续转动。两环上分别安装一只二自由度挠性陀螺仪,通过锁定回路构成速率陀螺,用以测量两轴的转动角速度。

二轴二框架形式是球形稳定平台早期采用的一种结构形式,该技术相对较为成熟,适用于低速、轻型、对稳定精度要求不高的稳定平台。该类型平台的台体直接暴露在外部环境中,风阻力直接作用存在较大的干扰力矩,随机载飞行时稳定精度只能达到毫弧级;此外,该平台的传感器光轴垂直向下时(通常为过顶状态),不再具有二自由度稳定功能。

二轴四框架结构可利用内外框架的活动范围,保证内框架的方位和俯仰相互垂直状态,消除二框架的环架自锁盲区,而平台归零和扇扫操作时以外框架运动为主,从而实现微弧级的稳定。二轴四框架结构由外框架系统和内框架系统构成,如图4-23所示,A为外方位框架,E为外俯仰框架,a为内方位框架,e为内俯仰框架。这种结构与二轴二框架相比,具有明显的优越性,主要体现在:运动隔离性好,稳定精度高;可以避免仰角时,精稳定系统的环架闭锁现象;可以减小电机的功率和体积。

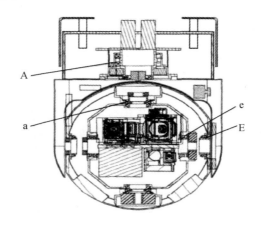

图4-23 二轴四框架机载光电稳定平台结构示意图

内框架系统是稳定框架。惯性传感器件安装在内俯仰环上,分别感知绕方位、俯仰轴向的干扰运动及真实角运动,将偏差信号经稳定回路分别送到e、a框的力矩电机,产生补偿速率抵消干扰以实现内框架的光轴稳定。内框架在外框架的内部实现两轴小角度转动,平台的控制精度主要由内框架系统实现。

外框架可以扩展平台的转动范围,同时也用于隔离飞行风阻干扰力矩。外框架处于随动内框架的工作状态,安装在e框和a框上的角度传感器分别将两个内框(e,a)相对于两个外框(E,A)的角度偏差信号,经伺服回路送到E、A框上的力矩电机,从而控制外框架系统随动内框架系统。

实际中还有一种三轴光电平台,该平台有3条稳定系统通道,2条初始对准系统水平对准通道和1条方位对准通道。其工作状态:一是光电转台不受载体运动和干扰力矩的影响,能使平台台体相对惯性空间保持方位稳定;二是在指令电流控制作用下,使平台台体按给定规律转动而跟踪某一参考坐标系进行稳定。利用外部参考基准或平台台体上的对准敏感元件,可以实现初始对准。

2.控制系统

通常,二轴稳定平台通过伺服电机带动平台转动来保持与飞行载体的运行状态,其中一个方向轴上的工作原理如图 4-24 所示,其为机电框架结构。它采取 $X$-$Y$ 二轴伺服电机进行驱动控制,使平台能克服 2 个方向轴上的晃动。它每个轴的控制系统模型由内回路速度环和外回路位置环构成,系统框图如图 4-25 所示。图 4-25 中 $\theta_i$ 为输入的命令信号,$M_f$ 为系统扰动力矩,$\theta_o$ 为系统的位置输出。

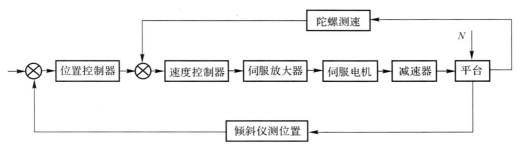

图 4-24　稳定平台控制系统原理图

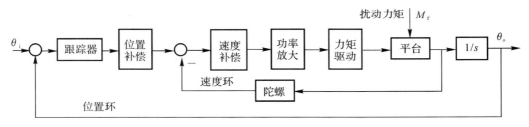

图 4-25　光电吊舱陀螺稳定系统框图

光电稳定平台控制系统主要由位置控制器、速度控制器、伺服放大器、伺服电机、减速器、陀螺、倾角仪(光电编码器)等组成。

系统工作时,内环利用陀螺测定平台角速度信号并反馈,速度控制器对其解算后作为伺服放大器的部分输入来控制伺服电机转动,经减速器减速后带动平台转动,使其在惯性空间保持稳定。采用光电编码器检测吊舱转过的角度,进而换算出当前转速。在下一个采样周期到来时,所测转角信号被反馈到单片机,与给定角度值求偏差,经控制算法得出控制量,并由单片机输出,经驱动板功率放大后驱动直流伺服电机,从而进入下一个采样周期。

光电平台控制系统的核心是主控板,它主要接收控制平台发送的操控指令,并控制伺服电机和成像仪。光电稳定平台在伺服电极的驱动下可实现手动与自动扫描、角度与速度测量、方位锁定等功能。为了实现昼夜侦察功能,可以在可见光/红外热像两种工作模式下自由切换。根据环境需要,主控板接收上位机发出的成像仪操作指令,解读后转发到相应的成像仪通信接口,经视频切换芯片进行两路视频信号的切换。字符叠加单元实现在扫描视频上叠加平台的角度与转速、探测时间、方位、跟踪框标等信息,以便无人机飞控手掌握信息,高效完成扫描、侦察任务。

### 3. 运动学特性

四框架光电稳定平台系统定义了五个坐标系,即基座坐标系、外方位坐标系、外俯仰坐标系、内方位坐标系和内俯仰坐标系,通常忽略各坐标原点差异。

根据上述五个坐标系可以得到各个框架运动的角速度表达式,载机干扰角速度对外方位框架的耦合作用为

$$\boldsymbol{\omega}_A = \begin{bmatrix} \omega_{AX} \\ \omega_{AY} \\ \omega_{AZ} \end{bmatrix} = \begin{bmatrix} 1 & 0 & 0 \\ 0 & \cos\theta_A & \sin\theta_A \\ 0 & -\sin\theta_A & \cos\theta_A \end{bmatrix} \begin{bmatrix} \omega_{bX} \\ \omega_{bX} \\ \omega_{bX} \end{bmatrix} + \begin{bmatrix} \dot{\theta}_A \\ 0 \\ 0 \end{bmatrix} \qquad (4-16)$$

式中　$\boldsymbol{\omega}_A$——载机角速度 $\boldsymbol{\omega}_b$ 对外方位框架形成的干扰角速度;

　　　$\theta_A$——外方位框架相对于载机的旋转角度;

　　　$\dot{\theta}_A$——外方位框架相对载机的角速度。

同样,外方位框架角速度 $\boldsymbol{\omega}_A$ 对外俯仰框架的耦合作用为

$$\boldsymbol{\omega}_E = \begin{bmatrix} \omega_{EX} \\ \omega_{EY} \\ \omega_{EZ} \end{bmatrix} = \begin{bmatrix} \cos\theta_E & 0 & -\sin\theta_E \\ 0 & 1 & 0 \\ -\sin\theta_E & 0 & \cos\theta_E \end{bmatrix} \begin{bmatrix} \omega_{AX} \\ \omega_{AY} \\ \omega_{AZ} \end{bmatrix} + \begin{bmatrix} 0 \\ \dot{\theta}_E \\ 0 \end{bmatrix} \qquad (4-17)$$

式中　$\boldsymbol{\omega}_E$——外方位框架角速度 $\boldsymbol{\omega}_A$ 对外俯仰框架形成的干扰角速度;

　　　$\theta_E$——外俯仰框相对于外方位框旋转角度;

　　　$\dot{\theta}_E$——外俯仰框架相对外方位框架的角速度。

外俯仰框架角速度 $\boldsymbol{\omega}_E$ 对内方位框架的耦合作用为

$$\boldsymbol{\omega}_a = \begin{bmatrix} \omega_{aX} \\ \omega_{aY} \\ \omega_{aZ} \end{bmatrix} = \begin{bmatrix} 1 & 0 & 0 \\ 0 & \cos\theta_a & \sin\theta_a \\ 0 & -\sin\theta_a & \cos\theta_a \end{bmatrix} \begin{bmatrix} \omega_{EX} \\ \omega_{EY} \\ \omega_{EZ} \end{bmatrix} + \begin{bmatrix} \dot{\theta}_a \\ 0 \\ 0 \end{bmatrix} \qquad (4-18)$$

式中,　$\boldsymbol{\omega}_a$——外俯仰框架角速度 $\boldsymbol{\omega}_E$ 对内方位框形成的干扰角速度;

　　　$\theta_a$——内方位框相对于外俯仰框的旋转角度;

　　　$\dot{\theta}_a$——内方位框架相对外俯仰框架的角速度。

内方位框架角速度 $\boldsymbol{\omega}_a$ 对内俯仰框架的耦合作用为

$$\boldsymbol{\omega}_e = \begin{bmatrix} \omega_{eX} \\ \omega_{eY} \\ \omega_{eZ} \end{bmatrix} = \begin{bmatrix} \cos\theta_e & 0 & -\sin\theta_e \\ 0 & 1 & 0 \\ \sin\theta_e & 0 & \cos\theta_e \end{bmatrix} \begin{bmatrix} \omega_{aX} \\ \omega_{aY} \\ \omega_{aZ} \end{bmatrix} + \begin{bmatrix} 0 \\ \dot{\theta}_e \\ 0 \end{bmatrix} \qquad (4-19)$$

式中　$\boldsymbol{\omega}_e$——内方位框架角速度 $\boldsymbol{\omega}_a$ 对内俯仰框架形成的干扰角速度;

　　　$\theta_e$——内俯仰框相对于内方位框的旋转角度;

　　　$\dot{\theta}_e$——内俯仰框架相对内方位框架的角速度。

上述四个式子即可得到 12 个标量方程,即为两轴四框架结构光电稳定平台的运动学方程式。

### 4. 载机扰动隔离特性

四框架光电稳定平台主要依靠内框架系统隔离载机干扰运动,这里将内框架系统看成一个二轴稳定平台。载机运动时,干扰角速度会通过框架间摩擦约束的几何约束传递给内框架系统,引起负载的抖动。因此负载角速度 $\boldsymbol{\omega}_L$ 由两部分组成:电机偏转角速度 $\boldsymbol{\omega}_M$ 和载机干扰

角速度 $\boldsymbol{\omega}_{\mathrm{e}}$，且有

$$\boldsymbol{\omega}_{\mathrm{L}} = \boldsymbol{T}_{\mathrm{M}} \boldsymbol{\omega}_{\mathrm{M}} + \boldsymbol{T}_{\mathrm{e}} \boldsymbol{\omega}_{\mathrm{e}} \tag{4-20}$$

式中　$\boldsymbol{T}_{\mathrm{M}}$——各框架电机转动对负载作用的旋转矩阵；

　　　$\boldsymbol{T}_{\mathrm{e}}$——载机扰动对负载作用的旋转矩阵。

　　隔离扰动的本质就是角速度对消，为了隔离干扰，即 $\boldsymbol{\omega}_{\mathrm{L}} = \boldsymbol{0}$，所以有

$$\boldsymbol{\omega}_{\mathrm{M}} = -\boldsymbol{T}_{\mathrm{M}}^{-1} \boldsymbol{T}_{\mathrm{e}} \boldsymbol{\omega}_{\mathrm{e}} \tag{4-21}$$

　　由式（4-18）可以得到内方位框架的角速度：

$$\boldsymbol{\omega}_a = \begin{bmatrix} \omega_{aX} \\ \omega_{aY} \\ \omega_{aZ} \end{bmatrix} = \begin{bmatrix} \omega_{EX} + \dot{\theta}_a \\ \omega_{EY}\cos\theta_a + \omega_{EZ}\sin\theta_a \\ \omega_{EZ}\cos\theta_a - \omega_{EY}\sin\theta_a \end{bmatrix} \tag{4-22}$$

式中，$\omega_{EX}$，$\omega_{EY}$，$\omega_{EZ}$ 为载机传递过来的干扰角速度，为了隔离干扰，根据式（4-21）可得：

$$\omega_{aX} = \omega_{EX} + \dot{\theta}_a = 0 \tag{4-23}$$

其中，$\dot{\theta}_a$ 就是陀螺测量到方位相对惯性空间的角速度后，内方位环伺服回路控制内方位电机旋转的角速度，作用就是抵消 $\omega_{EX}$ 的影响。

　　此时，内俯仰框架的角速度由式（4-23）代入式（4-19）得

$$\boldsymbol{\omega}_{\mathrm{e}} = \begin{bmatrix} \omega_{eX} \\ \omega_{eY} \\ \omega_{eZ} \end{bmatrix} = \begin{bmatrix} -\omega_{aZ}\sin\theta_e \\ \omega_{aY} + \dot{\theta}_e \\ \omega_{aZ} + \cos\theta_e \end{bmatrix} \tag{4-24}$$

其中，$\dot{\theta}_e$ 就是陀螺测量到俯仰相对惯性空间的角速度后，内俯仰环伺服回路控制内俯仰电机旋转的角速度，作用就是抵消 $\omega_{aY}$ 的影响，因此有

$$\omega_{eY} = \omega_{aY} + \dot{\theta}_e = 0 \tag{4-25}$$

　　由式（4-24）可以看出，此时的内俯仰框架由于内俯仰角 $\theta_e$ 的存在导致在方位向上产生了速度量 $-\omega_{aZ}\sin\theta_e$，这个分量同样可以由陀螺测量得到，通过伺服回路进行旋转抵消。但是此处应该注意的是，电机旋转产生的速度要进行正割补偿，即

$$\dot{\theta}_{a2} = -\omega_{eY}\sec\theta_e = \omega_{aZ}\sin\theta_e\sec\theta_e = \omega_{aZ}\tan\theta_e \tag{4-26}$$

　　由于角速度 $\dot{\theta}_{a2}$ 引起内俯仰轴的角速度为

$$\boldsymbol{\omega}_{e2} = \begin{bmatrix} \omega_{eX} \\ \omega_{eY} \\ \omega_{eZ} \end{bmatrix} + \begin{bmatrix} \cos\theta_e & 0 & -\sin\theta_e \\ 0 & 1 & 0 \\ \sin\theta_e & 0 & \cos\theta_e \end{bmatrix} \begin{bmatrix} \dot{\theta}_{a2} \\ 0 \\ 0 \end{bmatrix} = \begin{bmatrix} 0 \\ 0 \\ \omega_{aZ}(\cos\theta_e + \sin\theta_e\tan\theta_e) \end{bmatrix} + \begin{bmatrix} 0 \\ 0 \\ \omega_{aZ}\sec\theta_e \end{bmatrix} \tag{4-27}$$

　　将 $\omega_{aZ} = \omega_{EZ}\cos\theta_a - \omega_{EY}\sin\theta_a$ 代入式（4-27）得

$$\boldsymbol{\omega}_{e2} = \begin{bmatrix} 0 \\ 0 \\ (\omega_{EZ}\cos\theta_a - \omega_{EZ}\sin\theta_a)\sec\theta_e \end{bmatrix} \tag{4-28}$$

　　由式（4-28）可以看出，通过内框架伺服回路控制电机进行旋转，可以抵消载机在方位和俯仰轴上的干扰，但是对于像旋转轴角速度 $(\omega_{EZ}\cos\theta_a - \omega_{EZ}\sin\theta_a)\sec\theta_e$ 无法进行补偿。实际应用时，由于内方位和内俯仰转角很小，还可以进一步做线性近似。

# 4.5　电视摄像系统跟踪与定位

### 4.5.1　无人机电视图像目标定位方法与过程

1.无人机电视图像目标定位方法

目前,利用无人机电视侦察图像进行目标定位的方法主要有三种。

(1)基于图像匹配模式的非实时定位

这种方法主要是利用可获取的多源图像资源,在建立预先基准图像的条件下,将经过数字化处理和几何纠正的无人电视图像与预先基准图像进行高精度匹配,进而实现对所关心目标的精确定位。该方法具有目标定位精度高、可多点同时定位等突出优点,但非实时的工作方式制约了其应用的范围。

(2)基于无人机遥测数据的实时定位

这种方法直接将无人机对目标定位瞬间的位置信息、姿态信息,以及侦察转台的转角信息、测距信息等输入定位解算模型,从而可快速解算出目标坐标。该方法因具有实时性好的突出优点,故被所有现役无人机系统采用。然而,在利用电视(可见光/红外)侦察设备对地面目标进行跟踪和定位时,无人机的位置和姿态误差、侦察转台的转角和测距误差等,都不可避免地影响目标定位精度,因此,目标定位精度较第一种方法低。

(3)基于空间交会的目标定位

这种方法本质上是第二种方法的一种拓展。在无人机执行电视侦察过程中,发现感兴趣的目标后,进入跟踪状态,同时激光测距设备连续发射激光用以测量电视摄像机到目标的距离,采集跟踪后的飞行遥测数据和图像数据。这些遥测数据包括飞机三个姿态角、摄像机转台两个角度、摄像机焦距、飞机位置和激光距离;而后将遥测数据综合起来构建空间多个位置对地面同一个目标的交会模式,利用交会模型进行平差计算实现目标定位;多点空间交会解算过程中,对误差具有较好的剔除和抑制作用,从而能够达到较高的定位精度。

2.无人机电视图像目标定位过程

无人机电视图像目标定位原理框图如图4-26所示。装在光电稳定平台上的电视摄像机侦察摄取的地物图像,显示在地面控制平台的显示终端,当感兴趣的目标出现在屏幕上时,用跟踪器产生的标志符套住目标,跟踪器即输出目标在屏幕上的坐标给定位解算终端;解算终端根据目标的位置以及遥测送来的有关参数,计算出控制光电稳定平台转动的信号,此信号经过遥控系统发至机上,由机上飞控终端处理后送至光电稳定平台,光电稳定平台在此信号的作用下转动,使目标向屏幕中心移动,目标移动后控制信号也随之改变;当目标移至屏幕中心附近时,调整摄像机焦距(长焦),放大地面景物的图像,以便定位时能更准确地确定目标的中心位置,计算出目标的地理坐标。将摄像机焦距调整为短焦,可以增大电视摄像机的收容面积,当要重点侦察的目标出现在屏幕上时,迅速调整摄像机的焦距,放大目标区图像,然后用鼠标点击目标,即可给出目标的屏幕坐标,并将其传送给地面目标定位解算终端,从而给出目标的实际大地坐标。

为了有利于目标定位任务的完成,目标与飞机的位置、焦距、高度、飞机的姿态角等也实时传送至地面,并根据需要在屏幕上显示出来。

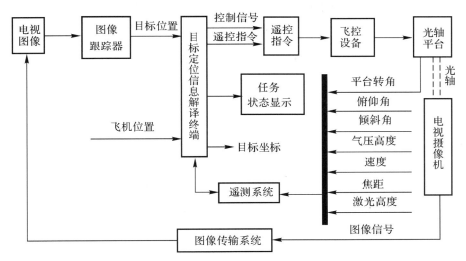

图 4 - 26　无人机电视图像目标定位原理框图

### 4.5.2　成像跟踪定义与组成

1. 成像跟踪定义

所谓成像跟踪就是利用景物的图像特征来实现对目标的跟踪。跟踪装置通常是由探测系统和伺服机构联合组成。探测系统提供测量信息,伺服机构完成对目标的跟踪。跟踪系统的总体性能主要是指跟踪速度、跟踪的空间范围、跟踪频率范围等。这些总体跟踪性能很大程度上依赖于探测系统的灵敏度和精度这两个主要性能。

成像跟踪方式具有以下优点:

1)在自然干扰或人工干扰的情况下,成像跟踪可以根据其丰富的信息量抑制干扰的影响以提高探测跟踪精度;

2)能提供比点跟踪更丰富的信息量;

3)具有图像识别功能,可以用来从复杂背景中辨认出目标及其类型;

4)具有较高的跟踪精度。

对于成像系统来说,通常采用扫描方式对物空间进行分割按序采样,然后复合成像;近代的点探测系统也多采用扫描方式以提高探测系统的工作性能。

在采用扫描方式工作的探测系统在对目标进行探测时,在目标距离较远的情况下,所探测到的只是目标的像点;当目标距离变小后,便逐渐呈现出目标像来。采用扫描方式工作的探测系统是一种广泛成像探测系统。

2. 成像跟踪系统的组成

成像跟踪系统由摄像头、图像监视器、图像信号处理电路、伺服机构等部分组成。通常在成像跟踪系统中还含有图像识别部分,成像跟踪系统的结构图如图 4 - 27 所示。各部分功能具体如下。

(1)摄像头

摄像头是对景物摄像的装置。根据辐射源的不同,分为毫米波摄像头、红外摄像头、可见光摄像头、激光摄像头等类型。摄像头的功能是给跟踪系统提供有关目标状态的信息,与观察系统要求不尽相同,成像跟踪系统对景物的纹理信息要求不高。

(2)图像监视器

图像监视器用来显示景物图像以供观察,它采用模拟信号处理方式成像。

提供跟踪和识别的信号均采用数字信号处理方式,因此需要通过 A/D 转换器将由摄像头摄取的时序模拟信号转换成数字信号后再加工处理,A/D 转换器的容量和速度由摄像机的每帧总像素数、总灰度数及帧速决定。

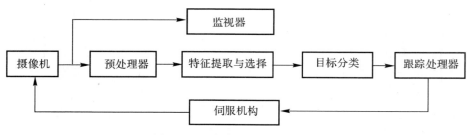

图 4-27　成像跟踪系统结构图

(3)预处理器

预处理器的功能是对图像信号进行预处理来改善图像质量和减少运算量。图像预处理内容如下。

1)去噪处理:可以采用空间域的邻域平均、中值滤波、匹配滤波、卡尔曼滤波、梯度加权平均以及频率域的低通滤波等。

2)图像校正:图像的几何校正、图像信号量化的归一化等。

3)数据压缩:分层搜索、灰度压缩、图像投影、幅度排序、霍夫曼编码、变换编码等,邻域平均和滤波也是数据压缩的一种手段。

4)图像增强及补偿:有图像整体增强、高频补偿、直方图均衡化、对数变换等。

对具体系统来说,采取哪些预处理步骤要视摄取的图像信号质量及系统工作要求而定。

(4)特征提取与特征选择

特征提取:从景物的原始灰度图像中提取图像的描绘特征是图像处理的重要步骤,描绘特征的提取称为特征提取。从特征描绘的方法考虑,分为线特征描绘和区域特征描绘两类。从这些描绘特征中可以得到目标的形状特征和目标的矩特征,形状特征主要有面积、周长、长宽比、圆度、密度等;矩特征有形心、高阶矩和不变矩。

上述特征可以在图像处理过程中同时得到,然后根据图像识别及跟踪的需要,按照特征选择的原则在上述特征中选择一些有用的特征进行进一步的运算,来达到压缩维数、简化运算的目的。

(5)目标分类

经过特征选择的目标特征,按照一定的分类准则对目标进行分类以识别目标。这些准则如:最小距离法、最小平均损失法、树分类法等。

对于成像跟踪系统来说,通常是根据形状来判定目标,而不必了解有关景物图像中更多的细节。

(6)跟踪处理器

这是有关成像跟踪的关键部分。有关跟踪模式、跟踪状态估计以及滤波预测等运算都是跟踪处理器所包含的内容。

跟踪处理器输出的信号量为跟踪系统相对于目标状态的误差信号量。

(7)伺服机构

由跟踪处理器送来的目标误差信号,先经伺服机构的控制处理器,以便得出所要求的控制信号去控制、调节整个跟踪系统的工作状态,并驱动跟踪机构跟踪目标。

### 4.5.3　实时相关跟踪模型和算法

实时相关跟踪是目前热成像系统和电视成像系统中对运动目标进行跟踪应用最为广泛的跟踪方法。它可以根据实时测量的目标位置,实施对运动目标的快速跟踪。

本部分内容将对相关跟踪系统进行分析和研究,建立相关跟踪模型,并对相关跟踪的一些算法进行初步探讨。

1. 实时图像相关跟踪系统的组成和原理

组成和原理:景物信号由摄像机转换为视频信号,A/D 转换器对视频信号进行量化处理,所得的数字图像存放在图像存储器中,D/A 转换器将图像存储器中存储的图像转换为对应模拟视频信号,供监视器显示。进行相关检测之前,跟踪系统中必须存在着一幅被跟踪目标的基准图像。基准图像一般是系统在进行跟踪之前由人工干预实时获取的。为了适应跟踪系统与目标距离变化和时间推延引起的目标亮度、几何尺寸、相对位置关系等特征的变化,系统中必须设有基准图像更新项。预处理器的功能是对从图像存储器中获取的实时图像进行预处理,使之更加逼真,更适应相关检测器进行检测处理,如图 4-28 所示。

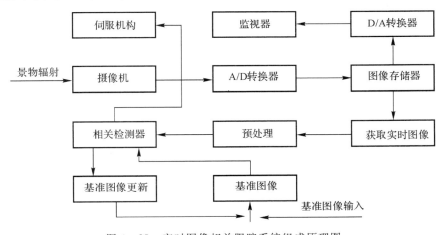

图 4-28　实时图像相关跟踪系统组成原理图

系统的跟踪过程:系统进入跟踪状态后,从图像存储器中获取实时图像;预处理器对实时图像进行预处理;相关检测器对基准图像和预处理后的实时图像进行相关处理,找出目标在实时图中的位置,并将此位置信息送至伺服机构;由伺服机构保证摄像机轴向目标方向转动,即让目标处于监视器屏幕中心;同时,根据相关处理结果和基准图像更新准则决定下一次相关检测的基准图像;重复以上过程,就实现了对目标的实时跟踪。

2. 相关跟踪的模型

相关检测器将系统的基准图像在实时基准图像上以不同偏置值进行位移,然后根据一定的相关相似性度量准则对每一偏置值下重叠的两个图像进行相关处理,得到处理结果构成"相关数组",该数组中每个数据的坐标就是与基准图像相关的实时图中子图的偏置值,根据相关处理结果和判决准则,判断目标在实时图中的位置。

设成像系统在观察区域 $G$ 的范围内摄取景物的实时图像,它的亮度为 $g(u,v)$;对同一景物预先摄取的基准图像为 $t(u,v)$,为了减少数据量,同时考虑获取足够的信息量,图像的亮度通常采用 7 个灰度来表示。实时图像与基准图像的关系如图 4-29 所示(实时图像的大小一般大于基准图像的大小)。

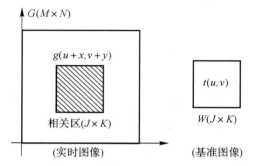

图 4-29    实时图像与基准图像的关系

相似性度量准则如下。

(1)相关函数

$$C(x,y) = \iint t(u,v) g(u+x,v+y) \mathrm{d}u\mathrm{d}v \qquad (4-29)$$

相关函数的离散形式为

$$C(x,y) = \sum \sum t(u,v) g(u+x,v+y) \qquad (4-30)$$

实际中相关度矩阵 $C(x,y)$ 呈峰状分布,且有一最大的峰值,如图 4-30 所示(图中仅画出了矩阵的 1/4)。

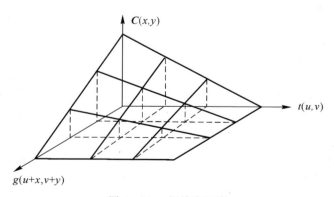

图 4-30    相关度矩阵

从图 4-30 中可以看出,相关度矩阵具有一个主峰,可以根据主峰值找出两幅图像的配准点。同时要注意,图中还有若干个次峰,这可能出现虚假的配准点;而且相关函数的最大值相应的点不一定是配准点,这主要是因为预存的图像与实时图像可能不是同一预摄装置摄取的,摄取时的条件也不相同以及实时视场大于基准图像视场等原因造成的。改进的方式是对其进行归一化,即采用相关系数判决。

(2) 相关系数

$$C(x,y) = \frac{\iint t(u,v)g(u+x,v+y)\mathrm{d}u\mathrm{d}v}{\left\{\iint [t(u,v)]^2\mathrm{d}u\mathrm{d}v \iint [g(u+x,v+y)]^2\mathrm{d}u\mathrm{d}v\right\}^{1/2}} \tag{4-31}$$

相关系数的离散形式为

$$C(x,y) = \frac{\sum\sum t(u,v)g(u+x,v+y)}{\sqrt{\sum\sum [t(u,v)]^2 \sum\sum [g(u+x,v+y)]^2}} \tag{4-32}$$

如果两幅图像配准,则该点与配准点的距离可从该点的相关函数值在相关度矩阵中的位置计算出来。配准点的距离值决定相关跟踪输出误差信号的大小,误差信号驱动伺服机构使实时摄像机的轴向着预存图像中心靠拢,以实现匹配,从而实现对运动目标的跟踪。

采用相关函数作为相似度测度的匹配方法缺点如下:

1) 计算量大;

2) 受图像几何失真的影响大。

相关算法总的运算量为窗口内的相关运算量乘以窗口位置数。

3. 实用匹配算法

(1) 变灰度级相关算法

假设基准图像为 $t(j,k)$,其总灰度级为 $L=2^P$,即每个像素的灰度级由 $P$ 位二进制数表示。该算法的步骤如下。

1) 产生 $P$ 个二值图形式的参考图像序列 $t_i(i=1,2,\cdots,P)$,将 $t(j,k)$ 中每个像素的灰度值表示为 $P$ 位的二进制数,由各像素中最高位的二进制数码 $(0,1)$ 构成二值图 $t_1(j,k)$,以此类推直到最低位构成 $t_P(j,k)$。

2) 进行逐级相关运算,先用 $t_1(j,k)$ 同输入图像作相关运算,即

$$\Phi_1(x,y) = \sum_{j=1}^{J}\sum_{k=1}^{K} t_1(j,k)g(j+x,k+y) = \sum_j\sum_k g(j+x,k+y) \tag{4-33}$$

式中,$\Phi_1(x,y)$ 为基本相关面,它反映了最粗糙的参考图同输入实时图像的相似度量,设定阈值为 $T_1$,若 $\Phi_1(x,y) < T_1$,则舍弃该窗位置 $(x,y)$。

在 $\Phi_1(x,y) > T_1$ 的诸位置上,用 $t_2(j,k)$ 同输入实时图像作进一步的相关运算:

$$\Phi_2(x,y) = \Phi_1(x,y) + \frac{1}{2}x\sum_j\sum_k g(j+x,k+y) \tag{4-34}$$

设定阈值 $T_2$,若 $\Phi_2(x,y) < T_2$,则舍弃 $(x,y)$。

由此逐级计算,直至

$$\Phi_P(x,y) = \Phi_{P-1}(x,y) + \frac{1}{2^{P-1}}x\sum_j\sum_k g(j+x,k+y) \tag{4-35}$$

式中,$\Phi_P(x,y)$ 的最大值对应的 $(x^*,y^*)$ 即为匹配位置。

各门限值有如下关系:

$$T_{P-1} > T_{P-2} > \cdots > T_2 > T_1 \tag{4-36}$$

逐级相关运算减少了总的运算量,从而提高匹配速度。

（2）序贯相似性检测法（SSDA）

这种方法是一种有效的快速算法，运算速度可以达到数量级的提高。其基本原理如下。

在 $t_1(x,y)$ 与 $t_2(x,y)$ 进行匹配的窗口内，按像素逐个累加误差：

$$\varepsilon(x,y) = \sum_j \sum_k |t_1(j,k) - t_2(j+x,k+y)| \tag{4-37}$$

如果在窗口内全部点被检验完之前该误差很快就达到预定的门限值，便认为该窗位置不是匹配点，无须检验窗口内的剩余点，而转向计算下一窗口位置，从而节省大量的在非匹配位置处的无用运算量；如果在窗口内误差累积值上升很慢，便记录累加的总点数，当检验完毕，取最大累加点的窗口位置为匹配点。

序贯相似性检测算法的要点：

1）定义绝对误差值：

$$\varepsilon(i,j,m_k,n_k) = |S^{ij}(m_k,n_k) - \hat{S}(i,j) - T(m_k,n_k) + \hat{T}| \tag{4-38}$$

2）取一不变阈值 $T_k$。

3）在实时图像中随机选取像点，计算它同基准图像中对应点的误差值，然后将该差值同其他点对的差值累加起来，当累加 $r$ 次误差超过阈值，则停止累加，并记下次数 $r$。定义 SSDA 的检测曲面为

$$I(i,j) = \left\{ r \mid \max\left[\sum_{k=1}^r \varepsilon(i,j,m_k,n_k) \geqslant T_k\right]\right\} \qquad (1 \leqslant r \leqslant m^2) \tag{4-39}$$

4）把 $I(i,j)$ 值大的 $(i,j)$ 点作为匹配点。

（3）变分辨率相关算法

在变灰度级相关算法中，相关运算是按灰度级的分层由粗到细进行的。以此类推，所谓变分辨率相关算法就是将相关运算从粗的空间分辨率到细的空间分辨率逐步进行。具体做法如下。

第一步，产生变分辨率的图像塔形结构。塔形结构可以采用 $2 \times 2$ 区域进行平均，也可以采用 $3 \times 3$ 区域进行平均，逐步对得到的图像进行处理，从而得到一个塔形图像序列，对基准图和实时图均作上述处理。

第二步，逐层进行相关运算。从塔形结构的最高层开始，将基准图像和实时输入图像进行相关运算，因为此时图像的像素很少，运算量很小。在此层作粗分辨率相关时，可排除掉明显的不匹配位置，得到一定数量的候选匹配点，逐层进行相关运算，最终找到最佳匹配点位置。

变分辨率相关算法是通过减少每个窗口的相关运算量来提高匹配速度。

（4）FFT 相关算法

以上是在空间域上的处理，通过高等数学的学习我们可以知道两个函数在空域中的卷积对应于频率域中的乘积，而相关可看作是卷积的一种特殊形式。在频率域中可以使用傅里叶快速算法，因而运算可以得到比空间域处理更快的速度。

$t_1(j,k)$ 与 $t_2(j,k)$ 的相关可表示为

$$R(x,y) = t_1(x,y) * t_2(x,y) \tag{4-40}$$

式中，$*$ 表示卷积运算。

采用 FFT 相关算法，有

$$t_1(x,y) \xrightarrow{\text{FFT}} F_1(q,s) \tag{4-41}$$

$$t_2(x,y) \xrightarrow{\text{FFT}} F_2(q,s) \tag{4-42}$$

则有

$$R_1(x,y) \xrightarrow{\text{IFFT}} F_1(q,s)F_2(q,s) \tag{4-43}$$

4. 抑制几何失真影响的相关算法

图像的几何失真对相关性能影响很大,解决该问题有很多算法,下面介绍两种常用的算法。

(1) 不变矩相关算法

一幅图像的 7 个不变矩对于平移、旋转及其比例变化是不变的,即不受几何失真的影响,两幅图像的相似性可用 7 个不变矩的相似程度来度量。

设图像 $f(x,y)$ 的 $p+q$ 阶矩定义为

$$m_{pq} = \sum_x \sum_y x^p y^q f(x,y) \tag{4-44}$$

图像 $f(x,y)$ 的 $p+q$ 阶中心矩定义为

$$\mu_{pq} = \sum_x \sum_y (x-\bar{x})^p (y-\bar{y})^q f(x,y) \tag{4-45}$$

其中

$$\bar{x} = m_{10}/m_{00}$$
$$\bar{y} = m_{01}/m_{00}$$

$f(x,y)$ 的归一化中心矩定义为

$$\eta_{pq} = \frac{\mu_{pq}}{\mu_{00}^{\gamma}} \tag{4-46}$$

其中

$$\gamma = \frac{p+q}{2} + 1$$

七个中心矩定义如下:

$\phi_1 = \eta_{20} + \eta_{02}$

$\phi_2 = (\eta_{20} - \eta_{02})^2 + 4\eta_{11}^2$

$\phi_3 = (\eta_{30} - 3\eta_{12})^2 + (3\eta_{21} - \eta_{03})$

$\phi_4 = (\eta_{30} + \eta_{12})^2 + (\eta_{21} + \eta_{03})$

$\phi_5 = (\eta_{30} - 3\eta_{12})(\eta_{30} + \eta_{12})[(\eta_{30} + \eta_{12})^2 - 3(\eta_{21} + \eta_{03})^2] + (3\eta_{21} - \eta_{03})(\eta_{21} + \eta_{03})[3(\eta_{30} + \eta_{12})^2 - (\eta_{21} + \eta_{03})^2]$

$\phi_6 = (\eta_{20} - \eta_{02})[(\eta_{30} + \eta_{12})^2 - (\eta_{21} + \eta_{03})^2] + 4\eta_{11}(\eta_{30} + \eta_{12})(\eta_{21} + \eta_{03})$

$\phi_7 = (3\eta_{21} - \eta_{03})(\eta_{30} + \eta_{12})[(\eta_{30} + \eta_{12})^2 - 3(\eta_{21} + \eta_{03})^2] + (3\eta_{21} - \eta_{30})(\eta_{21} + \eta_{03})[3(\eta_{30} + \eta_{12})^2 - (\eta_{21} + \eta_{03})^2]$

两个图像之间的相似度用下式来度量:

$$R(x,y) = \frac{\sum_{i=1}^{7} M_i N_i(x,y)}{\sqrt{\left[\sum_{i=1}^{7} M_i^2 \sum_{i=1}^{7} N_i^2(x,y)\right]}} \tag{4-47}$$

该算法运算量比较大,在实际的使用中,可以采用变分辨率搜索方法,确定候选匹配位置;而在低层中的候选匹配窗口内计算 7 个不变矩,来减少总的运算量。

（2）点模式匹配算法

在图像匹配技术中，一幅图像经特征提取之后，可以用有限个点模式构成的集合来表示，每个点模式具有位置信息和特征描述量。点模式匹配的主要步骤如下。

第一步，模式基元的获取。对于不同的图像类型及用途，有不同的获取模式基元的方法。可以取各区域的矩心位置和特征描述（区域的灰度均值、圆度、长度比等）作为模式基元；也可以取图像中的特征点（轮廓线的转角位置及其角度）。

模式基元选取的基本考虑：

1）模式基元应有较好的稳定性，受噪声影响较小，尽可能选取较少基元总数；

2）模式基元本身易于提取。

第二步，模式基元的匹配。基于两幅图像中各模式基元之间的空间结构关系与特征量，寻找两幅图像的最佳匹配位置。经常采用的方法是迭代算法（松弛算法），即逐步修正两幅图像之间的各模式基元的相似性度量，待收敛后，取具有最大相似性度量的匹配位置作为匹配点。

点模式匹配的优点：在图像发生变化情况下能够实现两幅图像的匹配。

### 4.5.4　成像跟踪模式与图像匹配

成像跟踪技术有两个重要的研究方面，即序列图像的运动分析和成像系统的结构设计。序列图像的运动分析是成像跟踪的基础，成像跟踪系统的结构设计涉及成像探测及跟踪两个方面。成像系统研究的基本点是跟踪精度、智能化及图像识别功能三个方面。

跟踪系统在工作时需要从目标的图像中提取目标的位置信息，进而形成跟踪误差信号去驱动伺服机构对目标进行跟踪。

目标图像的尺寸、形状、灰度及其分布，以及图像系统的分辨率等各因素随成像探测系统的结构、成像跟踪系统对目标所处的工作状态、环境条件等不同而有较大的差异，且具有时变性质。跟踪系统对目标所采取的跟踪模式应随上述诸图像参量而相应变化以得到最佳跟踪性能。

从目标的图像中提取目标位置的方法有波门跟踪及图像匹配。

1. 波门跟踪

（1）跟踪波门

在一定的观察视场中对目标进行检测时，通常只需对目标所在的局部区域进行检测而摒除观察视场中的其余区域，即围绕目标设置波门，如图4-31所示。

检测时，对波门内的信号当作感兴趣的信号予以检出而摒除波门外的其他信号；也可以针对视场中出现的多个目标设置几个波门，分别检出各个波门中的信号。利用波门选通技术对目标进行有选择的跟踪。

设置波门的优点：

1）有效地排除背景干扰；

2）可以大大减少计算量以提高计算速度。

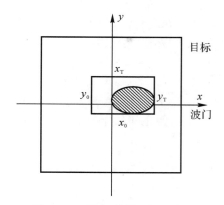

图4-31　视场中的目标和波门

波门跟踪过程:

1) 在跟踪目标时,波门的中心 $G(x_G,y_G)$ 通常和目标中心 $T(x_T,y_T)$ 重合;

2) 若目标在运动,则波门中心位置和目标中心位置之间存在偏移量:

$$(\Delta x_{TG},\Delta y_{TG})=(x_T,y_T)-(x_G,y_G) \qquad (4-48)$$

3) 伺服机构(控制机构)控制波门形成电路,使波门中心向目标中心方向移动,使($\Delta x_{TG}$, $\Delta y_{TG}$)趋向于 0。

波门的产生还应和扫描机构同步,波门跟踪的原理如图 4-32 所示。

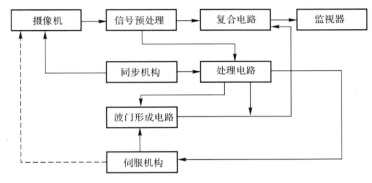

图 4-32　波门跟踪原理结构图

固定波门:波门的大小固定不变的,这种波门称为固定波门。

自适应波门:波门的大小可以随目标图像的大小而自动变化,这种波门称为自适应波门。

当目标跟踪较远时,目标像点较小,这时通常采用固定波门;当目标离得较近时,必须采用自适应波门。

(2)自适应波门

波门是在视场中有目标出现时才设置的,波门中心及波门尺寸的大小均由目标的图像中心及目标图像尺寸大小所控制。

在实际使用过程中,常常设置内外两重波门。

如图 4-33(a)所示,图中内门紧紧套住目标,外门的设置是为了在靠近目标图像的地方采集背景灰度值,内外门之间区域称为背景采样区;图 4-33(b)所示图是专门为采集导弹图像而设置的波门,目标区的中央外门又分为两个小区域,即背景区和尾焰区。图 4-33(c)则用外门紧套目标,内门作为计算时考虑目标图像边缘部分的亮度值而设置的计算门。

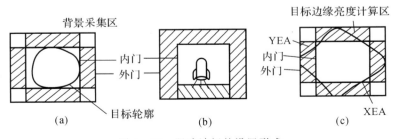

图 4-33　跟踪波门的设置形式

波门中心及波门尺寸应该根据目标图像中心及图像尺寸进行预测决定,因此波门中心及波门尺寸的确定实际上是预测器的设计问题。目标的运动轨迹可以用线性函数、平方函数近似描述；目标图像的尺寸常用平方函数描述。

（3）确定目标位置的算法

1）边角跟踪算法。利用目标图像的某一边缘或角所产生的信号进行粗略的目标定位，当检测到目标的边缘部分时，视频信号会出现起伏，根据峰值前沿或后沿确定目标位置，也可以根据目标灰度信号值的起伏直接读出目标位置。

当目标图像很小或对定位精度要求不高时，可采用此算法，这种方法易受噪声的影响。

2）双边缘跟踪算法。同时利用目标的左、右边缘或上、下边缘信息，根据目标图像的左、右边缘或上、下边缘的中点对目标进行定位。这种定位方法可以比较准确地反映目标的中心位置，但同样易受噪声的影响。

3）区域平衡算法。按左右两侧的目标积分信号值的差来确定目标左右偏移量，按上、下两侧目标积分信号值的差来确定目标的上、下偏移量，以此确定目标位置。

如图 4-34 所示，设图像已经二值化，则有下式成立：

$$\varepsilon_{tx} = C_x^{-1} \int_{Y_{GD}}^{Y_{GU}} dy \left[ \int_{X_{GL}}^{X_{GO}} DV(x,y)dx - \int_{X_{GO}}^{X_{GR}} DV(x,y)dx \right] \tag{4-49}$$

$$\varepsilon_{ty} = C_y^{-1} \int_{Y_{GL}}^{Y_{GR}} dx \left[ \int_{X_{GD}}^{X_{GO}} DV(x,y)dy - \int_{X_{GO}}^{X_{GU}} DV(x,y)dy \right] \tag{4-50}$$

区域平衡算法考虑了目标图像的区域对称性，因此较双边缘算法更为合理。区域平衡算法受目标图像大小及形状的影响较大，且波门中心位置在不断移动，以此作为基准去计算目标位置则会带来一定的误差。

4）形心算法。设目标图像的面积为 $A$，位于坐标点 $(x,y)$ 处的像素的微面积为 $dA = dxdy$，在这像素内的光能量密度为 $\delta(x,y)$，则整个目标区内的能量为

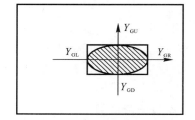

图 4-34　视场中的目标及其波门

$$M = \int_A \delta(x,y)dA \tag{4-51}$$

相对于 $x$ 轴的能量矩可表示为

$$M_x = \int_A y\delta(x,y)dA \tag{4-52}$$

相对于 $y$ 轴的能量矩可表示为

$$M_y = \int_A x\delta(x,y)dA \tag{4-53}$$

因此目标形心坐标为

$$x_c = \frac{M_y}{M} = \frac{\int_A x\delta(x,y)dA}{\int_A \delta(x,y)dA} \tag{4-54}$$

$$y_c = \frac{M_x}{M} = \frac{\int_A y\delta(x,y)dA}{\int_A \delta(x,y)dA} \tag{4-55}$$

计算目标形心的方法可以充分反映目标的能量分布状况,由于形心值是相对于目标面积归一化了的值,因此形心值不受目标面积及形状的限制,形心算法简便、应用较普遍。

2. 图像匹配

图像匹配:在两幅(或多幅)图像之间识别同名点,它是计算机视觉的核心问题。图像匹配可用于对单个活动目标的定位,也可以用于对较大景物区域的探测、分类和定位。从跟踪角度看,正确截获概率和定位精度是图像匹配的主要性能指标;从系统结构方面考虑,图像匹配系统的实时运算则是关键,它取决于专用图像处理硬件的性能。

(1)正确截获概率和定位精度

在图像中存在噪声等其他误差的情况下,所求得的相关函数可能会出现若干个随机起伏的峰值或谷值。这些随机的峰或谷可能会影响图像的正确匹配。

正确匹配的概率越大,则表明搜索截获过程的可靠性越高,即正确截获率越大。

在噪声和其他误差作用下所求得的匹配点和真正匹配点之间也会存在着误差,经常用匹配误差的方差来描述匹配定位系统的定位精度。

(2)各种误差对匹配性能影响

实时摄取的景物图像与参考图像相比,往往由于图像摄取时几何条件及辐射条件的差异等方面的原因而存在着各种误差。

1)几何失真。属于此类的误差有图像旋转、图像比例变化、透视方向变化等。这些误差均使两图像不匹配的重叠区域增大,从而使匹配概率减小,定位精度下降。

选择较小的实时图尺寸(或相关窗口)对减小此类误差的影响是必要的。

2)灰度畸变。引起灰度畸变的原因大致有摄取实时图时辐照条件及景物自身反射率或幅射率的变化,实时图和参考图的摄像机类型及灵敏度的差异,以及环境条件的变化。

实时图像相对参考图像的整幅灰度畸变对 Prod 算法没有影响,但是对 MAD 算法有较大的影响,降低了正确截获概率。

(3)匹配算法

匹配算法很多,同时顾及匹配的速度和匹配定位精度,通常使用普通相关算法、特征匹配算法、混合算法,这里仅仅对其作以简要介绍,具体请参考相关资料。

1)普通相关算法。这种算法是以整幅图像的总体特征为基础,而且预处理也是整体完成的。通过实时图和参考图之间相关函数的计算,由最佳匹配,得到实时图像相对于参考图像的偏移量。

优点:在较小的图像信噪比情况下进行运算,具有抑制固有噪声的作用,在仅有局部误差的场合,这种算法效果较好。

缺点:当相关窗口内图像有大面积的、细节很少的均匀区域时,相关函数值可能较平缓,而难以探测到峰值。实时图与参考图之间的比例大小、几何畸变、图像旋转和辐射亮度的差异也会在配准时发生困难。

2)特征匹配法。该方法是先对参考图和实时图进行特征提取,在特征匹配算法中,这类特征通常为图形边缘、边界线段及其顶点,也有求取其符号及结构描述特征的;然后对两幅图像的特征进行匹配运算;匹配运算中的测度往往取各相应特征量之间的欧几里得距离,作为失配误差测度,然后建立特征量距离测度矩阵,将实时图相对参考图作移动以求取最佳匹配的测度矩阵值,最后按最佳匹配进行定位。

优点：当图像中仅有区域误差时，对特征的提取不会产生显著影响，因此采用特征匹配算法比较适合，将整幅图像分割成若干同质区然后进行特征匹配的算法可以使相关明显地变陡，因而可以提高定位精度。

缺点：由于图像分割和特征提取需要有一定的信噪比，因而特征匹配算法只有在较大信噪比的情况下才能使用。

3）混合算法。一种混合算法是只将参考图分割成若干同质区，然后按参考图的各同质区对每个图像偏移位置处的实时图进行分割，求取各同质区内的两图像的区域相关值，最后将各区域相关值相加得到总的相关值；另一种混合算法是针对所观察的景物的辐射量情况、摄像机特性及误差性质而综合运用相关算法及特征匹配算法。

# 习　题　4

1. 简述无人机电视摄像的主要过程。
2. 简述 CCD 的基本结构及其工作原理。
3. 简述 CCD 的主要分类及其特性。
4. 简述光电稳定平台的工作原理及其运动学特性和载机扰动隔离特性。
5. 简要分析无人机电视图像目标定位方法有哪些？
6. 根据所学内容分析无人机电视图像目标定位的基本过程。
7. 依据成像跟踪的定义，分析成像跟踪系统的组成及其工作过程。
8. 简述实时相关跟踪模型及其算法实现。
9. 根据目标图像的尺寸、形状等特点分析跟踪系统对目标所采取的跟踪模式的变化。

# 第 5 章 无人机红外成像原理

红外侦察技术的起源可以追溯到 1800 年,当时英国天文学家威·赫胥尔(W. Herschl)在寻找观察太阳时如何保护眼睛的方法的过程中发现了红外辐射,他将水银温度计放在被棱镜色散的太阳光谱的不同位置,观察太阳光谱各部分的热效应,发现产生热效应最大的位置是在可见光谱的红端以外,并把这种光称为"看不见的光线",后称为"红外线"。之后,法国物理学家白克兰把它称为"红外辐射"。

20 世纪 30 年代,主动式红外夜视仪开始出现,第二次世界大战中德国首先将其应用于战争;此后的 30 年中,主动式红外侦察仪一直是夜间军事侦察的主战装备。直至 20 世纪 70 年代,由于被动式红外侦察技术的迅速发展,主动式红外侦察技术的统治地位才被打破。

红外侦察技术就是利用目标反射或辐射红外特性的差异来探测目标、获取信息的技术。它是根据物体辐射红外线的强度和波长差异,利用侦察装置将这种肉眼看不见的红外线辐射差异转变为肉眼所能看见的图像或数据,从而提取有用信息的过程。红外成像侦察装置从技术角度可分为两类:直接和间接红外成像装置。

直接红外成像是把目标反射的红外线通过红外变像管和红外胶卷直接变为可见光图像,这种成像技术一般只对 $1 \sim 3~\mu m$ 以下的近红外辐射产生响应。

间接红外成像则突破了这一限制,它利用光学扫描和对中、远红外辐射敏感的固体半导体材料,以及景物本身各部分辐射的差异,将目标和背景辐射的红外能量转变成电信号,把电信号处理放大后,再通过显示装置转变为可见光图像,它可以对波长为 $3 \sim 5~\mu m$ 的中红外辐射和 $8 \sim 14~\mu m$ 的远红外辐射信息产生响应。由于这些波长的红外辐射又被称为热辐射,所以间接红外成像又可称为热成像,即物体精细温度分布图的再现。这种成像技术既克服了主动红外夜视仪需要人工红外辐射源,并由此带来容易自我暴露的缺点,又克服了被动微光夜视仪完全依赖于环境自然光的缺点。红外成像系统具有一定的穿透烟、雾、霾、雪等限制以及识别伪装的能力,不受战场上强光、闪光干扰而致盲,可以实现远距离、全天候观察。

## 5.1 红外物理基础

物体因温度而辐射能量的现象叫热辐射。热辐射是自然界中普遍存在的现象,一切物体,只要其温度高于热力学温度零度($-273.15℃$)都将产生辐射。

### 5.1.1 辐射度量

通常,把以电磁波形式传播的能量称为辐射能 $Q$。辐射能既可以表示在确定的时间内由辐射源发出的全部电磁能,也可以表示被阻挡物体表面所接收的能量。但由于所使用的探测器大多数不是积累型的,它们响应的不是传递的总能量,而是辐射能的传递速率,即辐射功率。因此,辐射功率以及派生的几个辐射度学中的物理量属于基本辐射量。

1. 基本辐射量

辐射度学最基本的物理量是辐射功率,其余辐射量可由其加上适当限制派生出来。

（1）辐射功率 $P$

辐射功率 $P$ 是单位时间发射（传输或接收）的辐射能（单位为 W，1 W＝J/s）

$$P = \frac{\partial Q}{\partial t} \tag{5-1}$$

在不少文献中,常使用辐射通量这个术语,并用符号 $\Phi$ 表示,其意义与辐射功率相同。

（2）辐射出射度 $M$

辐射出射度 $M$ 简称辐出度,是指从辐射源表面单位面积发射出的辐射通量,在其他条件相同时,辐射源的发射面积越大,发射的辐射功率也越大。为描述辐射源表面所发射的辐射功率沿表面位置的分布特性,必须考查辐射源单位表面积向半球空间（$2\pi$ 球面度）发射的辐射功率,即辐射出射度 $M$（单位为瓦／米²，W/m²）为

$$M = \frac{\partial P}{\partial A} \tag{5-2}$$

式中,$A$ 为辐射源表面积。对于表面发射不均匀的物体,辐射出射度 $M$ 是表面上位置的函数。辐射出射度对源发射表面的积分给出源发射的总辐射功率 $P$ 为

$$P = \int_A M \mathrm{d}A \tag{5-3}$$

（3）辐射强度 $I$

为了描述点源辐射功率在空间不同方向上的分布特性,引入辐射强度的概念。若点源围绕某指定方向的小立体角 $\Delta\Omega$ 内发射的辐射功率为 $\Delta P$,则辐射源在 $\theta$ 方向的辐射强度 $I$（单位为瓦／球面度,W/sr）为

$$I = I(\theta) = \frac{\partial P}{\partial \Omega}\bigg|_{\theta} \tag{5-4}$$

（4）辐亮度 $L$

对于扩展源（如天空）,无法确定探测器对辐射源所张的立体角,且即使在给定某立体角时,扩展源的辐射率不仅与立体角大小有关,还与源的发射表面及观测方向有关。为了描述扩展源辐射功率的空间分布特性,引入辐亮度的概念。在扩展源表面上某位置 $x$ 附近取一面积元 $\Delta A$,面积元向半球空间发射的辐射功率为 $\Delta P$,若进一步在与面积元的法线夹角为 $\theta$ 的方向取一个小立体角元,从 $\Delta A$ 向立体角元 $\Delta\Omega$ 发射的辐射功率为二阶小量 $\Delta(\Delta P) = \Delta^2 P$,因为在 $\theta$ 看到的面积是 $\Delta A$ 的投影面积 $\Delta A_\theta = \Delta A \cdot \cos\theta$,故在 $\theta$ 方向的立体角元 $\Delta\Omega$ 内发射的辐射,相当于从源的投影面积 $\Delta A_\theta$ 上发射的辐射。即源表面 $x$ 处在 $\theta$ 方向上的辐亮度 $L$（单位为瓦／（米²·球面度$^{-1}$）,W/(m²·sr$^{-1}$)）为

$$L = L(\theta) = \frac{\partial^2 P}{\partial A_\theta \partial \Omega}\bigg|_{\theta} = \frac{\partial^2 P}{\partial A \partial \Omega \cos\theta}\bigg|_{\theta} \tag{5-5}$$

（5）辐照度 $E$

辐照度是表示物体表面接收辐射功率的物理量。辐照度 $E$（单位为瓦／米²，W/m²）表示为

$$E = \frac{\partial P}{\partial A} \tag{5-6}$$

需要指出,虽然辐射出射度与辐照度的定义式和单位都相同,但它们却有完全不同的物理

意义。辐射出射度是离开辐射源表面的辐射功率,包括辐射源向 $2\pi$ 空间发射的辐射功率;而辐照度是入射到被照表面位置上的辐射功率,既可包括一个或几个源投射来的辐射,也可以来自指定方向上某一个立体角投射来的辐射。

2.光谱辐射量和光子辐射量

基本辐射量只考虑了辐射功率的分布特征,即认为辐射量包含了波长从 $0 \sim \infty$ 的全部辐射,故常称为全辐射量。然而,任何辐射源发出的辐射或投射到物体表面的辐射都有一定的光谱分布特征。因此,上述各量均有相应的光谱辐射量。

在某特定波长 $\lambda$ 附近的辐射特性可在指定波长 $\lambda$ 附近取一个小的波长间隔 $\Delta\lambda$,设在该波长间隔内辐射量有一增量,则辐射增量与波长间隔之比的极限定义为对应的光谱辐射量,并以带脚标 $\lambda$ 的符号表示。例如,光谱辐射功率(单位:W/$\mu$m) 为

$$P_\lambda = \frac{\partial P}{\partial \lambda} \tag{5-7}$$

$P_\lambda$ 表征在波长 $\lambda$ 处单位波长间隔内的辐射功率。

另外,在某些情况下,采用每秒发射(通过或接收)的光子数来定义各辐射量,称为光子辐射量,并以带脚标 q 的符号表示。例如:光子辐射出射度(单位:$s^{-1}/m^2$) 为

$$M_q = \frac{M}{h\nu} \tag{5-8}$$

式中,$M_q$ 表示辐射源单位表面积在单位时间内向半球空间发射的光子数。

### 5.1.2　基尔霍夫定律

通常,一个物体向周围发射辐射能的同时,也吸收周围物体所放出的辐射能。如果物体吸收的辐射能多于同一时间放出的辐射能,其总能量将增加,温度升高;反之能量减少,温度下降。

当辐射能入射到一个物体表面时,将发生三种过程:一部分能量被物体吸收,一部分能量从物体表面反射,一部分透射。对于不透明物体,一部分能量被吸收,另一部分能量从表面反射出去。被吸收的能量与入射总能量之比,称为物体的吸收本领 $\alpha_\lambda$;被反射的能量与入射总能量之比,称为物体的反射本领 $\rho_\lambda$。显然,对于不透明物体,物体的吸收本领与反射本领之和为1,即

$$\alpha_\lambda + \rho_\lambda = 1 \tag{5-9}$$

实验指出,物体的发射本领 $e_\lambda$(即辐射出射度)和吸收本领之间有一定关系。如图 5-1 所示,把物体 A 和 B 放在恒温 $T$ 的真空密闭容器内,则物体与容器之间及物体与物体之间,只能通过光的辐射和吸收来交换能量 $T$。实验证明:经过一定时间后系统达到热平衡,容器内的物体与容器温度相等,均为同一温度。由于 A 和 B 的表面状况不一样,它们辐射的能量也不一样。因此,只有当辐射能量多的物体吸收的能量也多时,才能和其他物体一样保持温度 $T$ 不变,即物体的发射本领和吸收本领之间有确定的比例关系。

1859 年基尔霍夫指出:物体的辐射出射度 $M$ 和吸收本领 $\alpha$ 的比值 $M/\alpha$ 与物体的性质无关,都等于同一温度下绝对黑体($\alpha=1$)的辐射出射度 $M_0$,即

$$\frac{M_1}{\alpha_1} = \frac{M_2}{\alpha_2} = \cdots = M_0 = f(T) \tag{5-10}$$

此即基尔霍夫定律,其不但对所有波长的全辐射,而且对波长为 $\lambda$ 的任何单色辐射都是正确的,即

$$\frac{M_{1\lambda}}{\alpha_{1\lambda}} = \frac{M_{2\lambda}}{\alpha_{2\lambda}} = \cdots = M_{0\lambda} = f(\lambda, T) \qquad (5-11)$$

基尔霍夫定律是一切物体热辐射的普遍定律。定律表明,吸收本领大的物体,其发射本领也大,如果物体不能发射某波长的辐射能,则它也不能吸收该波长的辐射能,反之亦然。绝对黑体对于任何波长在单位时间、单位面积上发出或吸收的辐射能都比同温度下的其他物体要多。

自然界中并不存在绝对黑体,但根据对黑体的要求,可制造出一定波长范围的实际黑体。按照基尔霍夫定律,非黑体的光谱发射本领 $e_\lambda = \alpha_\lambda e_{\lambda 0}$,非黑体的吸收本领 $\alpha_\lambda$ 是波长和温度的函数,其值小于 1。为了描述非黑体的辐射,引入"辐射发射率"的概念,辐射发射率或比辐射率 $\varepsilon_\lambda$ 的定义为,在相同温度下,辐射体的光谱辐射出射度与黑体的光谱辐射出射度之比,即

$$\varepsilon_\lambda = \frac{e_\lambda}{e_{0\lambda}} = \frac{M_\lambda}{M_{0\lambda}} \qquad (5-12)$$

式中,$\varepsilon_\lambda$ 是波长和温度的函数,也与辐射体的表面性质有关,数值在 0～1 之间变化。如图 5-2 所示,按照 $\varepsilon_\lambda$ 的不同,一般将辐射体分为三类。

1) 黑体:$\varepsilon_\lambda = \varepsilon = 1$,总辐射通量密度 $M^0 = \sigma T^4$;

2) 灰体:$\varepsilon_\lambda$ 为一常数,介于 0～1 之间,$\varepsilon_\lambda = \varepsilon$,总辐射通量密度 $M = \varepsilon\sigma T^4$;

3) 选择性辐射体:$0 < \varepsilon_\lambda < 1$,$M_\lambda = \varepsilon M_\lambda^0$ 为一变化值。

一般地,对于任意物体的辐射,可以表示为

$$M_\lambda(T) = \varepsilon_\lambda(T) M_{0\lambda}(T) \qquad (5-13)$$

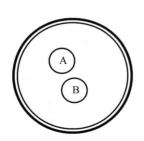

图 5-1　真空密闭容器内的物体

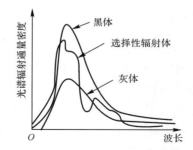

图 5-2　三种辐射体的光谱辐射通量密度

表 5-1 列出了常用材料的辐射发射率。

**表 5-1　一些常用材料及地面覆盖物的辐射发射率**

| 材料 | 温度/℃ | $\varepsilon$ | 材料 | 温度/℃ | $\varepsilon$ |
|---|---|---|---|---|---|
| 毛面铝 | 26 | 0.55 | 平滑的冰 | 20 | 0.92 |
| 氧化的铁面 | 125～525 | 0.78～0.82 | 黄土 | 20 | 0.85 |
| 磨光的钢板 | 940～1 100 | 0.55～0.61 | 雪 | −10 | 0.85 |
| 铁锈 | 500～1 200 | 0.85～0.95 | 皮肤、人体 | 32 | 0.98 |
| 无光泽黄铜板 | 50～350 | 0.22 | 水 | 0～100 | 0.95～0.96 |
| 非常纯的水银 | 0～100 | 0.09～0.12 | 毛面红砖 | 20 | 0.93 |
| 混凝土 | 20 | 0.92 | 无光黑漆 | 40～95 | 0.96～0.98 |
| 干的土壤 | 20 | 0.90 | 白色瓷砖 | 23 | 0.90 |
| 麦地 | 20 | 0.93 | 光滑玻璃 | 22 | 0.94 |
| 牧草 | 20 | 0.98 | | | |

### 5.1.3　黑体辐射定律

**1. 普朗克辐射定律**

基尔霍夫定律说明了黑体辐射出射度是波长和温度的函数,使寻找黑体辐射出射度的具体表达式成为研究热辐射理论的最基本问题。历史上曾做了很长时间的理论与实验研究,然而,用经典理论得到的公式始终不能完全解释实验事实。直到 1900 年,普朗克提出一种与经典理论完全不同的学说,才建立了与实验完全符合的辐射出射度公式。

普朗克对黑体作了如下两点假设:

1)黑体是由无穷多个各种固有频率的简谐振子构成的发射体,而每个频率的简谐振子的能量只能取最小能量 $E = h\nu$ 的整数倍:$E, 2E, 3E, \cdots, nE$,其中 $h$ 为普朗克常数,$\nu$ 是简谐振子的频率。

2)简谐振子不能连续地发射或吸收能量,只能以 $E = h\nu$ 为单位跳跃式进行。因此,简谐振子只能从一个能级跃迁到另一能级,而不能处于两个能级间的某一能量状态,简谐振子跃迁时伴随着辐射的发射或吸收。

根据普朗克量子假说以及热平衡时简谐振子能量分布满足麦克斯韦-玻尔兹曼统计,可推导出描述黑体辐射出射度随波长和温度的函数关系 —— 普朗克公式的几种表示形式。

1)普朗克公式最常用的形式是以波长表示的方式,即

$$M_0(\lambda, T) = \frac{c_1}{\lambda^5} \frac{1}{\exp(c_2/\lambda T) - 1} \tag{5-14}$$

式中　$c_1$—— 第一辐射常数,$c_1 = 2\pi h c^2 = 3.741\ 8 \times 10^{-16}(\mathrm{W \cdot m^2})$;

　　　$c_2$—— 第二辐射常数,$c_2 = hc/k = 1.438\ 8 \times 10^{-2}(\mathrm{m \cdot K})$;

　　　$k$—— 玻尔兹曼常数;

　　　$c$—— 光速。

2)由于光波的波长与频率 $\nu$ 可通过光速进行转换,因此,普朗克公式也可用频率表示,即

$$M_0(\nu, T) = \frac{2\pi}{c} \frac{h\nu^3}{\exp(h\nu/kT) - 1} \tag{5-15}$$

3)由于黑体是朗伯辐射体,故可得到辐射亮度公式:

$$L_0(\lambda, T) = \frac{c_1}{\pi\lambda^5} \frac{1}{\exp(c_2/\lambda T) - 1} \tag{5-16}$$

普朗克定律描述了黑体辐射的光谱分布规律,是黑体辐射理论的基础。图 5-3 所示为根据普朗克公式(5-14)得出的数据,绘制于双对数坐标中 200 ~ 6 000 K 黑体的光谱曲线。

**2. 斯蒂芬-玻尔兹曼定律**

在全波长内对普朗克公式积分,得到黑体辐射出射度的斯蒂芬-玻尔兹曼定律:

$$M_0(T) = \int_0^{+\infty} M_0(\lambda, T) \mathrm{d}\lambda = \frac{c_1 \pi^4}{15 c_2^4} T^4 = \sigma T^4 \tag{5-17}$$

式中,$\sigma = c_1 \pi^4 / 15 c_2^4 = 5.669 \times 10^{-8}(\mathrm{W \cdot m^{-2} \cdot K^{-4}})$ 称为斯蒂芬-玻尔兹曼常数。

斯蒂芬-玻尔兹曼定律表明黑体在单位面积上单位时间内辐射的总能量与黑体温度 $T$ 的四次方成正比。

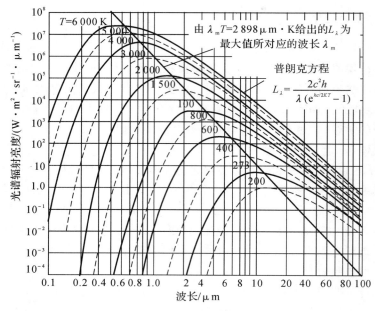

图 5 - 3　黑体辐射曲线

**3. 维恩位移定律**

利用极值条件，$\partial M_0(\lambda, T)/\partial \lambda = 0$ 得峰值波长 $\lambda_m$ 满足的维恩位移定律

$$\lambda_m T = b \tag{5-18}$$

式中，常数 $b = c_2/4.9651 = 2\,898\ \mu m \cdot K$。维恩位移定律指出：当黑体的温度升高时，其光谱辐射的峰值波长向短波方向移动。

**4. 最大辐射定律**

将峰值波长 $\lambda_m$ 代入普朗克公式，得到最大辐射出射度 $M_{0m}$ 为

$$M_{0m} = M_0(\lambda_m, T) = BT^5 \tag{5-19}$$

式中，$B = c_1 b^{-5}/(e^{c_2/b} - 1) = 1.286\,2 \times 10^{-11}\ (W \cdot m^{-2} \cdot \mu m \cdot K^{-5})$。最大辐射定律指出：一定温度下，黑体最大辐射出射度与温度的五次方成正比。

表 5 - 2 列出了黑体辐射光谱曲线的几个特征波长的能量分布。

表 5 - 2　几个黑体辐射的特征波长

| 波　　长 | 关系式 | 能量分布 |
|---|---|---|
| 峰值波长 | $\lambda_m T = 2\,898$ | $0 \sim \lambda_m, 25\%$ |
| | | $\lambda_m \sim \infty, 75\%$ |
| 半功率(3 dB)波长 | $\lambda_1 T = 1\,728$ $\lambda_2 T = 5\,270$ | $0 \sim \lambda_1, 4\%$ |
| | | $\lambda_1 \sim \lambda_2, 67\%$ |
| | | $\lambda_2 \sim \infty, 29\%$ |
| 中心波长 | $\lambda_3 T = 4\,110$ | $0 \sim \lambda_3, 50\%$ |
| | | $\lambda_3 \sim \infty, 50\%$ |

# 5.2　红外成像技术

自 20 世纪 80 年代以来,红外成像器件及其系统技术得到快速发展,其涉及的装备主要包括红外观察仪、红外瞄准镜、潜望式红外热像仪、火控热像仪、红外跟踪系统、前视红外系统及红外摄像机等,主要应用在夜间侦察与监视、瞄准和射击、制导和防空、有人飞机和无人飞机的导航、搜索、跟踪、识别、捕获、观察和火控等领域。目前,美国、英国、法国、德国和俄罗斯等国在该技术领域的开发和应用处于世界领先地位。

红外热成像技术可分为制冷和非制冷两种类型。前者有第一代、第二代和第三代之分,后者可分为热释电摄像管和热电探测器阵列两种。

## 5.2.1　第一代红外成像技术

第一代红外探测技术主要由红外探测器、光机扫描器、信号处理电路和视频显示器组成。红外探测器是系统的核心器件,决定了系统的主要性能。红外探测器有锑化铟(InSb)和碲镉汞(HgCdTe 或 CMT)等器件。当前广泛发展的是高性能多元 HgCdTe 探测器,器件元数已高达 60 元、120 元和 180 元。20 世纪 80 年代初,一种称为 SPRITE 探测器(或称扫积型探测器)的器件在英国问世,它是由几条纵横比大于 10∶1 的窄条的光导型 HgCdTe 元件所组成,在正偏压下工作。SPRITE 探测器除了具有信号检测功能外,还能在器件内部实现信号的延迟和积分,减少器件引线数和热负载。与多元探测器相比,杜瓦瓶结构简单,工艺难度下降,大大提高了可靠性。一个 8 条 SPRITE 探测器相当于 120 元 HgCdTe 探测器的性能,但只需 8 个信号通道。为便于组织大批量生产,降低热像仪成本,省去重复设计和研制的费用,便于维修、保养和有效地装备部队,美、英、法等国都实行了热成像的通用组件化。美国热成像通用组件采用多元 HgCdTe 探测器,并扫体制;英国则采用 SPRITE 探测器,串、并扫体制。这两种热成像系统温度分辨力都可小于 0.1℃,图像清晰度可与像增强技术的图像相媲美。

## 5.2.2　第二代红外成像技术

第二代红外成像技术采用了红外焦平面探测器阵列(IRFPA),从而省去了光机扫描机构。这种焦平面阵列借助集成电路的方法,将探测器装在同一块芯片上并具有信号处理的功能,利用极少量引线把每个芯片上成千上万个探测器信号读出到信号处理器中。由于去掉了光机扫描,这种用大规模焦平面成像的传感器又被称为凝视传感器。它的体积小、质量轻、可靠性高。在俯仰方向可有数百元以上的探测器阵列,可得到更大张角的视场,还可采用特殊的扫描机构,利用比通用热像仪慢得多的扫描速度完成 360°全方位扫描以保持高灵敏度。这类器件主要包括 InSb IRFPA、HgCdTe IRFPA、SBD FPA、非制冷 IRFPA 和多量子阱IRFPA 等。

## 5.2.3　第三代红外成像技术

第三代红外成像技术采用的红外焦平面探测器单元数已达到 320×240 元或更高,其性能提高了近 3 个数量级。目前,3～5 $\mu$m 焦平面探测器的单元灵敏度又比 8～14 $\mu$m 探测器高2～3倍。因而,基于 320×240 元的中波与长波热像仪的总体性能指标相差不大,所以 3～

$5\ \mu m$ 焦平面探测器在第三代焦平面成像技术中格外的重要。从长远看,高量子效率、高灵敏度、覆盖中波相长波的 HgCdTe 焦平面探测器仍是焦平面器件发展的首选。

### 5.2.4 非制冷型红外成像技术

由于制冷型红外探测器材料昂贵,探测器的成品率很低,导致了制冷型红外成像系统价格昂贵;同时,制冷型红外成像系统需要一套制冷设备,增加了系统成本,降低了系统的可靠性;此外,制冷型红外成像系统功耗大、体积大、笨重,难以实现小型化,这些都限制了制冷型红外成像系统的广泛应用。

非制冷红外焦平面探测器阵列具有室温工作、无需制冷、光谱响应与波长无关、制备工艺相对简单、成本低、体积小巧、易于使用、维护和可靠性好等优点,因此形成了一个新的富有生命力的发展方向,其目的是以更低的成本、更小的尺寸和更轻的质量来获得极好的红外成像性能。近年来,已研制成功三种不同类型的非制冷红外焦平面探测器阵列,这三种不同类型的非制冷红外焦平面探测器阵列工作的物理机理分别如下。

1)热电堆:根据塞贝克(Seebeck)效应检测热端和冷端之间的温度梯度,信号形式是电压。

2)测辐射热计:探测温度变化引起载流子浓度和迁移率的变化,信号形式是电阻。

3)热释电:探测温度变化引起介电常数和自发极化强度的变化,信号形式是电荷。

在这三种不同类型的非制冷红外焦平面探测器阵列器件中,测辐射热计阵列的发展最为迅速,并且取得了令人瞩目的成就。它采用类似于硅工艺的硅微机械加工技术进行制作,为了实现有效的热绝缘,一般采用桥式结构。探测器与硅读出电路之间通过两条支撑腿实现电互连。测辐射热计的灵敏度主要取决于它与周围介质的热绝缘,即热阻——热阻越大,可获得的灵敏度就越高。目前测辐射热计阵列的温度分辨率可达 0.1 K。2000 年,法国 Sofradir 公司生产出了第一只非制冷焦平面红外探测器,探测器阵列规模为 $320 \times 240$ 元,像元中心距为 $45\ \mu m$,填充因子大于 $80\%$,噪声等效温差(NETD)达到 0.1 K(典型值),器件的性能指标达到了当今世界先进水平。

## 5.3 红外探测器

红外探测器是红外系统、热成像系统的核心组成部分,红外探测器的研究始终是红外物理和红外技术发展的核心。目前,利用固体受辐射照射而发生电学性质改变的光电效应制成的光子探测器的敏感范围已延伸到 $30\ \mu m$ 波段以上,短、中、长波红外单元探测器的性能不少已达到或接近背景限的理论水平。第二代像敏元在数千像元乃至数万像元以下的线阵和面阵探测器的性能也已达到或接近背景极限,器件的均匀性和成品率也显著提高。特别是在采用 CCD 读出电路成功地解决了焦平面光子探测器阵列输出信号的积分、延迟和多路传输等问题后,第三代(10 万像元以上)的焦平面阵列探测器已开始进入实用化阶段,其信噪比和信息率得到大幅度提高,从结构上带来了红外成像系统的根本变化。

### 5.3.1 红外探测器的分类

红外探测器的种类很多,分类方法也很多。如根据波长可分为近红外(短波)、中红外(中波)和远红外(长波)探测器,其分别对应 $0.76 \sim 3.0\ \mu m$,$3.0 \sim 6.0\ \mu m$ 和 $8.0 \sim 15\ \mu m$ 三个谱段；根据工作温度，又可以分为低温、中温和室温探测器；根据用途和结构，还可以分为单元、多元和凝视型阵列探测器等。红外探测器在光电成像系统中，主要用来完成红外入射辐射到电信号的转换，所以它可以是成像型的，也可以是非成像型的。因此，从理论上一般多按工作转换机理来进行分类。就其工作机理而言，一般可分为热探测器和光子探测器（或称光电探测器）两大类。

### 1. 热探测器

热探测器吸收红外辐射后，产生温升，伴随着温升而发生某些物理性质的变化。如产生温差电动势、电阻率变化、自发极化强度变化、气体体积和压强变化等。测量这些变化就可以测量出它们吸收的红外辐射的能量和功率。上述四种是常见的物理变化，利用其中的一种物理变化就可以制成一种类型的红外探测器。如利用温差电效应制成的热电偶；利用电阻率变化的热敏电阻或电阻测辐射热计；利用气体压强变化的气体探测器（高莱盒）等。这里主要介绍可用于热成像的热释电探测器和微测辐射热计等。

### （1）热释电探测器

热释电探测器的工作原理同热释电摄像管靶的工作原理一样，只是在面积大小和信号读出方式等方面有较大的差别。热释电探测器与 CCD 器件混合提供了不需制冷的工作前景。由于热释电的差动特性，在用于凝视阵列成像时需要进行入射辐射的调制，当然也可以用于扫描阵列。

热释电-CCD 混合的红外电荷耦合器件的结构是在 MOS 场效应晶体管的沟道和金属栅之间制作热释电薄膜，即与栅极串联组成红外电荷耦合器件，由热释电探测器产生的电压来调节 MOS 结构的势阱深度。这样，信号电荷由于势阱深度变化而进行传递。当电压是一个常数且足够大时，势阱深度可达几个 kT，电荷使势阱基本上充满，漏极在 N 势垒的上面并进入 CCD 沟道，调节电压到景物的调制不再被暗电流削弱为止。

影响探测率的两个因素：① 热释电探测器的响应度。这意味着在直接耦合的情况下，将以 CCD 的噪声为主，因此，在探测器与 CCD 之间需要放大。② 热释电探测器在硅片界面上要产生散热损失。TGS 层厚度为 20 $\mu m$，在 20 Hz 的调制频率下，信号大约下降到 1/30。

典型的采用厚度为 $6.0 \times 10^{-8}$ 的氧化层、面积为 $10^{-5}$ cm$^2$ 的 TGS 制成的红外电荷耦合器件，以 20 帧/s 工作在 8～12 $\mu m$ 窗口时，最小可分辨温差 $\Delta T_{MRTD}$ 为 0.2 K。这里应指出，为使实际器件达到预期的性能，需要更高的热绝缘，以避免衬底热负载及各像元间的串音干扰。

### （2）微测辐射热计

微测辐射热计（Microbolometer）是一种利用探测器材料吸收入射辐射使其自身温度变化，进而使探测器的其他物理性质（如电阻、电容等）发生变化的原理制成的热探测器阵列。常用的微测辐射热计：① 热敏电阻微测辐射热计，其以烧结的半导体薄膜作为光敏元件；② 金属薄膜微测辐射热计，采用电阻温度系数大的金属为材料制作成薄膜，表面涂黑作为光敏元件；③ 介质微测辐射热计，它是利用介质材料的参数随温度变化而变化的原理制成的器件。

微测辐射热计提供了不需制冷的工作前景。微测辐射热计是在 IC-CMOS 硅片上采用淀积技术，用 Si$_3$N$_4$ 支撑有高电阻温度系数和高电阻率的热敏电阻材料 VO$_x$ 或多晶硅做成微桥结构的器件（单片式 FPA），其接收热辐射引起温度变化而改变阻值，直流耦合无须斩波器，仅需一个半导体制冷器保持其稳定的工作温度。与热释电 UFPA 比较，微测辐射热计可以采用硅集成工艺，其制造成本低廉，有好的线性响应和高的动态范围，像元间有好的绝缘和低的串音及图像模糊,具有低的 $1/f$ 噪声以及高的帧速和潜在高灵敏度。但其偏置功率受耗散功率限制和大的噪声带宽则难以与热释电相比。此类技术在 20 世纪 90 年代发展迅速,成为热点。

(3)微测辐射热电堆

微测辐射热电堆是将若干个测辐射热电偶串接起来构成的热探测器件,原理上采用的是温差电效应。即当两种不同材料的金属或半导体构成闭合回路形成热电偶时,如果两个联结结点中的一个受到入射辐射照射温度升高,而另一结点未受到入射辐射照射而温度保持不变,则由于两个结点处于不同的温度而使闭合电路中产生温差电动势,测量该温差电动势便可以得到待测的辐射能量或功率的大小。热电偶的串接累加每个结点上产生的温差电动势提高了响应率,此外,串接还使测辐射热电偶的电阻增大而易于与放大器配合,同时也降低了它的响应时间。

微测辐射热电堆通常采用薄膜技术做成薄膜状,其优点是响应率高、性能稳定、结构牢固、可以在较宽的波长范围内有均匀的响应,使用时无需制冷。微测辐射热电堆广泛应用于光谱仪校准等,近年来已成功地应用于热成像技术领域。

2.光子探测器(光电探测器)

某些固体受到红外辐射照射后,其中的电子直接吸收红外辐射而产生运动状态的改变,从而导致该固体的某种电学参量的改变,这种电学性质的改变统称为固体的光电效应(内光电效应)。根据光电效应的大小,可以测量被吸收的光子数。利用光电效应制成的红外探测器也称为光子探测器或光电探测器。这类探测器依赖内部电子直接吸收红外辐射,不需要经过加热物体的中间过程,因此反应快。此外,这类探测器的结构都比较牢靠,能在比较恶劣的条件下工作,因而光电探测器是当今发展最快、应用最为普遍的红外探测器。常用的光电探测器有如下几类。

(1)光电子发射探测器

当光照射到某些金属、氧化物或半导体表面上时,如果光子能量足够大,就能够使其表面发射电子,这种现象称为光电子发射(外光电效应)。利用光电子发射制成的可见光探测器和红外辐射探测器,统称为光电子发射探测器。如变像管、像增强器以及摄像管中的一部分均属此类器件。此外,光电管、光电倍增管等也属此类器件。这类器件的时间常数很短,只有几个毫微秒。所以在激光通信中,常采用特制的光电倍增管。

大部分光电子发射探测器,只对可见光起作用。能够用于近红外的光阴极只有银氧铯光阴极 S-1、多碱光阴极系列和负电子亲和势光阴极。所以,发展新的红外光阴极也是红外技术很迫切的任务之一。

(2)光电导探测器

当红外辐射入射到半导体器件时,会使体内一些电子和空穴从原来不导电的束缚状态转变到能导电的自由状态,从而使半导体的电导率增加,这种现象称为光电导效应。利用光电导效应制造的红外探测器称之为光电导探测器(简称 PC 器件)。这类器件结构简单,种类最多,应用最广。

光电导探测器的材料可分为多晶薄膜型和单晶型两类。

薄膜型的 PC 探测器品种较少,常用的有 PbS 光电导探测器和 PbSe 光电导探测器。PbS 适用于 $1\sim3~\mu m$ 波段的大气窗口,PbSe 适用于 $3\sim5~\mu m$ 波段的大气窗口。

单晶型的 PC 探测器又分为本征型和掺杂型两类。本征型最早只限于在 7 $\mu$m 以下波段工作,主要有锑化铟(InSb)探测器,它是 3~5 $\mu$m 大气窗口的最优良的探测器。近年来又研制成功了二元半导体材料 $Pb_{1-x}Sn_xTe$ 和 $Hg_{1-x}Cd_xTe$。这些材料的探测器,尤其是 $Hg_{1-x}Cd_xTe$ 探测器,已使 8~14 $\mu$m 大气窗口的探测器工作温度提高到液氮温度,3~5 $\mu$m 的探测器即便在室温也有了相当好的性能,而 1~3 $\mu$m 的探测器性能也超过了以往用于该波段的探测器。掺杂型的 Ge:Hg 探测器也适用于 8~14 $\mu$m 的大气窗口。此外,60 K 温度下的 Ge:Au 探测器一度也被广泛采用,但长波限只在 7 $\mu$m 左右。

（3）光伏探测器

在半导体 P-N 结及其附近区域吸收能量足够大的光子后,在结区及结的附近释放出少数载流子(电子或空穴),它们在结区附近通过扩散进入结区,在结区内受内电场的作用,电子漂移到 N 区,空穴漂移到 P 区。如果 P-N 结开路,则两端就会产生电压,这种现象称为光生伏特效应。利用该效应制成的红外探测器称之为光伏探测器(简称 PV 器件)。常用的有室温 InAs(1~3.8 $\mu$m Ge:Hg)探测器,77 K 下的 InAs 的 1~3.5 $\mu$m 探测器,77 K 下 InSb 的 2~2.8 $\mu$m 探测器,以及 $Pb_{1-x}Sn_xTe$,$Hg_{1-x}Cd_xTe$ 探测器等。

光伏探测器响应速度一般较光电导探测器快,有利于进行高速探测,它既可用于直接探测,也可用于外差接收。光伏型器件结构有利于排成二维阵列,人们对它的兴趣在于将它和 CCD 器件耦合组成焦平面阵列的红外探测器。理论上,光伏探测器的 $D^*$ 可比光电导探测器高 $2^{1/2}$ 倍,因此,光伏探测器有着非常广阔的发展前景。

（4）光磁电探测器

当红外光照射到半导体表面时,如果有外磁场存在,则在半导体表面附近产生的电子-空穴对在向半导体内部扩散的过程中,运动的电子和空穴在磁场作用下将各偏向一侧,因而在半导体两侧产生电位差。这种现象称为光磁电效应。利用该效应制成的红外探测器称为光磁电探测器(简称 PEM 器件)。早期曾出现过光磁电型 InSb 探测器商品,但随着半导体材料品质的提高,加之光磁电探测器需多带一块磁铁很不方便,这种器件已很少被人们使用。目前光磁电效应有时被用来与光电导结合测量载流子寿命,以避免麻烦的辐射量校测工作,也可以测到较低的载流子寿命。

除以上介绍的几类器件外,还有利用光子牵引效应的探测器件、红外转换器件和量子阱器件等。

### 5.3.2　红外探测器的性能参数

红外探测器的性能,可以用许多参数来描述,但最基本的是三方面的参数:探测器对红外辐射的探测能力、波长响应范围和响应速度。其中探测能力又包含两个方面,即单位辐射功率入射到探测器上所产生信号大小和探测器识别微弱信号的能力。

1. 响应度 $\Re$

响应度是描述入射到探测器上的单位辐射功率所产生信号大小能力的性能参数。其定义为红外辐射垂直入射到探测器光敏元上时,探测器输出信号电压的均方根值 $V_s$ 与入射辐射功率的均方根值 $P_s$ 之比。即

$$\Re_V = V_s/P_s \tag{5-20}$$

其中,$\Re_V$ 的单位为 V/W,也用 $\mu$V/$\mu$W。有时也采用电流响应度:

$$\mathfrak{R}_I = I_s/P_s \tag{5-21}$$

式中，$I_s$ 为等效短路输出的基频电流的均方根值。$\mathfrak{R}_I$ 的单位为 A/W。

探测器的响应度与入射辐射的波长和调制频率有关。以调制的黑体（500 K）为辐射源所测得的响应度称为黑体响应度，用 $\mathfrak{R}_{bb}(b, T, f)$ 来表示；以单色光为辐射源测得的响应度称为单色响应度，用 $\mathfrak{R}_\lambda(b, f, \lambda)$ 表示。在给定偏置电压 $b$、调制频率 $f$ 和入射辐射功率均方根值 $P_s$ 时，变换波长 $\lambda$ 可得到 $\mathfrak{R}_\lambda(\lambda)$ 曲线，称之为红外探测器的光谱响应。在响应峰值波长 $\lambda_p$ 处测得的响应度称为峰值响应度，用 $\mathfrak{R}_{\lambda_p}(\lambda)$ 表示。在长波一端单色响应度下降为峰值一半时的波长称为截止波长（或称长波限），记为 $\lambda_c$。

### 2. 噪声等效功率 NEP

红外探测器的探测能力除取决于响应度外，还取决于探测器本身的噪声水平。响应度越高、噪声越低的探测器将能够探测到辐射功率更弱的信号。因此，任何探测器都有一个由其本身噪声水平确定的可探测辐射功率阈值。

探测器的噪声是指其电输出中与入射信号统计无关的那部分输出，噪声的频谱是连续的，引起噪声的因素很多，一般电噪声的均方根电压和电流的定义分别为

$$V_n = \overline{\{[V_n(t) - \overline{V_n(t)}]^2\}^{1/2}} \tag{5-22}$$

$$I_n = \overline{\{[i_n(t) - \overline{i_n(t)}]^2\}^{1/2}} \tag{5-23}$$

式中，$V_n(t)$ 和 $i_n(t)$ 分别为电压噪声和电流噪声的瞬时值。

设 $g(f)$ 为电子测量仪器的增益，它是频率 $f$ 的函数，则测量仪器的噪声带宽为

$$\Delta f = \int_0^{+\infty} \frac{[g(f)]^2}{g_{max}^2} df \tag{5-24}$$

式中，$g_{max}$ 为增益的最大值。通常 $\Delta f$ 大于电子仪器的 3 dB 通频带。因为 3 dB 通频带以外的低频和高频区中，只要 $g$ 不为零，就会贡献噪声。只有在通频带为理想矩形时两者才会相等。有了噪声带宽，就可写出噪声平方根功率谱（噪声电压谱密度和噪声电流谱密度）为

$$V_N = V_n/\sqrt{\Delta f} \tag{5-25}$$

$$I_N = I_n/\sqrt{\Delta f} \tag{5-26}$$

式中，$V_n$ 的单位为 $V/Hz^{1/2}$；$I_n$ 的单位为 $A/Hz^{1/2}$。通常给出的探测器噪声都是指 $V_n$, $I_n$，因为由式（5-22）和式（5-23）所定义的噪声因电子测量仪器而异。

当红外辐射信号入射到探测器响应平面上时，若该辐射功率所产生的电输出信号的均方根值正好等于探测器本身在单位带宽内的噪声均方根值，则这一辐射功率均方根值就称为探测器的噪声等效功率 NEP，单位为 W。即

$$NEP = P_s/(V_s/V_N) = \frac{V_N}{\mathfrak{R}_V} \tag{5-27}$$

或者

$$NEP = P_s/(I_s/I_N) = \frac{I_N}{\mathfrak{R}_I} \tag{5-28}$$

上述关系表明，NEP 就是探测器产生输出信噪比为 1 时的入射红外辐射功率。测量时，常用的辐射源为 500 K 黑体，带宽为 1 Hz，4 Hz 或 5Hz，中心频率为 90 Hz，400 Hz，800 Hz 或 900 Hz。探测器面积通常折合成 1 cm²。此外还要标明辐射强度和立体角，如果辐射光源为单色光源，则所得结果为 NEP($\lambda$, $f$, $\Delta f$)。

与 NEP 类似的性能参数是噪声等效辐照度(NEI),其表示系统输出信噪比为 1 时的输入辐照度。记为

$$\mathrm{NEI} = \frac{E_\mathrm{s}}{(V_\mathrm{s}/V_\mathrm{N})} \tag{5-29}$$

式中,$E_\mathrm{s}$ 为输入辐照度的均方根值。

3. 探测率 $D$ 和归一化探测率 $D^*$

上述的 NEP 是用来表征探测器性能优劣的一种优值因子,其值愈小则器件愈优。但人们习惯于认为 NEP 总是愈大愈优。为了适应人们的习惯,引用 NEP 的倒数来衡量探测器的探测能力,称之探测率,即

$$D = \frac{1}{\mathrm{NEP}} = \frac{\mathfrak{R}_V}{V_\mathrm{N}} \tag{5-30}$$

由式(5-30)可知,NEP 越小则 $D$ 越大,$D$ 越大则表明探测器的探测能力越优。

但是,大多数红外探测器的 NEP 与光敏面积的二次方根成正比,还与放大器的带宽 $\Delta f$ 有关。因此,用 NEP 的数值很难比较两个不同探测器性能的优劣。为此,在 $D$ 的基础上引入了归一化探测率 $D^*$(通常称探测率 $D^*$)来描述探测器的性能。即

$$D^* = D\sqrt{A_\mathrm{d}\Delta f} = \frac{\sqrt{A_\mathrm{d}\Delta f}}{\mathrm{NEP}} = \frac{\mathfrak{R}_V}{V_\mathrm{N}}\sqrt{A_\mathrm{d}\Delta f} \tag{5-31}$$

式中,$A_\mathrm{d}$ 为探测器光敏面积。实际上,归一化探测率 $D^*$ 就是探测器单位面积、单位放大器带宽、单位辐射功率下的信噪比。

通常单个探测器的探测率 $D^*$ 与调制频率 $f$、辐射源及工作条件有关,单位为 $\mathrm{cm} \cdot \mathrm{Hz}^{1/2}/\mathrm{W}$。以黑体为辐射源测得的 $D^*$ 称为黑体探测率,用 $D_\mathrm{bb}$ 或 $D^*(T,f,1)$ 表示。$T$ 为黑体热力学温度,通常取 500 K,1 表示单位带宽。以单色辐射为辐射源测得的 $D^*$ 称为单色探测率,用 $D_\lambda$ 或 $D^*(\lambda,f,1)$ 表示。$f$ 为单色辐射的波长。在响应峰值波长 $\lambda_\mathrm{p}$ 条件下测得的探测率称为峰值波长探测率,记为 $D_{\lambda_\mathrm{p}}$。

此外,为了消除一些探测器与视场角的依赖关系,还使用另一种探测率的形式 $D^{**}$,称为 $D$ 双星探测率,其定义为

$$D^{**} = \left(\frac{\Omega_\mathrm{e}}{\pi}\right)^{1/2} D^* \tag{5-32}$$

由此可见,$D^{**}$ 就是折算到 $\pi$ 球面度权重立体角时的 $D^*$ 值。单位为 $\mathrm{cm} \cdot \mathrm{Hz}^{1/2} \cdot \mathrm{sr}/\mathrm{W}$。若探测器是圆形对称的,则由式(5-14)得

$$D^{**} = D^* \sin\frac{\omega}{2} \tag{5-33}$$

4. 响应时间(或时间常数)

响应时间是指探测器将入射辐射转变为电输出的弛豫时间,是表示探测器工作速度的一个定量参数。由于红外探测器具有惰性,因而对红外辐射的响应不是瞬时的,而是因探测器材料而有快有慢。如果设在某一时刻以恒定的辐射源照射探测器,其输出信号 $V_\mathrm{s}$ 按指数随时间上升到一恒定值 $V_0$,则其规律可表示为

$$V_\mathrm{s} = V_0(1 - \mathrm{e}^{-\frac{t}{\tau}}) \tag{5-34}$$

式中,$\tau$ 为响应时间,单位用 s,ms 或 ps 表示。

当式(5-34)中 $t = \tau$ 时,有

$$V_s = V_0(1 - e^{-1}) = 0.63V_0 \qquad (5-35)$$

这就是说,响应时间 $\tau$ 的物理意义实际上就是探测器接收红外辐射照射后,输出信号达到稳定值的 63% 时所需要的时间。显然 $\tau$ 越短,探测器响应就越快。

此外,还有一种利用频率响应来描述响应时间的方法。大多数探测器的响应度 $\Re(f)$ 随调制频率 $f$ 的变化关系可由下式描述:

$$\Re(f) = \frac{\Re(0)}{\sqrt{1 + 4\pi^2 f^2 \tau^2}} \qquad (5-36)$$

式中,$\Re(0)$ 为零频时的响应度。式(5-36)也称为探测器的频率响应。由此关系规定的响应时间,为响应度下降到最大值的 0.707 时的角频率($2\pi f$)的倒数值,如图 5-4 所示。

上述两种时间常数分别用于测量和计算不同响应速度的探测器件。对于响应较快的器件通常采用第一种响应时间定义及测量形式,如光子探测器($\tau$ 在 $\mu s$ 甚至 ns 范围内)。对于响应较慢的器件则采用后一种定义及测量计算形式。近年来,已可获得调制频率高达几百 MHz 的激光源,原则上可采用后种方式测量计算 ns 级的响应时间,但习惯上更多的还是采用前者。

有些红外探测器具有两个响应时间,如图 5-5 所示。这是因为对于一段辐射波长具有一个响应时间,而对另一段辐射波长则具有另一个响应时间。实际上,在工作频率范围内,响应度、探测率 $D^*$ 均与频率相关,除特殊需要应尽量避免使用具有两个响应时间的探测器。

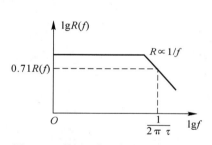
图 5-4  $\Re(f)$ 随 $f$ 变化的关系曲线

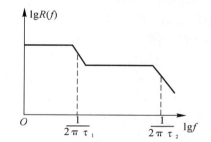
图 5-5  具有两个响应时间的频率响应

除以上介绍的响应度、噪声等效功率、探测率和响应时间等参数外,在使用探测器时还应满足以下几个条件:

1)探测器响应度与辐射强度之间存在线性关系;

2)探测器接收面积上的响应度是均匀的;

3)探测器与光学系统匹配时,探测器的接收面积应与光学系统所成光学图像的大小相同;

4)探测器与前置放大器连用时,探测器内阻应与放大器的阻抗相匹配。

### 5.3.3  红外焦平面阵列探测器

目前,大多数热成像系统还是采用单元或简单的多元探测器,利用垂直和水平两个方向的光学-机械扫描获得二维图像。用这种方法工作,不但要求系统有很大的带宽,而且由于光学-机械扫描系统的存在,使整个系统大而复杂,可靠性也不理想。尽管近年来使用的串扫、并扫和串并扫系统能够提高系统灵敏度以及减小系统的带宽,但终究没能在结构上引起突破性的变化。因此,人们一直在追求能够具有相当多单元的二维的凝视探测器阵列。此时,红外图像的空间采样是每一景物元对应于一个焦平面阵列元,整个系统无移动部分。二维焦平面凝视阵列由二维多路传输器进行扫描,此外还应当包括焦平面阵列的均匀校正及定标部分等。由于使用焦平面凝视阵列,可以使热成像系统克服光学-机械扫描系统的缺点,同时,凝视阵列几乎可以利用所有入射的红外光子,从而提高了系统的热灵敏性,理论上估算,其最小温度分辨力可达几毫度。

电荷耦合器件应用到红外探测器后,成功地解决了焦平面上红外探测器阵列输出信号的延迟积分和多路传输问题,使得红外焦平面凝视阵列完全实用化,信息率和信噪比也大幅度提高,使热成像系统的结构发生了根本的变革。由于这类器件可以采用集成电路式的制造工艺,原则上可以大批量生产,因此可能得到价格较低的红外焦平面阵列器件。尤其是对混成结构的焦平面阵列,探测元件和信息处理元件可分别测试,都合乎标准后才互连,可望有更高的成品率。由于预见到红外焦平面阵列在军事上应用的重要意义,一些发达国家政府和军事部门都给以巨额资助,所以发展速度极快,尤其是 20 世纪 80 年代后期,发展速度更是惊人。

由于红外光成像的特殊性,并不能把可见光 CCD 直接用于红外光成像。因为探测红外图像要受到种种限制。这主要是热目标周围的背景辐射太强,目标对背景间的对比太低。高背景低对比,严重限制了器件的积累时间。积累时间过长,不仅使背景辐射超过 CCD 的负荷能力,而且器件的暗电流会压倒微弱的信号。除了在信号注入之前,进行背景减除程序外,如果采用低效率,长期积累 CCD,也可以减少背景作用,但是要保证对 0.1℃ 的温差有响应。

对于所需的积累时间,考虑 3 $\mu$m 和 8~13 $\mu$m 两个大气窗口。在这两个波段上,背景辐射随温度的变化如图 5-6 所示。在室温下,8~13 $\mu$m 间的辐射功率是 3~5 $\mu$m 间的 10 倍。所以器件首先应该考虑对 8~13 $\mu$m 辐射的接收。但由图可见随着 $T$ 的变化,3~5 $\mu$m 波段的辐射的变化率为 4%/℃;而 8~13 $\mu$m 则为 1.5%/℃。所以前者具有较高的目标背景对比度,而后者在湿热条件下辐射传播衰减较快。再加上 3~5 $\mu$m 波段的光学系统比较便宜,探测元件容易获得,制冷要求较低等因素,故实际中也常常使用 3~5 $\mu$m 波段。

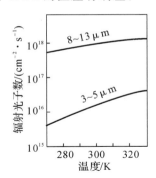

图 5-6　背景辐射关系

单元积累的信号可记为

$$N_s = \eta E_b A_d t \qquad (5-37)$$

式中　$E_b$—— 背景辐射照度;

　　　$A_d$—— 探测元面积。

过多的光生电荷会使 CCD 的信号电荷饱和,因此,最大信号应小于 CCD 的最大负荷量,即

$$N_{max} \geqslant \eta E_b A_d t \qquad (5-38)$$

同时,最小信号也应该能够探测到,所以,最小信号应大于 CCD 的噪声,即

$$N_N < C \eta E_b A_d t \qquad (5-39)$$

式中　$N_N$——CCD 噪声;

　　　$C$—— 等效输入电容。

考虑典型条件,取:$A_d = 2.5 \times 10^{-5}$ cm$^2$,$C = 4 \times 10^{-3}$ $\mu$F,$N_N$ 为 $2.5 \times 10^6$ 个电子,$\eta = 1$。则有对 3~5 $\mu$m,$E_b$ 为 $5 \times 10^{15}$ 光子/(cm$^2$·s),故

$$1.4 \times 10^{-6} \text{s} < t < 2 \times 10^{-6} \text{s} \qquad (5-40)$$

对 $8 \sim 14 ~\mu m$，$E_b$ 为 $2 \times 10^{17}$ 光子 $/(cm^2 \cdot s)$，故

$$3.5 \times 10^{-6}s < t < 5 \times 10^{-6}s \qquad (5-41)$$

计算结果表明，普通的 Si - CCD 由于受上述时间的限制而不能直接用于红外条件下的凝视模式工作。因为如果采用凝视工作模式，不仅背景积累会使器件过载，而且因各单元独立送出信号，还会产生因单元之间的差异而构成的不均匀性。所以，用于探测红外辐射的 CCD 要选用特殊的材料或采用同时发挥红外探测器和 Si - CCD 各自长处的结构。因此，相应产生了 IR - CCD 的两种类型：单片式和混合式。它们的基本结构均如图 5 - 7 所示，只是构成方式不同。

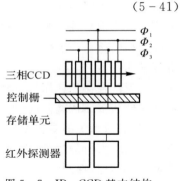

图 5 - 7 IR - CCD 基本结构

IR - CCD 的两种类型又可根据各自的情况进一步划分，其大体上可划分如图 5 - 8 所示。

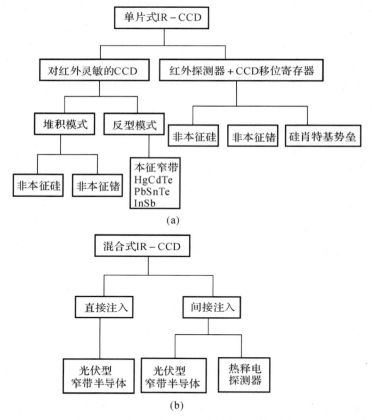

图 5 - 8 IR - CCD 两种类型的进一步划分

## 1. 单片式 IR - CCD

单片式又称整体式，即整个 IR - CCD 做在一块芯片上。它具体又可分为两种情况：一种是 CCD 本身就对红外敏感，融探测、转移功能于一体；另一种是把红外探测器同 CCD 做在同一基底上，基底常用硅，探测器部分则常用非本征材料。单片式 IR - CCD 几乎都是采用 MIS

(即金属-绝缘物-半导体)器件工艺。以下就典型情况进行说明。

(1)本征窄带半导体 IR - CCD

为了能够探测红外辐射,如前所述,普通的硅是无法实现的,应该采用本征窄带或非本征材料。由此制成本征窄带半导体 IR - CCD 及非本征 IR - CCD。

本征窄带 IR - CCD 结构上类似于 Si - CCD,但是它必须工作在低温下,不过要比杂质硅的温度高。之所以用本征材料,是因为本征材料具有较大的吸收系数。这类 IR - CCD 的工作模式与一般的 Si - CCD 相同,即采用反型的表面深势阱收集信号电荷。

有许多本征窄带半导体能够用于 IR - CCD。典型的有 Ge,其 $E \approx 0.67$ eV,长波限为 $1.85$ $\mu m$。已制成二相氧化层台阶式 Ge - CCD,在 $400\,^\circ\!C$ 下退火得到 $1 \times 10^{11}/(cm^2 \cdot eV)$ 的界面态;$200$ K 下,暗电流为 $1$ $\mu A/cm^2$。用 $20\%$ 基底电荷时的转移损失率为 $2.5 \times 10^{-2}$。

此外还有 InAs,InSb 和 $Hg_{0.2}Cd_{0.8}Te$,其 $E_g$ 分别为 $0.4$ eV,$0.23$ eV 和 $0.09$ eV。$\lambda$ 分别为 $3$ $\mu m$,$5.4$ $\mu m$ 和 $14$ $\mu m$。另外还对 PbTe 和 $Pb_{0.78}Sn_{0.24}Te$ 进行了研究,其 $E_g$ 分别为 $0.2$ eV 和 $0.1$ eV,$\lambda$ 分别为 $5.6$ $\mu m$ 和 $12$ $\mu m$。

InSb 是人们长期关注的红外材料,用它已经做出了很好的 InSb - CCD,电极长度 $200$ $\mu m$,转移效率 $0.99$。但由于温度升高时 InSb 的带宽变窄,故在高温条件下 $3\sim5$ $\mu m$ 波段的探测中不使用这种材料,尽管其带宽适合于 $3\sim5$ $\mu m$ 波段。

近年来,人们对 HgCdTe 系统的体晶生长技术研究得较多,且调节其元素比例可以达到选择截止波长的目的。此外用 CdTe 作外延衬底得到的合金材料,其晶格常数匹配最佳。因此,在 $8\sim14$ $\mu m$ 波段,本征焦平面(FPA)最具有吸引力的材料是 HgCdTe。

一般说来,一种半导体材料能否做成 MIS 器件,需要满足三个基本要求:合适的介电常数、长寿命、衬底掺杂浓度低。因此,在实际应用选择上多采用 InSb 和 HgCdTe 材料来制造 IR - CCD 或红外焦平面阵列。

(2)非本征半导体 IR - CCD

这是单片式 IR - CCD 的另一种形式。它利用非本征材料作探测器,然后转移送给同一芯片上的 CCD,探测器和 CCD 做在同一基底上,如图 5 - 9 所示。

这类器件所用的材料主要有非本征硅和非本征锗。如在硅中掺磷、镓、铟等,用离子注入法在所需的光敏区掺入杂质并工作在合适的温度下,使杂质处于未电离状态。当受到红外辐射作用时,杂质将电离,光生载流子被送入有一排泄或抗弥散的二极管存储区。如果采用背景减除电路,就能够取出叠加在固定背景上的小信号,达到探测目的。

原则上讲,掺杂不同就可以得到对应不同辐射波长响应的探测器。实际上由于大多数有用的杂质在基质半导体的晶格中固溶度低,使得其灵敏度很低。目前用于三个大气窗口的非本征硅大致上为:第一和第二个窗口可用 In,S 和 Ti 掺杂,但 S 的固溶度低,扩散快,可能导致外延层污染;Ti 比较合适,但只适用于 $3.4\sim4.2$ $\mu m$;第三个窗口的掺杂剂主要是 Ga,而 Mg 杂质由于存在一个 $0.04$ eV 浅能级,故需要补偿才有希望作为长波长探测器材料。

由于非本征硅光电导材料在低温下的电阻率高,因而能用来做积累式 CCD 的衬底。在积累模式 MIS 结构中,栅极是加偏压的,因而多数载流子就沿绝缘体和半导体界面存储和转移,这时在栅下形成了局部势阱。但在电荷转移的动力学过程上同普通可见光 CCD 的反型模式有很大差别。因为在积累式器件中,横向电场一直延伸到背面电极,而不像反型模式的横向电场只限制在耗尽区。

不过也可以用少数载流子工作模式,如图5-10(a)(b)所示,它由非本征衬底和导电类型相反的外延层组成,非本征衬底中的多子注入外延层成为少子。图5-10结构称为直接注入模式,其中图5-10(a)类似于双极性晶体管,而图5-10(b)则类似于MOS场效应管。为了降低外延层和P-N结区的复合,引起收集效率降低,栅压一般要求高些。

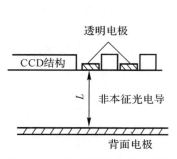

图5-9　非本征硅单片 IR-CCD

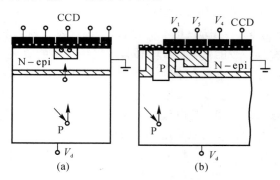

图5-10　少数载流子工作的 IR-CCD 结构

非本征硅 IR-CCD 的主要优点是能够借用普通的标准化的 Si 集成电路工艺,从而可以做出相当大的二维阵列,在原理上它有 $10^6$ 个电荷的存贮能力。但是目前的均匀性还很难达到严格一致,故还需要采取片外处理措施,以消除固定图案的不均匀性。或者采用多块阵列扫描,例如用 10 块 32×32 阵列单元等,也能够减少不均匀性。

非本征 IR-CCD 的主要问题是需要低温制冷,并且难以找到适当的深能级杂质,使之在要求的光谱区给出足够的探测率。非本征硅探测器的探测率 $D^*$ 为

$$D^* = \frac{\eta}{2h\nu}\left(\frac{pd}{\tau} + \eta\Phi_b\right)^{1/2} \tag{5-42}$$

式中　$\eta$——探测器的量子效率;

　　　$p$——多数载流子浓度;

　　　$\tau$——多数载流子寿命;

　　　$d$——探测器的厚度;

　　　$\Phi_b$——背景辐射通量。

括号中的两项分别代表热产生项和背景产生项。当 $\eta\Phi_b > pd/\tau$ 时,探测器达到背景限制状态。在这种状态下,器件的背景限温度可由下式求得:

$$\eta\Phi_b = \frac{pd}{\tau} \tag{5-43}$$

$$p = (\beta N_A N_t)^{1/2}\,e^{-\frac{E_t}{kT}} \tag{5-44}$$

式中　$\beta$——简并因子;

　　　$N_A$——受主中心浓度;

　　　$E_t$——受主的电离能。

式(5-43)中,$\tau$ 为

$$\tau = \frac{1}{\gamma_+ p} = \frac{1}{\nu\sigma_+ p} \tag{5-45}$$

式中,$\gamma_+$ 为自由载流子俘获速率,$\gamma_+ = \nu\sigma_+$,即其为热漂移速度与自由载流子俘获截面的乘

积。将 $p$ 及 $\tau$ 的表达式代入式(5-43)中,整理得

$$T_{\text{Blip}} = \frac{E_t}{k\ln\left(\dfrac{\nu\sigma_+ \; N_+}{\sigma_{\text{ph}}\Phi_b}\right)} \tag{5-46}$$

式中,$\sigma_{\text{ph}}$ 是电离截面,其为

$$\sigma_{\text{ph}} = \frac{\eta}{\beta \, d N_A} \tag{5-47}$$

以自由载流子俘获截面 $\sigma_+$ 作参数可得到一组 $T_{\text{Blip}}$,与电离能的关系曲线,如图 5-11 所示。对典型 $\sigma_+$ 值,一般为 $10^{-12} \times 10^{-13} \, \text{cm}^2$,因而从理论上讲,对于 3~5 $\mu$m 波长,工作温度至少应低于 120 K,对于 8~14 $\mu$m 波长,温度至少应低于 80 K。实际上,工作温度往往要求更低。因为一般的硅中含有剩余的硼原子,其含量为 $10^{12} \sim 10^{14} / \text{cm}^3$。工作在 50 K 附近的非本征探测器,杂质硼也会电离,并导致高的 $p$ 值,从而使探测器性能严重恶化。有两条降低 $p$ 值的途径,一是降低温度,以冻结硼原子,这显然不实用;另一种是加入补偿杂质,这用传统的掺杂工艺难以实现。但采用嬗变掺杂(热中子和硅原子相互作用生成磷原子)能够实现精确的补偿,且采用这种补偿法能得到响应度高达 100 A/W 的 Si:In 探测器,载流子寿命也达到了 200 ns。

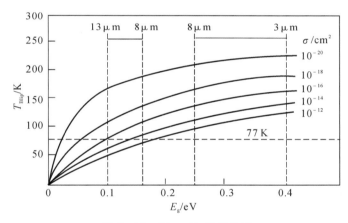

图 5-11　$T_{\text{Blip}}$-$E_g$ 关系曲线

非本征硅探测器的另一个缺点是量子效率低,其量子效率 $\eta$ 可近似表示为

$$\eta \approx N_A \sigma_{\text{ph}} d \tag{5-48}$$

典型的合适掺杂浓度下,$\sigma_{\text{ph}}$ 约为 $10^{-16} \, \text{cm}^2$,若 $N_A = 10^{16} / \text{cm}^3$,对 $d = 100 \, \mu$m 的器件,$\eta$ 只有 1%。而这样厚的器件在大型二维阵列中,会产生严重的载流子扩散。通过提高掺杂也可以提高 $\eta$,但由于硅中大多数深能级杂质的浓度一般为 $10^{14} \sim 10^{16} / \text{cm}^3$,要提高固溶度,必须研究特殊的掺杂工艺和晶体生长工艺,实现起来也比较困难。

总体说来,非本征 IR-CCD 的发展仍然是成功的。一些小型的阵列已相继研制出来,如果能在工作温度方面有根本的突破,其发展将会非常迅速。

2. 肖特基势垒光电探测器

肖特基势垒 IR-CCD 是单片式的红外焦平面探测器,它是为解决大面积均匀性问题而设计出来的,其主要是利用硅集成电路工艺在硅基底上制作肖特基势垒二极管面阵及信息处理

部分,构成焦平面阵列。它不需要掺深杂质能级,可以获得 $10^5$ 个电荷的载荷量,基本结构由沉积在硅上的金属(Pt 或 Pd)构成,在金属和 P 型硅之间形成肖特基势垒。

(1)肖特基势垒光电二极管原理

金属淀积在半导体表面形成的具有单向导电、整流作用的金属-半导体接触称为肖特基势垒。肖特基势垒的能带结构如图 5 - 12 所示。图中的半导体为 N 型,肖特基势垒二极管中电流输运主要是多数载流子。如图 5 - 12 中所示,在正向偏压下载流子的输运过程有四种不同的机构:①半导体电子越过势垒进入金属,即热发射;②电子由量子力学隧道穿过势垒;③空间电荷区电子与空穴的复合;④金属向半导体的少数载流子(空穴)注入。此外还可能有由于金属-半导体接触周界处高电场导致的边缘漏电及金属-半导体界面引起的陷阱电流。但一般可以通过改善界面质量及改进器件结构,把它们降到极小。对于理想的肖特基势垒二极管以及硅和砷化镓的肖特基势垒结,通常以过程①为主,并忽略少数载流子的注入影响。

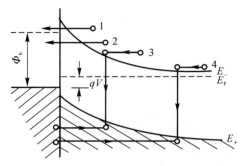

图 5 - 12　正偏压下肖特基势垒的
载流子输运过程

电子越过势垒从半导体发射到金属必须经过高场耗尽区,在这区域运动中,电子的运动受漂移和扩散过程制约。而电子发射到金属还受到金属中与半导体相连通的有效态密度控制。这两个过程事实上是关联的,而电流主要决定于对电子流产生较大阻力的那一过程。

(2)肖特基势垒二极管的结构与工作方式

肖特基势垒二极管的典型结构如图5-13所示。如果光透过金属层入射,金属层必须非常薄(约 10 nm),表面涂有抗反射层以减少表面反射。二极管可工作于各种方式,决定于光子能量和偏压条件:① 如图 5 - 14(a) 所示,当 $E_g > h\nu > q\Phi_b$ 以及 $V < V_b$(雪崩击穿电压)时,金属中光激发的电子能越过势垒为半导体收集;② 如图 5 - 14(b) 所示,当 $h\nu > E_g$ 和 $V < V_s$ 时,入射辐射产生电子-空穴对,器件一般特性非常类似于 P - I - N 光二极管;③ 如图 5 - 14(c) 所示,当 $h\nu > E_g$ 以及 $V \approx V_b$(高反偏压)时,二极管工作类似于雪崩光二极管。

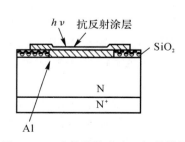

图 5 - 13　肖特基势垒光二极管结构

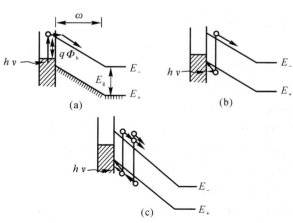

图 5 - 14　肖特基势垒光二极管的几种工作方式

工作时，首先将势垒反偏，然后断开偏置电路。当有红外辐射照射在金属或金属硅化物上时，激发电子，电子跃过势垒进入硅的耗尽层，中和部分电离施主，致使耗尽层减薄，因而使结电压下降，其下降量正比于入射辐射量。如果采用背照式，辐射量子的能量应小于硅基底的禁带宽度而大于势垒高度。

取信号时，由一个同栅极相连的浮置传感电极控制输出信号流入 CCD 移位寄存器。适当调节源偏置电压的大小，能够抑制背景信号，只取出由反差调制的信号。

信号取出之后，仍恢复结区的厚耗尽状态。利用这种结构，通过选择合适的金属，可使器件对 $3\sim5\ \mu m$ 辐射有最大响应，其灵敏度随势垒的降低而提高。当然，与此同时暗电流也增加。但由于暗发射是由金属产生的，故与半导体的杂质浓度和光子寿命无关。光响应也不因杂质的不均匀而变化，因为光响应及暗电流都是均匀的，这对于制作大面积阵列是十分有利的。

肖特基势垒光电探测器与其他红外探测器相比，最大优点是可直接用硅集成电路工艺。此外，硅肖特基焦平面灵敏元之间的均匀性比一般红外探测器焦平面高 100 倍以上。其他红外探测器焦平面均匀性不好是因为载流子寿命、扩散长度及合金组分不均匀，而硅肖特基势垒焦平面是基于热电子发射，与上述参数无关。器件均匀性好，减少了固定图像噪声，使它们能对低对比的红外景物成像，并需要最少的信息处理，且焦平面机械性能坚固。肖特基势垒二极管阵列是目前唯一能做到超大规模集成度的红外探测器。所以，肖特基势垒 IR - CCD 是一种很值得重视的红外光电器件。

2. 混合式 IR - CCD

混合式 IR - CCD 结构的根本特点是把探测器和 CCD 移位寄存器分开。CCD 仍用普通硅制成，工艺已相对成熟。而对几个重要的，红外波段都已发展了的性能优良的本征红外探测器。因此把两者耦合起来组成混合焦平面的技术，能够获得高量子效率、高性能的红外焦平面阵列。目前进行的大多数焦平面阵列的工作均采用混合焦平面技术，它在选择探测器上有很大灵活性，绝大多数采用光伏器件作为敏感元件。混合途径主要是解决互连问题和电信号转移中的电学问题、近年来发展起来的铟柱连接核技术已能做到相当高的成功率，基本上能够解决红外探测器和硅 CCD 之间的互连。图 5 - 15 所示即是这样一种互连方式，图中所示混合式结构的探测器为异质结，即在 PbTe 上制备 PbSnTe。上下两层金属垫片分别同硅和探测器阵列相连接，垫片间用铟连接。工作时，辐射透过 PbTe 基底照在异质结上，产生信号，并立即导入 CCD。利用 HgCdTe 光电二极管阵列也可做成这种结构。

由于互连方式不同，混合式 IR - CCD 有多种结构，但基本结构分为前照射结构和背照射结构两种。

(1)前照射结构

该结构是指探测器在前面受到照射，电信号就在同一面上被抽出(见图 5 - 16(a))。在这种结构中，探测器的前面与多路传输器面向同一个方向，电学引线从探测器来，必须越过探测器的边缘区域到达多路传输器。这种引线方式要求探测器阵列较薄。由于互连占去了一部分面积，光敏面也减小了，填充因子受到一定影响。

(2)背照射结构

该结构要求镶嵌探测器有薄的光敏层，在光敏层上吸收辐射，产生的光生载流子从背面扩散到前面，被 P - N 结检测得到信号(见图 5 - 15 和图 5 - 16(b))。背照射使用外延生长薄层材料(厚度小于少子扩散长度),用透明衬底。如果用体材料也可以达到背照射,但必须机械减薄到小于少子扩散长度,否则将会产生像元间的串扰。这种结构中电学互连很短,是在探测器和多路传输器间直走的。由于没有遮蔽,它很容易达到高的填充因子。这种结构又叫"平面混合焦平面阵列",目前焦平面阵列大多是基于这种结构的。HgCdTe混合焦平面阵列中多数采用的材料是用液相外延方法生长,在透明衬底(CdTe)上生长一薄的单晶层($10\sim20~\mu m$),通过离子注入方法形成 $N^+ - P$ 结,做成高性能 HgCdTe 光伏阵列。目前用这种方法已能和硅 CCD 耦合组成高密度的焦平面阵列。由于它是本征的,量子效率可达 $50\%\sim90\%$。

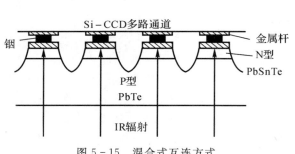

图 5-15  混合式互连方式

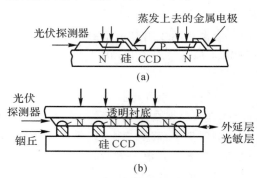

图 5-16  混合红外焦平面
(a)前照射结构;  (b)背照射结构

InSb 由于材料及工艺都较 HgCdTe 成熟,因此在 $3\sim5~\mu m$ 波段用 InSb 光伏探测器做像敏元组成的混合焦平面阵列已经得到很大发展,现在已做成元数较大的二维阵列($256\times256$ 像元以上),并开始在红外摄像系统中使用。

在电信号转移方面,其方法有直接注入方式和间接注入方式。

(1)直接注入方式

直接注入方式就是把得到的电荷直接引入 CCD 势阱中去。图 5-17(a)所示为一种典型的直接注入式结构。它的探测器是 PbSnTe-PbTe 异质结光电二极管阵列。信号电荷由金属和导线直接引入输入扩散层,输入栅 $V_g$ 保持固定,以便输入扩散区附近倒空。$V_D > V_g$,以便形成收集光电流的势阱,势阱积累信号后,通过 $V_t$ 转移给 CCD 的移位寄存器输出。

直接注入方式的关键参数是注入效率。注入效率定义为注入 CCD 势阱的电流与探测器输出的总电流之比(包括背景电荷、信号电荷及暗电荷构成的电流)。直接注入式的等效电路如图 5-17(b)所示。图中 $g_D$,$C_D$ 为探测器的电导和电容;$g_m$,$C_m$ 为 CCD 输入电路的跨导和电容;总电流 $I_D = i_1 + i_2$。$i_2$ 为注入 CCD 的电流,因为

$$i_2 = I_D \frac{z_1}{z_1 + z_2} \tag{5-49}$$

式中,$z_1$,$z_2$ 分别为两个支路的阻抗。所以有

$$\eta = \frac{i_2}{I_D} = \frac{z_1}{z_1 + z_2} = \frac{g_m \left[\frac{1}{\omega^2} + (C_D g_D)^2\right]^{1/2}}{g_m \left[\frac{1}{\omega^2} + (C_D g_D)^2\right]^{1/2} + g_D \left[\frac{1}{\omega^2} + (C_m g_m)^2\right]^{1/2}} \tag{5-50}$$

当 $\omega \to 0$ 时,有

$$\eta = \frac{g_m}{g_m + g_D} \tag{5-51}$$

当 $\omega \to \infty$ 时,有

$$\eta = \frac{C_D}{C_m + C_D} \tag{5-52}$$

当光电二极管特性相当好,$\omega \leqslant 1\ \text{MHz}$ 时,有

$$\eta_\omega = \frac{\eta_0}{1 + \omega^2 \left(\dfrac{C_m + C_D}{g_m + g_D}\right)} \tag{5-53}$$

由以上诸式可知,在适当 $\omega$ 下,减小 $g_D$,即增大动态电阻,增大 CCD 输入电路的电导 $g_m$,减小输入电路的电容 $C_m$,增大 $C_D$ 均有助于提高注入效率 $\eta$。在一般情况下,在 $3 \sim 5\ \mu\text{m}$ 内,InSb、HgCdTe 光伏器件的动态电阻较高(数百千欧以上),适宜于直接耦合;而在 $8 \sim 14\ \mu\text{m}$ 波段内,HgCdTe 光伏器件的动态电阻明显下降,因此,HgCdTe 在此波段内可作光电导型器件。

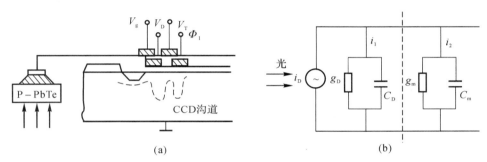

图 5 - 17　直接注入方式
(a)一种典型的直接注入式结构;　(b)直接注入式的等效电路

(2)间接注入方式

该方式的基本指导思想是把从探测器送出的信号以电压的方式调制 CCD 输入栅。因栅压变化而导致它下面势阱的变化,进而引起存储电荷量的变化。利用这个方法时,由于信号电压比栅压小得多,难以直接起到调制作用,故往往在 CCD 前面附加一预放器。图 5 - 18 所示是一种典型的结构。这种注入方式主要部分由探测器及其偏置场效应管、双极放大器及放大器负载所构成。

另一种间接注入方式是热释电探测器同与其热隔离的硅 CCD 构成的结构。热电体置于 CCD 的栅极与表面势阱之间,可视为一电容器。当它接收辐射后,因极化电荷改变,从而使它上面的电压改变。这个电压的改变量调制 CCD 势阱的深度。栅压 $V_g$ 保持常数,其足以产生几个 $kT$ 深的势阱。这样一来,该势阱的电荷将流入邻近的较深的势阱。流入量与信号成正比。要注意的是,在辐射入射之前,各势阱已充满热生载流子,其结构如图 5 - 19 所示。

用热释电探测器的最大优点是不需要制冷,但必须调制入射辐射。该方法的最大问题是硅同热电体之间的热损失,由此造成热释电灵敏度下降,如用 $20\ \mu\text{m}$ 厚的 TGS 做在硅基底上,辐射调制频率为 $25\ \text{Hz}$,灵敏度低到原值的点。如果采用高频调制,当频率为 $2.5\ \text{kHz}$ 时,热损失很少。当然高频调制还会带来其他问题。

热释电间接注入式 IR - CCD 的主要噪声是探测器和输入电路的热噪声。例如,对具有 $300 \times 10^{-10}\ \text{m}$ 厚的氧化隔离层,面积为 $10^{-5}\ \text{cm}^2$ 的 TGS IR - CCD,以 20 帧/s 摄取 $8 \sim 14\ \mu\text{m}$

波段辐射,其最小可分辨温差为 0.3 K。

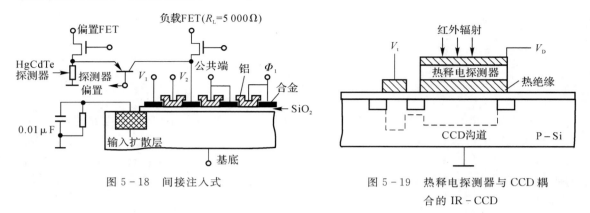

图 5-18　间接注入式　　　　　　图 5-19　热释电探测器与 CCD 耦
　　　　　　　　　　　　　　　　　　　　　合的 IR-CCD

另外,用热释电作探测器的 IR-CCD,也可以用直接输入法接到同一衬底上的 CCD 中去。表 5-3 列出了国外主要红外焦平面技术的现状。

**表 5-3　国外主要红外焦平面技术的现状**

| 器　件 | 国　家 | 公　司 | 规格/像元 |
|---|---|---|---|
| 长波 HgCdTe 焦平面 | 美国 | ROCKWELL; AMBER; HUGHES/SBRC; LORAL; TI | $480 \times 4$ |
| | | TI FERMIONICS; AMBER | $64 \times 64$<br>$128 \times 128$ |
| | 日本 | NEC; FUJITSU | $256 \times 256$ |
| | 欧洲 | AEG | $288 \times 4$<br>$128 \times 128$ |
| | 德国 | AEG | $288 \times 4$ |
| | 法国 | SOFRADIR | $288 \times 4$<br>$480 \times 4$<br>$128 \times 128$ |
| 中波 HgCdTe 焦平面 | 美国 | HUGHES/SBRC; ROCKWELL | $256 \times 256$<br>$256 \times 256$<br>$640 \times 480$ |
| | 欧洲 | GMIRL; AEG | $128 \times 128$<br>$128 \times 128$<br>$256 \times 256$ |
| | 法国 | SOFRADIR | $256 \times 256$ |

续 表

| 器件 | 国家 | 公司 | 规格/像元 |
|---|---|---|---|
| InSb 焦平面 | 美国 | CINCINATTI;<br>SANTA BARBARA FOCAL;<br>PLANE;<br>AMBER | $256\times256$<br>$256\times256$<br>$640\times512$<br>$256\times256$<br>$512\times512$ |
| 中波 PtSi 焦平面 | 美国 | DAVID SARNAOFF RESEARCH;<br>CENTER FORD AEROSPACE;<br>LOCAL FAIRCHILD KODAK | $512\times512$<br>$640\times480$ |
| | 日本 | MITSUBISHI(MELCO);<br>NIKON | $512\times512$<br>$1040\times1040$<br>$811\times508$ |
| | 欧洲 | AEG | $256\times256$<br>$640\times480$ |

## 5.4　红外探测器制冷

为了降低红外探测器的噪声,获得高的信噪比,需要将探测器制冷,使其处于低温度状态工作。由于探测器在热成像系统中所占的空间很小,因此,由杜瓦瓶和制冷器组成的制冷器组件通常要求体积微型化。由于微型制冷器制造工艺复杂,故一直是热成像系统研制和生产的技术关键。

### 5.4.1　杜瓦瓶

在红外探测器的制冷器组件中,杜瓦瓶是一种能防止辐射、对流和传导的隔热容器。根据所用材料,杜瓦瓶主要分为玻璃杜瓦瓶和金属杜瓦瓶两种。图 5-20 所示为热成像系统中常用的小型玻璃杜瓦瓶,它由内外壁、引线、红外窗口等部分组成。在内壁的外表面和外壁的内表面镀上反射层,内外壁间抽成真空,构成绝热层。

### 5.4.2　红外制冷器

获得低温的方法大致有物理和化学两种,在红外探测器制冷中常用物理方法。由于使用场合和要求制冷温度的不同,可利用不同的原理制成合适的制冷器。

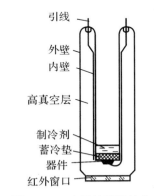

图 5-20　小型杜瓦瓶结构

1. 液氮制冷器

相变制冷原理:物质相变是指其聚集状态的变化,物质发生相变时,需要吸收或放出热量,这种热量称为相变潜热。利用制冷工作物质相变吸热效应,如固态工作物质熔解吸热或升华吸热、液体气化吸热等而达到制冷。

在杜瓦瓶的冷液室中直接注入液氮制冷剂,构成液氮制冷器。探测器在杜瓦瓶真空层内,并用冷屏蔽来限制探测器接收来自周围的背景辐射。由于液氮的沸点是 77 K,故可保持探测器要求的制冷温度。杜瓦瓶制冷器的优点是结构简单、制冷温度稳定、冷量充足。

2. 气体节流式制冷器

焦耳-汤姆逊效应:当高压气体的温度低于本身的转换温度,并通过一个很小的节流孔时,由于气体膨胀而使温度下降。如果使节流后的低温气体返回来冷却进入的高压气体,使高压气体在越来越低的温度下节流,不断重复这种过程,就可获得所要求的低温,达到制冷的目的。

气体节流式制冷器就是基于焦耳-汤姆逊效应制成,它又称焦-汤制冷器。图 5-21 所示是焦耳-汤姆逊效应制冷的流程图,制冷工作物质为高压氮气。高压氮气由入口进入热交换器,通过节流小孔节流膨胀并降温;降温的氮气通过回路返回热交换器,与高温高压氮气换热,使节流前的高压氮气温度降低,然后经排气口排出。于是,高压氮气在更低的温度下进行节流膨胀,温度进一步下降。此过程继续下去,高压氮气在越来越低的温度下节流膨胀,其膨胀后的温度越来越低,最终可使一部分氮气在制冷腔中液化,获得近于 77 K 的低温。

焦-汤制冷器是目前较为成熟的制冷器之一,具有制冷部件体积小、质量轻、无运动部件、机械噪声小、使用方便等特点;但气源可得性差,高压气瓶较重,对工作气体的纯度要求苛刻,一般杂质含量不得高于 0.01%,否则造成节流孔堵塞而停止工作。

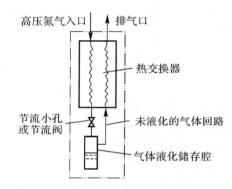

图 5-21 焦耳-汤姆逊效应制冷的流程图

焦-汤制冷器包括开式和闭合循环式两种。开式指制冷工质,节流膨胀后排掉,不再回收利用,一般用在要求制冷时间短的装置中。闭式循环制冷器是指制冷高压气体由压缩机连续地供给,节流膨胀后回收,由压缩机再压缩成高压气体,再用于节流膨胀制冷,其制冷工质循环使用,多用在要求长期连续运转的系统中。

为了获得更低的制冷温度,可用两个焦-汤制冷器耦合在一起,构成双级焦-汤制冷器。

该制冷器用两种工质:一种用于获得预冷级温度;另一种用于获得最终温度。如氮-氖双级焦-汤制冷器,用氮为预冷级获得 77 K 的低温,用氖获得 30 K 的最终低温。一般采用闭环制冷系统,需要两个压缩机同时供应两种制冷工质,故制冷器成本高、体积大、质量大,适用于地面站的红外系统中。

3. 斯特林循环制冷器

由于气体等熵膨胀时,不但借膨胀机的活塞向外输出机械功,且膨胀后,气体的内位能也要增加,这要消耗气体本身的内功能来补偿,所以气体等熵膨胀后温度将显著降低。

斯特林循环制冷器利用气体等熵膨胀原理而工作(见图 5-22),它由压缩腔、冷却器、再生器和制冷膨胀腔等部分组成。在压缩腔里,有个压缩活塞;在制冷膨胀腔里有个膨胀活塞。为了使结构紧凑、减少界限尺寸,把再生器装在膨胀活塞里,再生器填料是在低温下有较大热容量的不锈钢网或铅粒等。再生器把压缩腔和制冷膨胀腔连通起来,制冷工质(氦气或氢气)可自由流通,构成一个闭式循环系统。图 5-22 中同时给出由两个等温、两个等容过程组成的制冷循环过程图。制冷循环过程分四步：a→b 等温压缩过程，压缩热由冷却器带走；b→c 等容降温过程，压缩气体通过再生器而降温；c→d 等温膨胀制冷过程，压缩气体在恒定的温度 $T_c$ 下膨胀吸收热量；d→a 等容升温过程，低温低压气体由膨胀活塞推过再生器而复温，从而完成一个制冷循环。

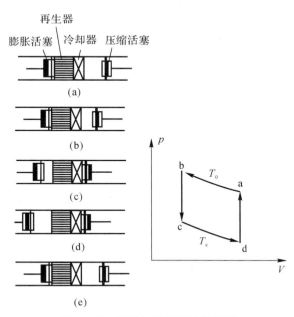

图 5 - 22　斯特林循环制冷器原理

在实际工作过程中，两个活塞通过各自的连杆装在同一个曲轴上，两连杆间有固定的相位角差，按正弦规律连续运动。曲轴转速很高，一般在 1 500 r/min 以上，所以近似于连续的压缩和制冷膨胀，制冷效率较高。

斯特林循环制冷器(Stirling - Cycle Rotary Coolers)是一种用途广、寿命长的制冷器，具有结构紧凑、体积小、质量轻、制冷温度范围宽(77～10 K)、启动时间短、效率高、寿命长、操作简单，可长期连续工作等优点；但由于冷头处有高速运动的活塞，对加工工艺的要求高，否则可能产生较大的机械振动，引起器件噪声的增大，因此，价格较昂贵。

为此，人们研制了分置式斯特林循环制冷器。在这种制冷器中，把压缩部分与膨胀部分分开，其间用一根气体管道相连，以往复马达取代原来的曲柄连杆机构旋转马达驱动(见图 5 - 23)。分置式斯特林制冷器既保持了整体斯特林制冷器高效率的长处，又使振动、磨损和工质污染、泄漏大大减少，寿命及可靠性大为提高；还允许把更大更重的压缩机安装在更合适的位置上，与光学系统的配合更加方便。

4.半导体制冷器

珀尔贴效应：如果把任何两种物体联结成电偶对，构成闭合回路，当有直流电通过时，在一个接头电子与空穴产生分离运动，吸收能量而变冷，另一接头处产生复合，放出能量而变热。一般物体的珀尔贴效应不明显，如果用两块 N 型和 P 型半导体作电偶对时，就会产生非常明显的珀尔贴效应，冷端可用于探测器制冷，故又称温差电制冷器或半导体制冷器。

半导体制冷器的制冷能力取决于半导体材料和回路中电流。目前，较好的半导体材料为碲化铋及其固熔体合金，一级半导体制冷器可获得大约60℃的温差。为达到更低制冷温度，可将多级热电偶对串接起来，即把一个热电偶对的热结与下一个热电偶对的冷结形成良好的热接触。图5-34所示为三级半导体制冷器，可达190 K的低温。据报道，六级和八级的制冷器分别可获得170 K和145 K，离通常要求的77 K还相差甚远，级数再多，效果也不明显。所以只能用于要求制冷温度不太低的探测器制冷或非制冷焦平面探测器的恒温。

半导体制冷器的优点是结构简单、寿命长、可靠性高、体积小、质量轻和无机械振动和冲击噪声，该制冷器维护方便，只消耗电能。

5. 辐射制冷器

辐射传热：如果两物体温度不同，高温物体就要辐射能量，温度降低；而低温物体则吸收辐射能，温度升高。由于宇宙空间处于高真空、深低温状态，处于这种特殊环境中，物体可以和周围的深冷（约3 K）空间进行辐射热交换，从而使热物体不断降温，达到制冷的目的。

辐射制冷器由冷片、辐射器、帽檐、多层绝热层和外屏蔽等部分组成。为了获得不同的制冷温度，可由一个、两个或三个以上大小不同的辐射器串联构成单级、双级或三级制冷器，图5-25所示为欧洲ESA卫星上的辐射制冷器，它能把红外探测器制冷到95 K。

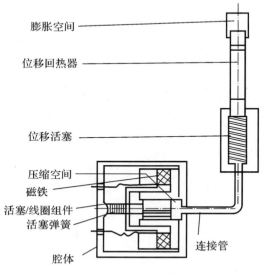

图5-23　分置式斯特林制冷器

辐射制冷器的优点是使用寿命长，不需外加制冷功率，没有运动部件，因此不会产生振动、冲击噪声，可靠性高；缺点是要求卫星的运行轨道和姿态得到控制，保证辐射制冷器始终对准超低温的宇宙空间，不允许太阳光或地球等的红外辐射直射到制冷器中辐射器上。

制冷器对保证红外探测器获得最佳工作性能至关重要，这就要求根据红外成像系统的工作条件和要求，合理选择适当的制冷器。表征制冷器性能的主要指标是制冷温度、冷下去的时间、功耗、可分解性、界限尺寸、使用寿命和可维修性等。

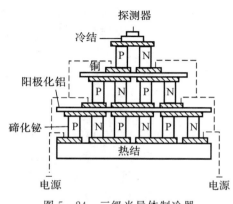

图5-24　三级半导体制冷器

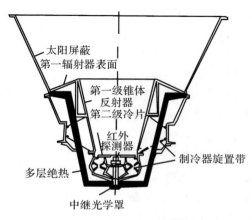

图5-25　欧洲ESA卫星的辐射制冷器

## 5.5　红外热成像系统

红外热成像系统可将物体自然发射的红外辐射转变为可见的热图像,从而使人眼视觉范围扩展到中波/长波红外波段。近年来,相关技术领域的进步带动使热成像技术得到了迅速发展和广泛应用。热图像的质量已经达到黑白模拟电视信号水平,静态图像可与高质量的黑白照片相媲美。

本节从热成像系统的成像原理出发,讨论热成像系统的组成部分及其功能、结构、基本参数等。

### 5.5.1　热成像系统分类与基本参数

#### 1.热成像原理

自然界中的一切物体,只要它的温度高于绝对零度,总是在不断地发射辐射能。因此,从原理上讲,只要能收集并探测这些辐射能,就可通过探测器信号的采集和处理形成与景物辐射分布相对应的热图像。这种热图像再现了景物各部分的辐射起伏,能显示出景物的特征。

图 5-26 以最简单的单元探测器光机扫描说明了热成像系统如何将景物的温度和辐射发射率差异转换成可见热图像。红外光学系统将景物发出的红外辐射通量分布聚焦成像位于光学系统焦平面的探测器光敏面上;位于聚焦光学系统和探测器之间的光机扫描器包括垂直和水平两个扫描镜组,当扫描器工作时,从景物到达探测器的光束随之移动,从而在物空间扫出像电视一样的光栅;当扫描器以电视光栅形式使探测器扫过景物时,探测器将逐点接收的景物辐射转换成相应的电信号序列,或者说,光机扫描器构成的景物图像依次扫过探测器,探测器依次把景物各部分的红外辐射转换成电信号,经过视频处理的信号,在同步扫描的显示器上显示出景物的热图像。

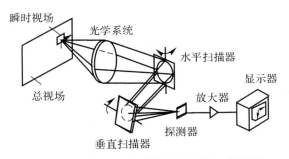

图 5-26　单元光机扫描热成像系统工作原理

#### 2.热成像系统的类型和组成

根据红外探测器的原理,热成像系统可以分为制冷型和非制冷型。按照成像方式,热成像系统可分为光机扫描型和凝视型两种热成像系统。

图 5-27 所示为光机扫描型热成像系统方框图,整个系统主要包括红外光学系统、红外探测器及制冷器,电子信号处理系统和显示系统四个组成部分。光机扫描器使单元或多元阵列探测器依次扫过景物视场,形成景物的二维图像。在光机扫描热成像系统中,探测器把接收的辐射信号转换成电信号,通过隔直流电路把背景辐射从场景电信号中消除,以获得对比度良好

的热图像。光机扫描型热成像系统由于存在光机扫描器,系统结构复杂、体积较大、可靠性降低、成本也较高,但由于探测器性能的要求相对较低,技术难度相对较低,成为 20 世纪 70 年代以后国际上主要的实用热成像类型,目前仍有一些重要的应用。

凝视型热成像系统利用焦平面探测器面阵,使探测器中的每个单元与景物中的一个微面元对应,图 5-28 所示为凝视型热成像系统的方框图,与图 5-27 比较,凝视焦平面热成像系统取消了光机扫描系统,同时探测器前置放大电路与探测器合一,集成在位于光学系统焦平面的探测器阵列上,这也是所谓"焦平面"的含义所在。近年来,凝视焦平面热成像技术的发展非常迅速,PtSi 焦平面探测器、512×512、640×480 和 320×240、256×256 像元的制冷型 InSb、HgCdTe 探测器以及非制冷焦平面探测器均取得重要突破,形成了系列化的产品。目前扫描型焦平面探测器的发展和应用也非常迅速,其与图 5-27 的差别主要在探测器前置放大与探测器的一体化集成。

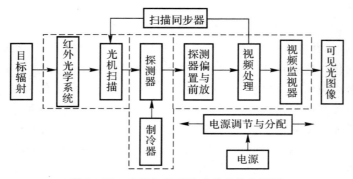

图 5-27 光机扫描型热成像系统方框图

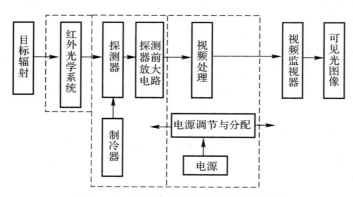

图 5-28 凝视焦平面热成像系统方框图

热释电红外成像系统(也称为热电视)也属于凝视型热成像系统,其采用热释电材料作靶面,制成热释电摄像管,无需光机扫描,直接利用电子束扫描和相应的处理电路,组成电视摄像型热像仪。由于该系统结构简化,不需要制冷,成本低,虽然性能不及光机扫描型热成像系统,但仍有一定的市场应用。

目前,最普遍的热成像分代方法是将基于分离的单元或多元探测器阵列的光机扫描系统称为第一代热成像系统,将基于焦平面探测器的系统称为第二代热成像技术。1997 年美国陆军提出了一种新的更细致的划分方法：

1)将由光机扫描器与单元或多元探测器所构成的热成像系统称为第一代热成像系统；

2)扫描型热像仪称为第二代热像仪,其具有 1 900 个探测元水平,特征尺寸约为 30 $\mu$m；

3)凝视型热像仪称为第三代热像仪,其具有 307 000 个探测元水平,探测器尺寸减小到20 $\mu$m；

4)具有先进的信号处理功能,工作波段覆盖可见光、近红外、中红外和远红外区域的灵巧焦平面阵列称为第四代热成像系统。

3.热成像系统的基本参数与概念

(1)瞬时视场(IFOV)

瞬时视场指的是探测器线性尺寸对系统物空间的二维张角,它由探测器的形状、尺寸和光学系统的焦距决定。

若探测器为矩形,尺寸为 $a \times b$,则瞬时视场的平面角 $\alpha,\beta$ 为

$$\alpha = a/f', \quad \beta = b/f' \tag{5-54}$$

式中,$f'$ 为光学系统焦距。瞬时视场通常以弧度或毫弧度(mrad)为单位。一般情况下,瞬时视场表示了系统的空间分辨能力。

(2)帧周期和帧频

系统扫过一幅完整画面所需的时间 $T_f$ 称为帧周期,单位为秒(s);系统一秒钟扫过画面的帧数 $f_p$ 称为帧频或帧速,单位为 Hz。$f_p$ 和 $T_f$ 的关系为

$$f_p = 1/T_f \tag{5-55}$$

(3)扫描效率($\eta_{scan}$)

热成像系统对景物扫描时,由于同步扫描、回扫、直流恢复等要占时间,在这个时间内不产生视频信号,称为空载时间,表示为 $T'_f$。帧周期与空载时间之差($T_f - T'_f$)称为有效扫描时间。有效扫描时间与帧周期之比称为系统的扫描效率,即

$$\eta_{scan} = (T_f - T'_f)/T_f \tag{5-56}$$

(4)空间角频率

空间角频率定义为单位空间上目标条纹的周期数。在热成像系统中常用单位毫弧度中的周期数来表示(cyc/mrad)。设有等宽度的亮暗条纹图案(见图5-29),相邻条纹中心距为 $l_x$ 称为空间周期(mm),若观察点 $O$ 与图案之间的距离为 $R$(mm),则 $\theta = l_x/R$ (单位为 mrad)称为角周期,其倒数即为空间角频率：

$$f_x = 1/\theta = R/l_x \tag{5-57}$$

对于二维图像可以定义二维空间角频率($f_x, f_y$)。

(5)过扫比

在热成像系统中,相邻两行的瞬时视场之间可能有重叠或间隙,表征这种行扫描重叠程度的系数称为过扫比 $O_s$。

设探测器大小为 $a \times b$,并联探测器中相邻两探测器之间的中心距为 $d$,则如图5-30所示,过扫比为

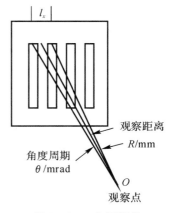

图 5-29　空间频率

$$O_s = \frac{Kb}{d} = \begin{cases} \dfrac{b}{d}, & \text{逐行 } K=1 \\[2mm] \dfrac{2b}{d}, & \text{隔行 } K=2 \end{cases} \qquad (5-58)$$

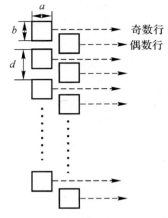

图 5-30　探测器阵列与扫描线

由定义和几何分析可知，$O_s = 1$ 时，相邻瞬时视场正好相接；$O_s > 1$ 时，相邻瞬时视场重叠；$O_s < 1$ 时相邻瞬时视场有间隙。

在垂直方向扫描线是空间离散周期采样，根据采样定理和探测器的空间响应，在 $y$ 方向可分辨的最大空间频率——Nyquist 频率 $f_{N_y}$ 为

$$f_{N_y} = \max\left\{ \frac{O_s}{\beta}, \frac{1}{\beta} \right\} \qquad (5-59)$$

（6）总视场

总视场指系统所观察到的物空间二维视场角。总视场由系统所观察的景物空间和光学系统的焦距决定，若总视场在水平和垂直方向分别为 $W_h$ 和 $W_v$，则系统的总视场可表示为 $W_h \times W_v$。于是同一帧图像中所包含的像元数的最大值为

$$m = \frac{W_h W_v}{\alpha\beta / O_s} = \frac{O_s W_h W_v}{\alpha\beta} \qquad (5-60)$$

即探测器的尺寸越小，系统的分辨力越高。

（7）驻留时间 $\tau_d$

驻留时间是光机扫描热成像系统的一个重要参数。热成像系统所观察的景物可以看成若干个发射辐射能的几何点的集合。成像过程中，探测器相对于这些点源是运动的，在与探测器前沿相交的瞬间到与探测器后沿脱离的瞬间所经历的时间，就是探测器的驻留时间。换言之，探测器驻留时间是扫过一个探测器张角所需的时间。当扫描速度为常数，系统的扫描效率为 $\eta_{scan}$ 时，单元探测器的驻留时间为

$$\tau_d = \frac{T_f}{m} = \frac{\alpha\beta T_f \eta_{scan}}{W_h W_v O_s} \qquad (5-61)$$

探测器为 $n_p$ 元并联线列探测器时，则驻留时间 $\tau_d$ 为

$$\tau_d = n_p \tau_{d1} = \frac{\alpha\beta n_p \eta_{scan}}{W_h W_v O_s f_p} \qquad (5-62)$$

探测器的驻留时间应大于探测器的时间常数。

（8）时间频率与空间频率的关系

在光机扫描热成像系统中，空间频率 $f(\text{cyc/mrad})$ 和时间频率 $f_t(\text{Hz})$ 之间是相关的，其间转换关系为

$$f_t = \omega f = \frac{\alpha}{\tau_d} f \qquad (5-63)$$

式中，$\omega$ 为扫描角速度（mrad/s）。

### 5.5.2　热成像系统成像方式

对于单元探测器系统，由于探测器的基本限制（灵敏度、响应速度），使这样的系统不可能有足够的热灵敏度。因此，必须增加探测器的数目组成阵列，以改进每帧、每分辨单元的信噪

比。这样,在热成像系统中就将探测器并联或串联起来扫描摄像,从而形成两种基本摄像方式,此外,还有串并联摄像方式,如图 5-31 所示。

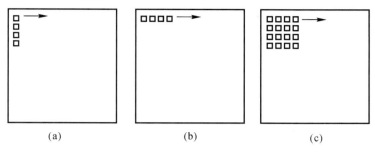

图 5-31　几种摄像方式
(a)并联探测器扫描;　(b)串联探测器扫描;　(c)串并联扫描

1. 并联扫描摄像方式

并联扫描是将数十个至数百个探测器组成一列,行扫描方向与探测器排列方向垂直,如图 5-31(a)所示。扫描器扫描时,每个探测器各扫过一行,因而 $n$ 个并联元件一起完成对 $n$ 行景物区域的扫描。若整个景物空间较 $n$ 行所对应的区域大(设为 $m$ 倍),则除了行扫描之外,还需要慢速帧扫描,即扫描完整的一帧需要 $m$ 个 $n$ 行,如图 5-32 所示。

并联扫描探测器阵列中的每一个探测元件都要接一个前置放大器。因为各探测元件是并联的,所以每个元件输出的电信号应以多路传输的方式往后传送。

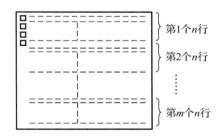

图 5-32　并联探测器做水平行扫描和垂直帧扫描

$n$ 元并扫热像仪由于扫描一次可以扫出 $n$ 个相同的行,于是在帧速 $F$ 相同的情况下,减少了扫描器的运动次数,增长了在探测器上的驻留时间,降低了系统的等效噪声带宽,从而减小了噪声,提高了信噪比。

并联扫描的主要优点是可用会聚光束扫描和用同一反射镜完成探测器扫描和显示器扫描,专用的敏感元件紧凑。它的主要缺点是探测器阵列中各探测元件 $D^*$(单元探测器的归一化探测率)的变化使图像不均匀,并且不同的探测器有不同的景物平均值所致的交流耦合失真,也能使图像不均匀。

2. 串联扫描摄像方式

串联扫描是将数十个至数百个探测器组成一行,行扫描方向与探测器排列方向一致,扫描器扫描时,景物上一点依次扫过各探测器,行扫速度和帧扫速度都与单元探测器时相同。

串联扫描时,每个探测器都连接一个前置放大器,然后一起送到延迟线。延迟线将各元件的信号经依次延迟后再叠加起来送至主放大器,如图 5-33 所示。延迟线的延迟方向与扫描方向相反。这样,经延迟后的各元件信号叠加起来,即可增大景物信号的强度。

串联扫描的每个探测元件都要扫过景物的同一个点,因此多元串扫实质上与单元件扫描是一样工作的,只是串扫增强了景物的信号。

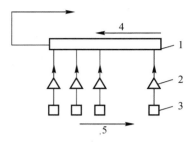

图 5-33  串联扫描的延迟线

1—延迟线;  2—前置放大器;  3—探测器;  4—延迟方向;  5—扫描方向

$n$ 元串扫热像仪由于每个探测元件都扫过景物的同一个点,故增强了景物信号,其总的叠加效果是提高了信噪比。

串联扫描的主要优点是消除了探测元件探测率不同引起图像的不均匀性。它的主要缺点是必须用平行光束扫描,因此使光学系统复杂化。

3. 两种基本摄像方式的比较

两种基本摄像方式的比较情况见表 5-4。

表 5-4  两种摄像方式的比较

|  | 并联扫描 | 串联扫描 |
| --- | --- | --- |
| 扫描方式 | 可用于会聚光束扫描 | 必须采用平行光束扫描 |
| 扫描器运动 | 运动部件速度低,易实现 | 运动部件速度高,电机寿命短,实现高行数、高帧频有困难 |
| 电子线路频带 | 频带低 | 频带宽 |
| 探测元件 | 对探测元件的均匀性要求高 | 对探测元件的均匀性不做要求 |
| 光电转换次数 | 光电转换次数多,每一次转换都引入一部分噪声,使目标背景对比度降低 | 光电转换次数少 |
| 制冷效果 | 探测器阵列长,制冷效果差 | 探测器阵列短,制冷效果好 |
| 信号与噪声 | 通过降低电子系统带宽(信号不变)从而降低噪声来提高信噪比,理论上信噪比提高为单元探测时的$\sqrt{n}$倍 | 通过信号叠加来增强信号,从而提高信噪比,理论上信噪比提高为单元探测时的$\sqrt{n}$倍 |
| $1/f$ 噪声区 | 由于带宽降低而离不开 $1/f$ 噪声区 | 低频端可取高些,以避开 $1/f$ 噪声区 |

# 习  题  5

1. 简述黑体辐射定律。

2. 依据基尔霍夫定律分析物体的波谱发射与吸收特性。

3.描述物体辐射度量大小的物理量主要有哪些？

4.查阅资料,简述红外成像技术的发展历史及各阶段的主要特点。

5.简述红外探测器的分类及其主要特性。

6.简述红外探测器的制冷方式。

7.简述红外成像系统分类及其实现过程。

8.根据所学内容,简述反映热成像系统的基本参数。

# 第6章　无人机载合成孔径雷达成像原理

## 6.1　概　　述

随着雷达对地观测技术的迅猛发展,合成孔径雷达在无人机上也得到了广泛应用。

合成孔径雷达属于侧视成像雷达范畴。侧视雷达与航空摄影不同,航空摄影利用太阳光作为照明源,而侧视雷达利用发射的电磁波作为照射源。它与普通脉冲式雷达的结构大体上相似。图6-1所示为脉冲式雷达的一般组成结构。它由一个发射机、一个接收机、一个转换开关和一根天线等组成。

发射机产生脉冲信号,由转换开关控制,经天线向观测地区发射。地物反射脉冲信号,也由转换开关控制进入接收机。接收的信号在显示器上显示或者记录在磁带上。

雷达接收到的回波中,含有多种信息,如雷达到目标的距离、方位,雷达与目标的相对速度(即做相对运动时产生的多普勒频移),目标的反射特性等。其中距离信息可用下式表示:

$$R = \frac{1}{2}vt \qquad\qquad (6-1)$$

式中　$R$——雷达到目标的距离;

　　　$v$——电磁波传播速度;

　　　$t$——雷达和目标间脉冲往返的时间。

雷达接收到的回波强度是系统参数和地面目标参数的复杂函数。系统参数包括雷达波的波长、发射功率、照射面积和方向、极化等。地面目标参数与地物的复介电常数、地面粗糙度等有关。

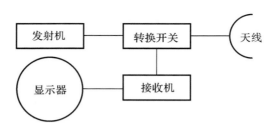

图6-1　脉冲式雷达的一般组成结构

### 1. 从真实孔径雷达到合成孔径雷达

雷达摄影测量是雷达成像技术与摄影测量技术相结合的产物,它伴随着雷达成像系统的发展而发展。

"雷达"(Radar)一词是"无线电探测和测距"英文(Radio Detection and Ranging)字头的缩写。1925年布立托(Briet)和杜夫(Tuve)利用脉冲测距原理第一次测量电离层高度,迈出了利用无线电波进行主动微波遥感的最早的一步。20 世纪 30 年代后期,第二次世界大战的军事需要,刺激了雷达技术的发展。1936 年,第一部脉冲雷达在美国首先使用,很快就成为空中、海上和地面的探测手段,广泛用于军事侦察和监视。机载成像雷达也是第二次世界大战期间雷达技术发展的主要产物之一。这种成像雷达为早期的 B 型扫描和平面位置显示器(PPI,Planimetric Position Indicator)雷达,可以获取飞机前部的地面图像。图像的分辨率低、动态范围小、几何畸变大,主要用于飞机和舰船的导航,还没有用于摄影测量。

20 世纪 50 年代中期,雷达技术发展的重大进展:在 PPI 雷达的基础上,美国为军事目的研制的真实孔径侧视机载雷达(Real Aperture Side-Looking Airborne Radar,简称 RAS-LAR)问世,可以获得几何精度较稳定,空间分辨率为数十米的雷达图像。机载真实孔径侧视雷达图像不仅可用于军事侦察,在地质调查、地球资源勘查方面也有重要的应用价值。1963 年美国 RAS-LAR 系统解密,开始用于资源勘查和摄影测量。真实孔径侧视雷达靠加大天线长度和缩短雷达波波长来改善图像的方位分辨率,随着距离的增大,分辨率迅速降低。因此,很难提高真实孔径雷达图像的分辨率,这将影响在资源调查和摄影测量中的应用。

合成孔径雷达(Synthetic Aperture Radar,简称 SAR)的设想,在真实孔径雷达研究和生产过程中已经形成。1951 年由美国古德意(Good Year)公司的卡尔·威莱(Wiley),在《用相干移动雷达信号频率分析来获得高的角度分辨率》报告里,首先提出合成孔径侧视雷达的概念,并证明雷达的角分辨率因回波信号中的多普勒频率结构有可能提高。1953 年依利诺伊大学控制系统实验室用机载 X 波段相干脉冲雷达对地面和海面反射信号进行研究,第一次实验证明了合成孔径雷达原理,并获得了第一张合成孔径雷达窄带地形图像。1957 年美国密根歇大学雷达和光学实验室为陆军首先研究成功第一部机载光学处理的合成孔径雷达系统。该系统于 1960 年公布了所摄图像和样机研究报告。

合成孔径雷达于 20 世纪 60 年代初达到实用水平,并开始装备美军,主要用于战场监视和侦察。70 年代初军用合成孔径雷达系统解密,开始民用,在对地观测遥感中取得了许多重大的成就,合成孔径雷达成像技术也得到了很大的发展。典型的机载合成孔径雷达系统有加拿大遥感中心的 CV - 580 和美国喷气推进实验室(JPL)的 AIRSAR 系统。20 世纪末合成孔径雷达成像技术的发展,除空间分辨率的提高以外,还表现在以下几个方面:

1)从单波段、单极化到多波段、多极化;

2)从数据的光学记录处理到数字记录处理;

3)从机载到星载。

合成孔径雷达波长和极化方式主要根据探测目标的微波散射性质进行选择。例如,采用单波段时,探测陆地一般采用 HH 极化方式、观测海洋一般采用 VV 极化方式。与多光谱扫描图像一样,多波段、多极化图像具有更丰富的目标信息,更有利于被探测目标的识别与分类。1974 年加拿大遥感中心在密执安环境研究所(ERIM)和 1980 年美国 JPL 分别研制的双波段(L,X)、多极化(HH,VV,HV,VH)合成孔径雷达系统是早期的机载多波段、多极化合成孔径雷达。后来还有:加拿大的 CV - 580 SAR 系统,工作在 C,X 波段,具有多极化能力;JPL 的 AIRSAR 系统,有 P,L,C 三个波段,为多极化方式;1994 年美国 SIR - C/X SAR 有 L,C,X 三个波段,其中 L,C 波段有四种极化方式,X 波段为 VV 极化方式,是第一部多波段、多极化的航天合成孔径雷达对地观测系统。

合成孔径雷达生成地面目标二维图像是比较复杂的过程。早期都是在遥感平台上采用光学方法把回波信号的幅度和相位记录在胶片上,形成图像数据胶片,然后在地面利用光学相关器处理成地面图像。光学处理虽然有速度快的特点,但不能实时传输,也难于进行几何、辐射校正。20世纪60年代中期就开始了合成孔径雷达数字记录与处理技术的研究,70年代开始应用,90年代后的合成孔径雷达一般都采用数字记录和数字处理成像技术。

随着机载合成孔径雷达的成功应用,星载合成孔径雷达也得到迅速发展。1978年,载有SAR系统的美国海洋卫星发射升空,标志着雷达对地观测由机载进入到星载的时代。星载合成孔径雷达发展很快,并在地球科学中的应用发挥了巨大的作用。90年代是星载雷达遥感的"黄金时代",一些发达国家和组织相继实施庞大的雷达遥感计划,一些发展中国家亦给予了充分的重视。日本、美国的TRMM、法国的SPOT及美国的EOS、POSW等卫星系统也携有SAR遥感器。

星载雷达发展趋势仍是在不断提高空间分辨率的基础上,采用多波段、多极化、多视角的成像方式提供满足不同需要的多种产品。RADARSAT是加拿大政府和私人公司合营的商用雷达卫星。

该卫星雷达波束入射角(侧视角)可自由地从20°～60°间变化,并有7种不同波束形式和25种不同的波束位置成像模式,可为用户提供不同成像地区、不同分辨率、不同重复观测周期的雷达图像。SIR-C/X-SAR,是美国EOS(地球观测系统)SAR系统的试验样机,对探索雷达成像机理和地物微波散射特性有着十分重要的意义。SIR-C的多波段、多极化SAR系统和RADARSAT的多波束模式、多波束位置的SAR系统代表了当前航天雷达系统发展的最高水平。

### 2. 从平面测量发展到干涉测量

随着雷达成像技术的发展,雷达摄影测量从平面测量、立体测量发展到干涉测量。随着摄影测量的发展,雷达摄影测量的方法从光学模拟、解析测量方法发展到数字测量方法。

早期雷达摄影测量主要是平面位置测量。虽然"雷达摄影测量"(也称"雷达图像测量")术语在20世纪60年代初才提出,但在PPI雷达图像出现后不久(20世纪40年代末)就有雷达摄影测量论文的报道,而大量的雷达摄影测量理论与分析的报告是在侧视雷达图像出现以后的60年代中期。20世纪70年代以前,利用真实孔径雷达图像或合成孔径雷达图像测量热带、亚热带雨林地区地图时,主要是采用光学纠正的方法编辑雷达像片平面图,并以此为基础编制各种专题图。

雷达立体摄影测量的理论研究可追溯到20世纪40年代末。自此以后,这方面的研究论文很多,然而由于得不到实际雷达像对数据,使这些研究工作受到限制。机载合成孔径雷达的出现,特别是星载雷达图像的获得,促进了雷达立体摄影测量的发展。最早在解析测图仪上利用雷达像对进行立体测图的是美国Norvelle(1972年),后来Autometrie公司在解析测图仪上开发了雷达立体测图的功能。继SIR-A之后,美国于1984年发射的SIR-B,采用了可变侧视角雷达成像技术,首次在航天高度实现了立体图像的获取,为航天雷达立体摄影测量的研究提供了实际的像对数据。F. Leberl等人利用SIR-B的资料进行了很多的研究和试验,在雷达立体测量方面取得了很多研究成果。目前,主要用数字摄影测量的方法进行雷达图像的单片纠正和立体测图。雷达立体测图,受到图像空间分辨率、光斑和像对交会角限制等因素的影响,高程精度不高,除在局部地区或试验中应用外,未在大范围地区推广应用。

雷达干涉测量为获取地面高低起伏信息提供了一种新的方法。雷达干涉测量原理用于地形测量由 Graham(1974 年)提出。美国喷气推进实验室(JPL)于 20 世纪 70 年代首先利用雷达干涉测量技术获取行星表面数字高程模型,在 80 年代成功地进行了航空合成孔径雷达干涉测量试验。20 世纪 90 年代,美国 SIR - C/X - SAR 在第二次飞行的后三天进行了重复轨道干涉雷达成像飞行。欧空局利用 ERS-1 三天重复轨道周期的合成孔径雷达图像的像对数据进行了干涉测量和差分干涉测量试验,取得了很好的试验结果。根据有关文献报道,机载雷达干涉测量的高程精度达±3～±9m,星载重复轨道雷达干涉测量的高程精度可达±2～±5m,差分干涉测量可以监测地表几厘米甚至几毫米的动态变化。ERS-1,2 两颗卫星一前一后运行,SIR - C、RADARSAT 等对地观测的短周期覆盖,为雷达干涉测量的研究和应用提供了便利条件,也为快速获取全球数字高程模型提供了可能。雷达干涉测量是 20 世纪 90 年代迅速发展起来的获取地表三维信息的新方法,是雷达遥感的新领域,也是摄影测量的新课题。

3. 从单一图像的目视判读到多图像计算机信息提取

在雷达摄影测量中地形特征信息的提取是重要的内容之一。

20 世纪 70 年代以前,摄影测量中地形特征信息的提取主要采用单一图像目视判读的方法,为充分利用影像潜力还借助放大和立体观察。1972 年美国陆地卫星获取地表多光谱扫描图像以后,广泛采用多光谱彩色合成技术,以提高目视判读的效果,并且积极开展了计算机信息提取方法的研究和试验。当前数字摄影测量中开始采用人机交互提取地形要素的方法,用计算机统计模式识别在高分辨率图像上自动提取地形要素还有待进一步研究。

雷达图像信息提取中,由于人们对微波与地面目标间相互作用的机理掌握还不够,靠单一波段、单一极化的图像判读或计算机识别地形要素比较困难,将雷达图像与可见光、红外图像互为补充是信息提取应用的趋势。雷达图像数据与其他波段、其他极化方式或其他遥感器图像数据,通过影像融合技术,使不同波段、不同极化、不同分辨率的数据融合生成新的图像数据,可以获得融合前多种图像分别提取所得不到的新信息。

## 6.2　合成孔径雷达成像原理

### 6.2.1　雷达成像原理

如图 6-2 所示,侧视雷达 S 在飞机(或卫星)飞行时间内向垂直于航线的方向发射一个很窄的波束,这个波束在航迹向上很窄,在距离向上很宽,覆盖了地面上一个很窄的条带。飞机在飞行时不断发射这样的波束,并不断接收地面窄带上的各种地物的反射信号,于是由这些波束扫视地面一条带状区域,形成图中的成像带。每个波束是由所发射的一个短的脉冲形成,这个脉冲遇到目标后,一部分能量由地物反射返回雷达天线,即回波。地面上与飞机距离不同的目标反射的回波,由雷达天线和接收机按时间的先后次序接收下来,并由同步的亮度调制的光点在摄影胶片上按回波的强度大小记录下来,一条视频回波线就记录了窄条带上各种地物的图像。紧接着发射下一个脉冲,飞机同时向前飞行了一段很小的距离,然后又接收地面相邻窄条带的地物反射的回波信号,如此继续,构成地面成像带的图像。图 6-3 表示接收地面窄条带内几个目标的详细情况。这个窄条带由 A 至 B 的几个目标的回波经电子处理器的处理后在阴极射线管上形成一条影像线,从 A 点的回波信号到达天线的时刻起,阴极射线管上的光点即开始以恒定的速度在管面扫描。A 点的回波因 A 点离雷达最近,故最先在阴极射线管显示出来,接着是点 1 的回波,光点亮度依其回波信号强弱而变化,并在管面上 X 处显示出来,然后是 2 点的回波显示于管面 Y 处,直至 B 点回波显示并在胶片上曝光后,阴极射线管即被关闭,直到接收下一个脉冲信号时再启动。

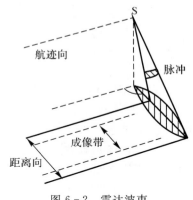

图 6-2　雷达波束

这里提到的脉冲长度 $\tau$ 与雷达波长 $\lambda$ 是不同的,从图 6-4 中可以明白两者之间的区别与联系。具体的例子如 X 波段波长约 3 cm,而脉冲长度则有几米,脉冲的不同部分被不同位置的目标反射,如图 6-4(图中 $u,v,w$ 为同一脉冲的三个部分,为表示它们到达目标的先后,才分开画出表示)所示,脉冲的 $u$ 部分首先被 Z 点反射,然后 $v$ 部分被 Y 点反射,要区分两个邻近的目标,必须是这两个目标反射的脉冲的两个部分在不同时间到达天线,即要求反射脉冲没有重叠。如果两个目标靠得很近,或脉冲比较长,那么这两个目标所反射的脉冲部分就有可能重叠,即几乎同时达到天线,因而被同时记录下来,无法分开。在地面可以分辨的两目标之间的最短距离就是侧视雷达图像的距离分辨率。

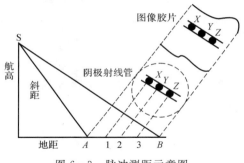

图 6-3　脉冲测距示意图

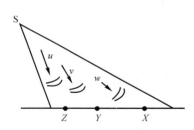

图 6-4　被反射的脉冲

距离分辨率与天线和目标之间的距离无关,或者说与天线高度无关。如图 6-5 所示,无论天线在 A 处,或在 B 处,所接收的两相邻目标信号均是相同的。但是在不同俯角下的两个目标(见图 6-6)则有不同的结果。图 6-6 中 X 处的两个目标与 Y 处的两个目标虽然都相距同一距离,但 X 处俯角 $\beta_1$ 大,两目标反射的脉冲会重叠,故而两点信号无法分开。而 Y 处俯角 $\beta_2$ 小,反射信号不会重叠。这说明了距离分辨率与俯角关系甚大,侧视时距离分辨率好,近垂直时反而差,与航空摄影的情况正好相反,同时也说明了雷达成像必须侧视的原因。

一般距离分辨率可用下式表示:

$$R_r = \frac{\tau c}{2}\sec\beta \qquad\qquad (6-2)$$

式中　$\tau$——脉冲长度;

　　　　$c$——电磁波传播速度;

　　　　$\beta$——俯角。

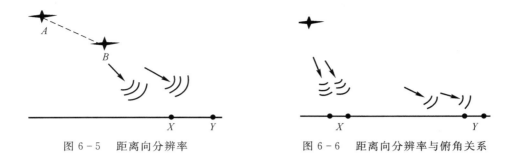

图 6 - 5    距离向分辨率          图 6 - 6    距离向分辨率与俯角关系

在航向上,两个目标要能区分开来,就不能处于同一波束内,在这一方向上所能分辨出的
两个目标的最小距离称为方位分辨率,按下式求得:

$$R_\omega = \omega R \qquad (6-3)$$

式中    $\omega$—— 波瓣角;

$R$—— 斜距。

图 6 - 7 所示为两个方向分辨率的示意。

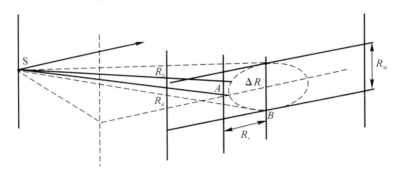

图 6 - 7    侧视雷达地面分辨率

由于波瓣角与波长 $\lambda$ 成正比,与天线孔径 $d$ 成反比,故方位分辨率又可表示为

$$R_\omega = \frac{\lambda}{d} R \qquad (6-4)$$

可见要提高方位分辨率,必须加大天线孔径,采用波长较短的电磁波,缩短观侧距离。但
在飞机或卫星上,这些都受到限制。目前的方法是采用合成孔径侧视雷达。这种雷达接收的
回波并不像上述真实孔径侧视雷达那样,立即显示成像,而是把目标回波的多普勒相位历史贮
存起来,即存贮在所谓的"数据胶片"上,然后对数据胶片进行相关处理,形成图像。

### 6.2.2    合成孔径雷达成像原理与系统参数

1.合成孔径雷达成像原理

合成孔径技术是为了解决侧视雷达影像分辨率难以提高的难题而发展起来的新技术,它
实现了雷达成像的方位分辨率与天线长度、飞行高度无关的愿望。

合成孔径技术的基本思想是用一个小天线沿一条直线方向不断移动。如图 6 - 8 所示,在
移动中的每个位置上发射一个信号,接收相应发射位置的回波信号存贮下来。存储时必须同

时保存接收信号的振幅和相位。当天线移动一段距离 $L_s$ 后，存贮的信号和长度为 $L_s$ 的天线阵列诸单元所接收的信号非常相似。合成孔径天线是在不同位置上接收同一地物的回波信号，真实孔径天线则在一个位置上接收目标的回波。如果把真实孔径天线划分成许多小单元，则每个单元接收回波信号的过程与合成孔径天线在不同位置上接收回波的过程十分相似。真实孔径天线接收目标回波后，好像物镜那样聚合成像。而合成孔径天线对同一目标的信号不在同一时刻得到，它在每一个位置上都要记录一个回波信号，每个信号由于目标到飞行器之间的距离不同，其相位和强度也不同。然而，这种变化是有规律地进行的，当飞行器向前移动时，飞行器与目标之间的球面波波数逐渐减少，目标在飞行航线的法线上时与天线的距离最小。当飞过这条法线时球面波波数又有规律地增加。这样形成的整个影像，也不像真实孔径雷达影像那样，能看到实际的地面影像，而是一相干影像，它需要处理后才能恢复成地面的实际影像。

一个 SAR 成像系统，基本包括发射器、雷达天线、接收器、记录器四个部分。由脉冲发生器产生高功率调频信号；经发射器以一定的时间间隔（脉冲长度）反复发射具有特定波长的微波脉冲；通过发射天线向飞行器的一侧沿扇状波束宽度发射雷达信号照射与飞行方向垂直的狭长地面条带，此波束在方位向上很窄，在距离向上很宽；借助于发射/接收转换开关，再通过天线接收地面返回的能量；接收器将接收的能量处理成一种振幅/时间视频信号；这种信号再通过记录设备产生图像。

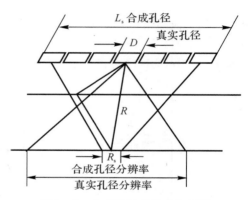

图 6-8　合成孔径雷达工作过程

合成孔径雷达的方位分辨率可从图 6-8 中看出。若用合成孔径雷达的实际天线孔径来成像，则其分辨率将很差。如图 6-8 所示，天线孔径为 8 m，波长为 4 cm，目标与天线的距离为 400 km 时，按式（6-4）计算，其方位分辨率为 2 km。现在若用合成孔径技术，合成后的天线孔径为 $L_s$，则其方位分辨率为

$$R_s = \frac{\lambda}{L_s} R \qquad (6-5)$$

由于天线最大的合成孔径为

$$L_s = R_\omega = \frac{\lambda}{d} \qquad (6-6)$$

将式（6-6）代入式（6-5）则有

$$R_s = d \qquad (6-7)$$

式（6-7）说明合成孔径雷达的方位分辨率与距离无关，只与实际使用的天线孔径有关。此外由于双程相移，方位分辨率还可提高一倍，即 $R_s = d/2$。

2. 合成孔径雷达系统参数

合成孔径雷达是一种高分辨率相干成像雷达。高分辨率在这里包含着两方面的含义，即高的方位向分辨率，足够高的距离向分辨率。它采用以多普勒频移理论和雷达相干为基础的合成孔径技术来提高雷达的方位向分辨率；而距离向分辨率的提高则通过脉冲压缩技术来实

现。图 6 - 9 所示是合成孔径雷达系统成像的几何示意图,其中天线照射方向与飞行方向垂直,入射角为 $\theta$。沿雷达视线的坐标称为距离向,与距离向正交的坐标称为方位向。雷达平台可以是机载平台也可以是星载平台。随着平台在方位向以固定速度前进,雷达以固定间隔 $T$(脉冲重复频率 PRF＝$1/T$)向雷达照射区域发射电磁脉冲,并记录相应回波。雷达的照射区域定义为天线半功率宽度在地表的范围。由于天线波束在方位向有一定宽度,雷达飞行通过其足迹需要一定时间,在这段时间内发射了许多脉冲,因而地面条带内的每一点由多个脉冲照射。SAR 系统建立起一系列合成孔径(天线),并在目标通过对小天线生成的宽波束时把信号的强度和相位关系存储起来。

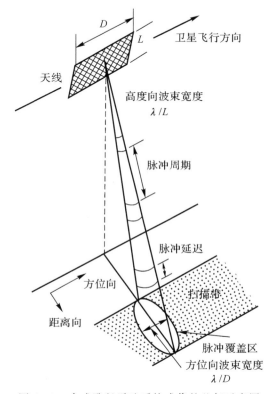

图 6 - 9　合成孔径雷达系统成像的几何示意图

任何雷达系统对目标的成像都与雷达波的频率、极化和照射几何关系有关。遥感应用的雷达使用特定的波长,从而也就确定了所采用的特定频率,微波波段的电磁波波长在 1～100 cm。对任意给定的雷达系统而言,发射波的极化和波长是已知常数。此外,雷达系统参数还确定了所生成图像的分辨率和辐射测量的质量。

(1)雷达影像分辨率

在成像雷达照射的范围内,被照射的两个目标在距离向和方位向都相隔一定的距离。分辨率是描述雷达波束判别在空间上相邻目标的最小距离,它是雷达影像处理的重要参数,系统的分辨率定义了能分离目标、并能作为独立目标识别的距离,它是无人机载雷达中准确识别目标的基础。雷达分辨率定义在两个方向上,平行于飞行方向的分辨率为方位向分辨率,垂直于飞行方向的分辨率为距离向分辨率。确定雷达影像分辨率的参数取决于所定义的方向。

1)距离分辨率。如图 6-10 所示是距离分辨率原理图,SAR 一般发射线性调频脉冲或宽度极窄的高功率脉冲信号(前者需进行脉冲压缩以提高其距离分辨率),在垂直于飞行方向上目标的分辨率取决于回波的延时,其距离分辨率 $R_r$ 由雷达发射波形的频带宽度 $B$ 决定:

$$R_r = \frac{c}{2B} \tag{6-8}$$

式中,$c$ 为光速。

这个分辨率是发生在 SAR 与目标的连线方向上,称为斜距分辨率。但是,在 SAR 应用中更重要的是沿地表的地距分辨率 $R_d$,且有

$$R_d = \frac{R_r}{\sin \theta} \tag{6-9}$$

式中,$\theta$ 为入射角。

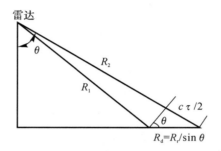

图 6-10　距离分辨率原理图

在雷达影像上,近端入射角小于远端入射角,所以近端的地距分辨率比远端差。由于星载雷达系统通常都工作在小的视角(或俯角)范围,一般情况地距分辨率将不会有大的变化。

2) 方位分辨率。在航向上,两个目标要能区分开来,就不能处于同一波束内,在这一方向上所能分辨出的两个目标的最小距离称为方位分辨率,合成孔径天线对同一目标的信号不是在同一时刻得到的,它在每一个位置上都要记录一个回波信号,每个信号由于目标到飞行器之间的距离不同,其相位和强度也不同。然而,这种变化是有规律进行的,当飞行器向前移动时,目标在飞行航线的法线上时与天线的距离最小。方位向分辨率的数学表达形式为

$$R_a = \frac{d}{2} \tag{6-10}$$

式中,$d$ 为天线孔径,合成孔径雷达的方位分辨率与距离无关,只与实际使用的天线孔径有关。

3)分辨率单元。距离分辨率和方位分辨率共同构成了地面投影的分辨率单元。它是雷达测图技术与地形相关的重要参数,是形成精确的单幅雷达影像测图技术中地形和影像灰度关系模型的重要依据。

(2)波段/频率

合成孔径雷达是采用微波进行图像成像的,波段/频率是系统很重要的参数,因为地物的后向散射特性与雷达波长关系密切。SAR 延续了二次世界大战时期对无线电波波段的称谓,如 K,X,C,S,L 和 P 等。表 6-1 为常见的机载和星载合成孔径雷达主要工作波段及对应的波长和频率。

**表 6 - 1　常见的机载和星载合成孔径雷达主要工作波段及对应的波长和频率**

| 波段代号 | 波长范围/cm | 频率范围/MHz |
| --- | --- | --- |
| P | 136～77 | 220～390 |
| L | 30～15 | 1 000～2 000 |
| S | 15～7.5 | 2 000～4 000 |
| C | 7.5～3.75 | 4 000～8 000 |
| X | 3.75～2.40 | 8 000～12 500 |
| Ku | 2.40～1.67 | 12 500～18 000 |
| K | 1.67～1.18 | 18 000～26 500 |
| Ka | 1.18～0.75 | 26 500～40 000 |

（3）极化

不同极化的回波是相应的电场方向与地物目标相互作用的结果,显然,目标的性质影响着极化。雷达的极化方式不同,地物的回波响应也不同,地物即使对 HH 和 VV 极化方式的响应也不一样,交叉极化方式与同极化方式的效果更不一样。同一地区的 HH,VV 和 HV 图像各不相同,尤其是 HV 图像与同极化方式图像的差异更大。某些地物的交叉极化回波具有重要的特点,掌握这些特点对于信息提取和地物识别十分重要。

（4）入射角

入射角定义为雷达入射波束与当地大地水准面垂线之间的夹角。是影响雷达后向散射及图像目标物因叠掩或透视收缩产生位移的主要原因。

（5）视角

视角,也称为高程角,被定义为天线和地面的垂线与到入射点的发射波束之间的夹角,对水平飞行的机载雷达系统而言,视角是天底点与到入射点发射波束之夹角,然而,当出现机载或星载飞行器滚动时,视角会发生变化。从近距到远距,视角增加,它是俯角的补角。

（6）俯角

俯角是天线水平线和从雷达到入射点的发射波束之间的夹角。雷达波对地物的不同照射方向会产生不同的回波效果。由于雷达波束在距离方向具有一定的宽度,因而形成了俯角范围。在这一范围内雷达波束照射地面的宽度称为照射带宽度,在这一照射带内的同一类地物就可能对应着不同的俯角。

（7）视向/走向

雷达视向以及地物走向的不同对后向散射回波有很大影响。当地物不对称且飞行方向平行于构造主轴线时,回波很强;当雷达照射方向与地物方向平行时,回波较弱。人工地物,以及成行的农作物等在这方面表现得比较显著。

（8）视数

分辨单元内的 SAR 图像是由许多小散射元的后向散射贡献的,采用雷达信号全带宽内的部分带宽的非相干叠加可以减少雷达图像噪声斑点,这个非相干处理过程就是多视处理。多视处理降低了噪声斑点,但同时降低了空间分辨率。

# 6.3　合成孔径雷达图像的几何特征

### 6.3.1　斜距显示的近距离压缩

雷达图像中平行飞行航线的方向称为方位向或航迹向，垂直于航线的方向称为距离向，一般沿航迹向的比例尺是一个常量。

但是，由于有两种显示方式，沿距离向的比例尺就变得复杂了。在斜距显示的图像上地物目标的位置由该目标到雷达的距离（斜距而不是水平距离）所决定，图像上两个地物目标之间的距离为其斜距之差乘以距离向比例尺，则

$$y_1 - y_2 = f(R_1 - R_2) = (R_1 - R_2)/a \tag{6-11}$$

式中　$y_1, y_2$——两目标在图像上的横坐标，纵坐标通常为航迹向图像坐标，以 $x$ 表示；

　　　$f$——距离向比例尺；

　　　$a$——比例尺分母，它由阴极射线管上光点的扫描速度所决定。

这里的距离向比例尺是相应于所说两个目标而言，当俯角为 $\beta$ 时，有

$$\Delta R = \Delta G \cos \beta \tag{6-12}$$

其中，$\Delta R = R_1 - R_2$，即两目标斜距之差。

$$\Delta G = G_1 - G_2 \tag{6-13}$$

式中，$G_1, G_2$ 分别为两目标到雷达天线的水平距离。于是两目标的图上距离为

$$y_1 - y_2 = f\Delta R = f\Delta G \cos \beta = \frac{f}{\sec \beta}(G_1 - G_2) = f'(G_1 - G_2) \tag{6-14}$$

此时比例尺 $f'$ 不再是常数，俯角 $\beta$ 越大，$f'$ 越小。

图 6-11 表示了地面上相同大小的地块 $A, B, C$ 在斜距图像和地距图像上的投影，$A$ 是距离雷达较近的地块，但在斜距图像上却被压缩了，可见比例尺是变化的。这样就造成了图像的几何失真，这一失真的方向与航空摄影所得到的像片形变方向刚好相反（航空像片中是远距离地物被压缩）。

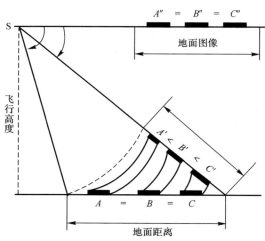

图 6-11　斜距图像近距离压缩

为了得到在距离向无几何失真的图像,就要采取地距显示的形式。通常在雷达显示器的扫描电路中,加延时电路补偿或在光学处理器中加几何校正,以得到地距显示的图像。图 6-11 中表示了地距显示图像在距离向没有形变,不过这只是对平地图像的处理,可以做到距离无失真现象,如果遇到山地,即便地距显示也不能保证图像无几何形变。

### 6.3.2　合成孔径雷达图像的透视收缩和叠掩

在侧视雷达图像上所量得的山坡长度按比例尺计算后总比实际长度要短,如图 6-12 所示,设雷达波束到山坡顶部、中部和底部的斜距分别为 $R_t, R_m, R_b$,坡的长度为 $L$,从图 6-12(a) 中可见,雷达波束先到达坡底,最后才到达坡顶,于是坡底先成像,坡顶后成像,山坡在斜距显示的图像上显示其长度为 $L'$,很明显 $L' < L$。而图 6-12(b) 中由于 $R_t = R_m = R_b$,坡底、坡腰和坡顶的信号同时被接收,图像上成了一个点,更无所谓坡长。图 6-12(c) 中由于坡度大,雷达波束先到坡顶,然后到山腰,最后到坡底,故 $R_b > R_m > R_t$。这时图像所显示的坡长为 $L''$,同样是 $L'' < L$,图 6-12(a) 所示图像形变称为透视收缩,图 6-12(c) 所示的形变常被称为叠掩。

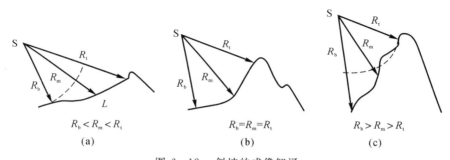

$$R_b < R_m < R_t$$
(a)

$$R_b = R_m = R_t$$
(b)

$$R_b > R_m > R_t$$
(c)

图 6-12　斜坡的成像解译

(a) 雷达透射收缩;　(b) 斜坡成像成为一点;　(c) 雷达叠掩

一般令雷达图像显示的坡长为 $L_r$,有

$$L_r = L \sin \theta \qquad (6-15)$$

这里 $\theta$ 为雷达波束入射角,可见当 $\theta = 90°$ 时,$L_r = L$,即波束贴着斜坡入射时,斜坡的图像显示才没有变形,其他情况下,$L_r$ 均小于 $L$。

入射角 $\theta$ 一般可由下式表达:

$$\theta = 90° - (\beta + \alpha) \qquad (6-16)$$

式中　　$\beta$——俯角;

　　　　$\alpha$——山坡坡度。

由图 6-13 可见,$\theta$ 角的定义通常是与山坡坡度相关的(对于某一雷达系统,$\beta$ 总是一个常数或一定的范围)。由 $\theta$ 的定义可见,对同样坡度的山坡,$\beta$ 角越大,$\theta$ 角越小。于是由式(6-15),说明近距离时图像收缩更大。

定义图像透视收缩比为

$$F_p = (1 - \sin \theta)\% \qquad (6-17)$$

图像透视收缩比 $F_p$ 与入射角 $\theta$ 的关系由式(6-17)和表 6-2 给出。

表 6-2　雷达图像收缩百分比（$F_p$）随入射角（$\theta$）的变化关系

| $\theta$ | $F_p/(\%)$ | $\theta$ | $F_p/(\%)$ |
|---|---|---|---|
| 90° | 0.0 | 40° | 35.7 |
| 80° | 1.5 | 30° | 50.0 |
| 70° | 6.0 | 20° | 65.8 |
| 60° | 13.4 | 10° | 82.6 |
| 50° | 23.4 | 0° | 100.0 |

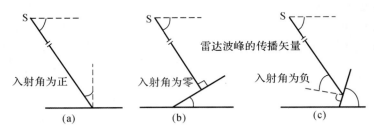

图 6-13　地形、坡度对入射角的影响

以上是考虑朝向雷达波束的坡面，即前坡的情况。背向雷达波束的坡面，称为后坡，对于同一方向的雷达波束，后坡的入射角与前坡不一样。后坡坡度与前坡相同时，图像的收缩情况不一样。表 6-3 给出了前后坡坡度均为 15°时，不同视角时后坡与前坡图像显示的坡长比，可见图像上的后坡总是比前坡长，前坡的透视收缩严重，由于透视收缩本身表明回波能量相对集中，最集中的情况是山顶、山腰和山底的回波集中到一点（见图 6-13（b）），所以收缩意味着更强的回波信号，故而一般在图像上的前坡比后坡亮。

图 6-14 为图像叠掩的形成，可见山顶 $D$ 点是与山下 $C$ 点在图像上成像于同一点 $C'$，山底成像晚于山顶，这种成像与航摄像片中的成像正好相反，一般说来，当雷达波束的俯角 $\beta$ 与山坡坡度角 $\alpha$ 之和大于 90°时，才会出现叠掩。表 6-4 给出了不同坡度产生叠掩的条件，可见波束入射角为负时才产生叠掩。图 6-15 所示表明俯角与叠掩的关系，即俯角越大，产生叠掩的可能性越大，且叠掩多是近距离的现象，图像叠掩给判读带来困难，无论是斜距显示还是地距显示都无法克服。

表 6-3　不同俯角时的地面入射角和雷达坡度长度

| 俯　　角 | 雷达坡度长度（原山坡坡长为 1） | | 坡长比（后坡／前坡） |
|---|---|---|---|
| | 前坡 | 后坡 | |
| 75° | 0 | 0.50 | ∞ |
| 65° | 0.17 | 0.64 | 3.76 |
| 55° | 0.34 | 0.77 | 2.26 |
| 45° | 0.50 | 0.87 | 1.74 |
| 35° | 0.64 | 0.94 | 1.47 |
| 25° | 0.77 | 0.98 | 1.28 |
| 15° | 0.87 | 1.00 | 1.15 |

表 6－4　产生叠掩的必要条件

| 地形坡度 | $\beta$ | $\theta$ |
| --- | --- | --- |
| >80° | 10° | 1 |
| >70° | 20° | |
| >60° | 30° | |
| >50° | 40° | |
| >40° | 50° | 负 |
| >30° | 60° | |
| >20° | 70° | |
| >10° | 80° | ↓ |

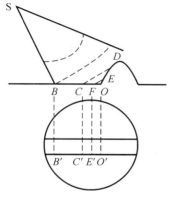

图 6－14　图像叠掩的形成

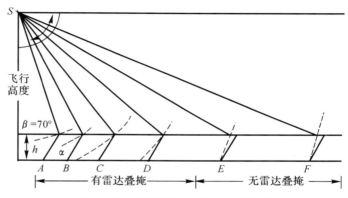

图 6－15　雷达叠掩与俯角（$\beta$）的关系

### 6.3.3　雷达阴影

雷达波束在山区除了会造成透视收缩和叠掩外,还会对后坡形成阴影。如图 6－16 所示,在山的后坡雷达波束不能到达,因而也就不可能有回波信号。在图像上的相应位置出现暗区,没有信息。雷达阴影的形成与俯角和坡度有关。图 6－17 所示说明了产生阴影的条件。当背坡坡度小于俯角,即 $\alpha < \beta$ 时整个背坡都能接收波束,不会产生阴影。当 $\alpha = \beta$ 时,波束正好擦过背坡,这时就要看背坡的粗糙度如何,若为平滑表面,则不可能接收到雷达波束,若有起伏,则有的地段可以产生回波,有的则产生阴影。当 $\alpha > \beta$ 时,即背坡坡度比较大时,则必然出现阴影。

雷达阴影的大小,与 $\beta$ 角有关,在背坡坡度一定的情况下,$\beta$ 角越小,阴影区越大,这也表明了一个趋势,即远距离地物产生阴影的可能性大,这与产生叠掩的情况正好相反。

上面所述是山脊走向与雷达波束垂直时的情况。当山脊走向与航向不平行,其夹角 $\psi$ 不为零时,产生阴影的条件会发生变化。图 6－18 即表示了在不同 $\psi$ 角和不同俯角情况下会产生阴影的背坡坡度,图中虚线指示了当山脊走向与雷达波束的夹角为 40°,俯角为 40° 时,只有当背坡坡度大于 47.5° 时,才会产生阴影。

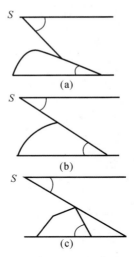

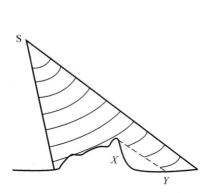

图 6-16　雷达阴影的产生　　　图 6-17　背坡角对雷达图像的影响

(a)α < β 无阴影;　(b)α = β 波束擦掉后坡;

(c)α > β 产生阴影

由图 6-17(c) 还可看出,斜距内的雷达阴影的长度 $S_s$,与基准面上的地物高度 $h$ 和雷达到阴影最远端的斜距 $S_r$,以及航高 $H$ 有关,其表达式为

$$S_s = hS_r/H \qquad (6-18)$$

若用俯角表示,则有

$$S_s = h/\sin \beta \qquad (6-19)$$

图 6-18　航向与山脊线走向之间的夹角与产生阴影的地形背坡角度之间的关系

这说明阴影对于了解地形地貌是十分有利的,可以根据对阴影的定量统计(如面积和长度的平均值、标准差等)和其他标准对地形进行分类。但是当阴影太多时,就会导致背坡区信息匮乏,这是它不利的一面。所以一般尽可能在起伏较大的地区避免阴影,为了补偿阴影部分丢失的信息,有必要采取多视向雷达技术,即在一视向的阴影区在另一视向正好是朝向雷达波束的那一面,前者收集不到的信息在后者得到补偿。

# 6.4　合成孔径雷达图像的几何变形分析

### 6.4.1　斜距投影变形

合成孔径雷达属斜距投影类型传感器,如图 6-19 所示,$S$ 为雷达天线中心,$S_y$ 为雷达成像面。地物点 $P$ 的图像坐标 $y$ 是雷达波束扫描方向的图像坐标,它取决于斜距 $R_p$ 以及成像比例尺 $\lambda$:

$$\lambda = \frac{2v}{c} = \frac{f}{H} \tag{6-20}$$

式中　　$v$——雷达成像阴极射线管上亮点的扫描速度;

　　　　$c$——雷达波在空间的传播速度;

　　　　$H$——传感器高度;

　　　　$f$——等效焦距。

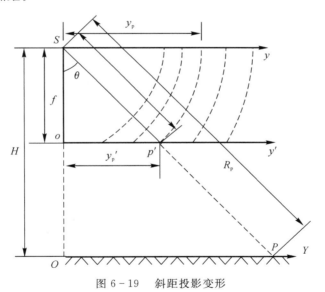

图 6-19　斜距投影变形

由于有

$$R_p = H/\cos\theta \tag{6-21}$$

于是

$$y_p = \lambda R_p = \lambda H/\cos\theta \tag{6-22}$$

此外,地面点 $P$ 在等效的中心投影图像 $oy'$ 上的成像点 $p'$ 的坐标 $y_{p'}$ 可表示为

$$y_{p'} = f\tan\theta \tag{6-23}$$

从式（6-22）及式（6-23）可推导出雷达成像坐标和等效中心投影图像坐标间的转换关系，即

$$y_p = (y_{p'}/\tan\theta)/\cos\theta = y_{p'}/\sin\theta = y_{p'}/\sin[\arctan(y_{p'}/f)] \tag{6-24}$$

$$y_{p'} = f\sin\theta/\cos\theta = y_p\sin\theta = y_p\sin[\arccos(f/y_p)] \tag{6-25}$$

于是，斜距投影的变形误差为

$$dy = y_p - y_{p'} = f(1/\cos\theta - \tan\theta) = y_p\{1 - \sin[\arccos(f/y_p)]\} \tag{6-26}$$

斜距变形的图形变化如图6-20所示。

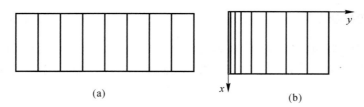

图6-20 成像几何形态引起的图像变形
(a) 无形变图形；(b) 斜距投影变形图形

### 6.4.2 外方位元素变化的影响

传感器的外方位元素，即传感器成像时的$(X_s, Y_s, Z_s)$和姿态角$(\varphi, \omega, \kappa)$，而对侧视雷达而言，还应加上飞行读数$(v_x, v_y, v_z)$。当外方位元素偏离标准位置而出现变动时，就会产生变形。这种变形的影响一般用地物点的图像坐标误差来表达，并可以通过传感器的构像方程来进行分析。

对于侧视雷达来说，其外方位元素对图像变形的影响比较复杂，在此仅作如下分析。

对于真实孔径雷达，它的侧向图像坐标取决于雷达天线中心到地物点之间的斜距。一般说来，传感器围绕其中心产生姿态角的变化时，并不影响斜距的变化，但是由于雷达发射波沿侧向呈现细长波瓣状（见图6-21(a)），当雷达天线的姿态角发生变化时，其航向倾角$d\varphi$和方位旋角$d\kappa$将使雷达波瓣产生沿航向平移和指向的旋转，引起雷达对物点扫描时间上的偏移和斜距的变化，因而造成图像变形。而旁向倾角$d\omega$不会改变斜距，只是照射带的范围会发生变化。

对于合成孔径侧视雷达，其成像过程可分为两个阶段。首先，利用雷达相干波产生全息的雷达信号图像，如图6-22(a)所示，然后通过光学（或数学）解码系统，将雷达信号变为实地图像（见图6-22(b)）。信号图像上记录的是一系列衍射条斑，如图中$a'a''$，$b'b''$等，每一条斑对应实地一个点（或一组等斜距的点），条斑中虚线段的长度及间隔在解码后决定了像点在图像上的位置。当雷达运载工具的航向矢量$v$在运行中发生变化时，条斑的形状会发生改变，从而引起图像变形。所以对于合成孔径侧视雷达，应当把传感器的航向速度$v = (vx, vy, vz)'$也当作成像外方位元素来看待，并顾及它对图像变形的影响。

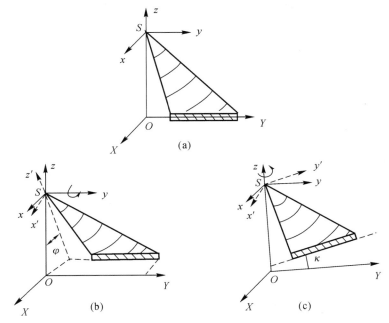

图 6 - 21　真实孔径雷达姿态变化的影响

(a)$\mathrm{d}\varphi = \mathrm{d}\omega = \mathrm{d}\kappa = 0$；　(b)$\mathrm{d}\varphi \neq 0$；　(c)$\mathrm{d}\kappa \neq 0$

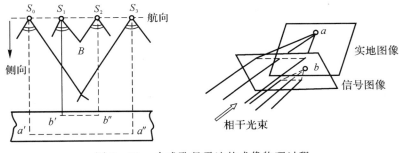

图 6 - 22　合成孔径雷达的成像物理过程

### 6.4.3　地形起伏的影响

地形起伏在合成孔径雷达图像上引起的像点位移情况如图 6-23 所示。设地面点 $P'$ 上的高程为 $h$，其图像坐标为 $y_{p'} = \lambda R_p$，$P$ 是 $P'$ 点在地面基准面上的投影点，其斜距可近似的表达为

$$R_p \approx R'_p + h\cos\theta \tag{6-27}$$

式中，$\theta$ 是 $P'$ 点的成像角。于是相应的因地形点起伏产生的位移为

$$\mathrm{d}y = y_{p'} - y_p \approx -\lambda h\cos\theta \tag{6-28}$$

图 6-24 所示是地形起伏对中心投影图像和斜距投影图像影像的对比，地形起伏在中心投影图像上造成的像点位移是朝背离原点方向变动的，而在雷达图像上则向原点方向变动。这种投影差相反的特点，将使得对雷达图像进行立体观测时，看到的是反立体。此外，高出地面

物体的雷达图像还可能带有"阴影",远景地物可能被近景地物的阴影所覆盖,这也是与中心投影图像不同之处。

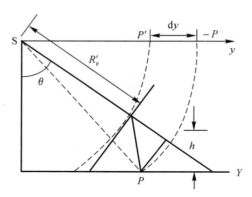

图 6-23  合成孔径雷达图像的地形起伏影响

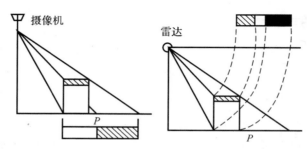

图 6-24  地形起伏影响的对比

### 6.4.4  地球曲率的影响

地球曲率引起的像点位移类似于地形起伏引起的像点位移。只要把地球表面上的点(见图 6-25 中的 $P$ 点)到地球切平面的正射投影距离 $h$ 看作是一种地形起伏,就可以利用前面介绍的像点位移公式(见式(6-28))来估计地球曲率所引起的像点位移。也就是说,只要把式(6-28)中的高差符号 $h$ 用 $\Delta h$ 的表达式来代替,便可获得因地球曲率产生的像点位移公式。因此下面将只讨论 $\Delta h$ 的表达式。如图 6-25 所示,设地面点到传感器与地心的连线的投影距离为 $D$,又设地球的半径为 $R_0$,则根据圆的直径与弦线交割线段间的数学关系可得

$$D^2 = (2R_0 - \Delta h)\Delta h \tag{6-29}$$

考虑到 $\Delta h$ 相对于 $2R_0$ 是一个很小的数值,对式(6-29)简化后可得

$$\Delta h \approx D/2R_0 \tag{6-30}$$

把 $\Delta h$ 带入前述有关式中 $h$ 的位置时,需要反号,因为地球曲率总是低于切平面。

由于对中心投影传感器情况有

$$\begin{bmatrix} h_x \\ h_y \end{bmatrix} = \begin{bmatrix} -\Delta h_x \\ -\Delta h_y \end{bmatrix} = -\frac{1}{2R} \begin{bmatrix} D_x^2 \\ D_y^2 \end{bmatrix} = -\frac{1}{2R_0} \frac{H^2}{f^2} \begin{bmatrix} x^2 \\ y^2 \end{bmatrix} \tag{6-31}$$

式中

$$D_x = X_p - X_s, \quad D_y = Y_p - Y_s, \quad H = -(Z_p - Z_s)$$

故对侧视雷达斜距投影,有

$$h_y = -\frac{H^2}{2R_0}\frac{y^2}{f^2} = -\frac{H^2}{2R_0}\tan^2\theta \tag{6-32}$$

式中，$\theta$ 是相对于地面点 $P$ 的仰角。

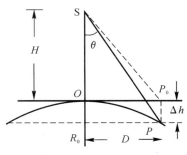

图 6-25　地球曲率的影响

### 6.4.5　大气折射的影响

对于广播或电磁波的传播而言，大气层并非一个均匀的介质，因为它的密度随离地面的高度增加而递减，所以广播或电磁波在大气层中传播的折射率也随高度而变，这样使电磁波传播的路径不是一条直线而是一条曲线，故而引起了像点位移。这就是大气折射的影响。

合成孔径雷达图像是斜距投影，雷达电磁波在大气中传播时，同样会因大气折射率随高度的递减而产生路径的弯曲。但大气折射对图像的影响不是通过电磁波传播方向的改变，而是通过电磁波传播路径长度的改变以及电磁波传播时间的改变来作用的。如图 6-26 所示，在无大气折射影响下，地面点 $P$ 的斜距为 $R$，而有大气折射时，电磁波则通过弧距 $R_c$ 到达 $P$ 点，其等效的斜距为 $R' = R_c$，从而使图像点从 $p$ 位移到 $p'$，即 $\Delta y = pp'$。显然，由于雷达波路径长度改变引起的像点位移误差为

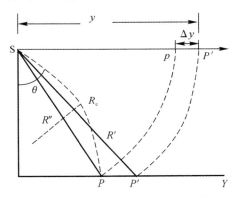

图 6-26　大气折射对雷达图像的影响

$$\Delta y = \lambda(R' - R) \tag{6-33}$$

其中，路径的长度改变 $\Delta R = (R - R')$ 可用弧长 $R_c$ 与弧长 $R$ 之差来表达。设弧长 $R_c$ 的曲率半径为 $\delta$，则

$$\Delta R = R_c - 2\delta\sin(R_c/2\delta) \approx \frac{1}{24}\frac{R_c^3}{\delta^2} \tag{6-34}$$

式中，$\delta$ 可用下式来估计：

$$\delta = \frac{n}{|\partial n/\partial H|\sin\theta} \tag{6-35}$$

式中　$n$ —— 海平面上的大气折射系数，$n = 1.000\,35$；

　　　　$\theta$ —— $P$ 点的成像角，$\sin\theta \approx \dfrac{f}{h}$；

$\dfrac{\partial n}{\partial H}$——折射率随高度变化值梯度,$\dfrac{\partial n}{\partial H}=-4\times10^{-8}$。

把式(6-35)和式(6-34)代入式(6-33)后可得像点位移的估计公式(同时考虑到 $y=\lambda R_c$;$\lambda=f/H$):

$$\Delta y=\frac{H^2}{24}\left(\frac{4\times10^{-8}}{1.00035}\right)^2 y \tag{6-36}$$

大气折射对电磁波传播的影响还体现在传播时间的增加上,由此引起的斜距变化为

$$\Delta R_t=R'(n'-1) \tag{6-37}$$

式中,$n'$ 为大气层中的平均折射系数,$n'\approx n+(H/2)(\partial n/\partial H)$。

由此引起的像点位移为

$$\Delta y=\lambda\Delta R_t\approx(0.00035-2\times10^{-8}H)y \tag{6-38}$$

通过式(6-36)和式(6-38)的比较计算,可发现由大气折射引起之路程变化的影响极小,可忽略不计。而时间变化的影响,不能忽略,需加以纠正。

### 6.4.6 地球自转的影响

在静态传感器(例如常规摄影机)成像的情况下,地球自转不会引起图像变形,因为其整幅图像是在瞬间一次曝光成像的。地球自转主要是对动态传感器的图像产生变形影响,特别是对卫星遥感图像。当卫星由北向南运行的同时,地球表面也在由西向东自转,由于卫星图像每条扫描线的成像时间不同,因而造成扫描线在地面上的投影依次向西平移,最终使得图像发生扭曲。

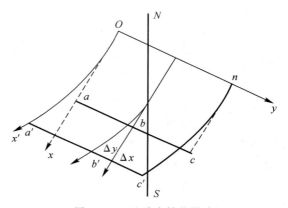

图6-27 地球自转的影响

图 6-27 描述了地球静止的图像
($Oncba$)与地球自转的图像($Onc'b'a'$)在地面上投影的情况。由图可见,由于地球自转的影响,产生了图像底边中心点的坐标位移 $\Delta x$ 和 $\Delta y$,及平均行偏角 $\theta$。显然

$$\left.\begin{array}{l}\Delta x=bb'\sin\alpha\cdot\lambda_x\\\Delta y=bb'\cos\alpha\cdot\lambda_y\\\theta=\Delta y/l\end{array}\right\} \tag{6-39}$$

式中　$bb'$——地球自转引起的图像底边的中点的地面偏移;

　　　　$\alpha$——卫星运行到图像中心点位置时的航向角;

　　　　$l$——图像 $x$ 方向边长;

$\lambda_x,\lambda_y$——图像 $x$ 和 $y$ 方向的比例尺。

首先求 $bb'$。设卫星从图像首行到末行的运行时间 $t$,则

$$t=\frac{l/\lambda_x}{R_e\omega_s} \tag{6-40}$$

式中　$R_e$——地球平均曲率半径;

　　　　$\omega_s$——卫星沿轨道面运行角速度。

于是

$$bb' = (R_e \cos\varphi)\omega_e t = (1/\lambda_x)(\omega_e/\omega_s)\cos\varphi \qquad (6-41)$$

式中　$\omega_e$——地球自转角速度；

　　　$\varphi$——图像底边中点的地理纬度。

然后需要确定 $\alpha$。设卫星轨道面的偏角为 $\varepsilon$，则由图 6-28 所示的球面三角形 $\triangle SQP$，可知

$$\sin\alpha = \frac{\sin\varepsilon}{\cos\varphi} \qquad (6-42)$$

故而有

$$\cos\alpha = \frac{\sqrt{\cos^2\varphi - \sin^2\varepsilon}}{\cos\varphi} \qquad (6-43)$$

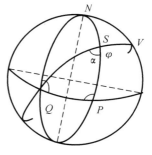

图 6-28　球面三角形 $\triangle SQP$

将式(6-41)～式(6-43)代入式(6-39)，且有 $l=x$(或 $y$)，则得地球引起的图像变形误差公式：

$$\left.\begin{array}{l}
\Delta x = (\omega_e/\omega_s)\sin\varepsilon \cdot x \\
\Delta y = (\lambda_x/\lambda_y)(\omega_e/\omega_s)\sqrt{\cos^2\varphi - \sin^2\varepsilon} \cdot y \\
\theta = (\lambda_x/\lambda_y)(\omega_e/\omega_s)\sqrt{\cos^2\varphi - \sin^2\varepsilon}
\end{array}\right\} \qquad (6-44)$$

## 6.5　合成孔径雷达成像模型与图像测量

### 6.5.1　合成空间雷达成像模型及其几何纠正

1. F. Leberl 成像模型

合成孔径雷达成像属于距离成像方式，因此必须采用适合合成孔径雷达特点的特殊几何处理方法，构建合成孔径雷达成像模型，并对其进行几何纠正。常采用 F. Leberl 构像模型、G. Konecny 公式和斜距投影公式两种精度较高的模型。

对于无人机机载合成孔径雷达图像进行几何纠正，可以消除图像上的像元在图像坐标与其在地图投影等参考坐标系中的坐标之间的差异，获得无几何变形的数字纠正图像，本书仅对 F. Leberl 的构像模型进行简单介绍。

F. Leberl 模型是根据 SAR 成像原理来确定像点在像空间位置的数学模型。其主要依靠两个条件：一是根据雷达波在目标上回波时间的长短来确定像点到雷达天线的距离，由此确定目标像点在距离向的位置；二是根据雷达回波的多普勒特性，通过方位压缩处理，确定目标所在的方位向位置。

(1)距离条件

如图 6-29 所示，$D_s$ 为初始斜距(也称扫描延迟)，$R_s$ 为天线 $S$ 到地面点 $P$ 的斜距，$m_y$ 为 SAR 影像距离向分辨率，为 SAR 影像距离向像元坐标。则有

$$D_s + m_y y = \sqrt{(X-Y_s)^2 + (Y-Y_s)^2 + (Z-Z_s)^2} \qquad (6-45)$$

式中　$X_s, Y_s, Z_s$——SAR 成像时的雷达天线位置；

　　　$X, Y, Z$—— 地面点的地面坐标。

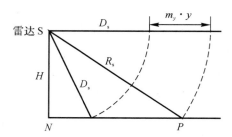

图 6-29　F. Leberl 模型距离条件示意图

（2）多普勒条件

在信号处理中，雷达的回波频率的简化式为

$$R\sin\tau = u_x(X - X_s) + u_y(Y - Y_s) + u_z(Z - Z_s) \qquad (6-46)$$

式中　　　　$R$——天线到地面点的距离；

　　　　　　$\tau$——偏斜角；

$u_x, u_y, u_z$——飞机在 $x, y, z$ 方向的单位瞬时速率。

当飞机飞行速度矢量与天线至地面点矢量保持垂直，此时 $\tau = 0$，式（6-47）即为零多普勒条件：

$$u_x(X - X_s) + u_y(Y - Y_s) + u_z(Z - Z_s) = 0 \qquad (6-47)$$

2. 合成孔径雷达图像几何纠正

合成孔径雷达图像的几何纠正是建立在其成像模型的基础上，它不需要内定向、外定向过程，但仍需要进行定向参数计算和影像重采样两个步骤。

（1）定向参数计算

如果采用 F. Leberl 成像模型，需要对 F. Leberl 公式线性化；若用 $f$ 和 $g$ 分别表示斜距显示图像的距离条件方程式（6-45）和零多普勒条件方程式（6-47），则有

$$f = (m_y \cdot y + D_s)^2 - (X - X_s)^2 - (Y - Y_s)^2 - (Z - Z_s)^2 = 0 \qquad (6-48)$$

$$g = u_x(X - X_s) + u_y(Y - Y_s) + u_z(Z - Z_s) = 0 \qquad (6-49)$$

式中

$$\left. \begin{aligned} X_s &= a_0 + a_1 T + a_2 T^2 + a_3 T^3 \\ Y_s &= b_0 + b_1 T + b_2 T^2 + b_3 T^3 \\ Z_s &= c_0 + c_1 T + c_2 T^2 + c_3 T^3 \\ u_x &= a_1 + 2a_2 T + 3a_3 T^2 \\ u_y &= b_1 + 2b_2 T + 3b_3 T^2 \\ u_z &= c_1 + 2c_2 T + 3c_3 T^2 \\ T &= m_x x \end{aligned} \right\} \qquad (6-50)$$

式（6-48）和式（6-49）为非线性函数，不能直接用于平差计算，因此，需要对其进行线性化。将式（6-48）和式（6-49）线性化得

$$\left. \begin{aligned} f &= f_0 + A_{10}\Delta X_{s0} + A_{11}\Delta Y_{s0} + A_{12}\Delta Z_{s0} + A_{13}\Delta u_{x0} + \\ & \quad A_{14}\Delta u_{y0} + A_{15}\Delta u_{z0} + A_{16}\Delta\dot{u}_{x0} + A_{17}\dot{u}_{y0} + A_{18}\dot{u}_{z0} = 0 \\ g &= g_0 + A_{20}\Delta X_{s0} + A_{21}\Delta Y_{s0} + A_{22}\Delta Z_{s0} + A_{23}\Delta u_{x0} + \\ & \quad A_{24}\Delta u_{y0} + A_{25}\Delta u_{z0} + A_{26}\Delta\dot{u}_{x0} + A_{27}\dot{u}_{y0} + A_{28}\dot{u}_{z0} = 0 \end{aligned} \right\} \qquad (6-51)$$

式中,定向参数的改正数为

$$\boldsymbol{E} = \begin{bmatrix} \Delta X_{s0}, \Delta Y_{s0}, \Delta Z_{s0}, \Delta u_{x0}, \Delta u_{y0}, \Delta u_{z0}, \Delta \dot{u}_{x0}, \Delta \dot{u}_{y0}, \Delta \dot{u}_{z0} \end{bmatrix}^T$$

常数项
$$\boldsymbol{L} = - \begin{bmatrix} f_0 & g_0 \end{bmatrix}^T$$

系数阵
$$\boldsymbol{A} = \begin{bmatrix} A_{10} & A_{11} & A_{12} & A_{13} & A_{14} & A_{15} & A_{16} & A_{17} & A_{18} \\ A_{20} & A_{21} & A_{22} & A_{23} & A_{24} & A_{25} & A_{26} & A_{27} & A_{28} \end{bmatrix}$$

采用 G. Konecny 公式或斜距投影公式进行计算时,类似于摄影测量中共线方程的解算。

(2)重采样

合成孔径雷达图像定向之后,可以采用直接法或者间接法采样方案进行几何纠正。间接法重采样与画幅式图像几何重采样相同,也包括三个计算步骤:①计算纠正后图像的地面图廓范围和图像尺寸;②计算像点坐标;③灰度内插和赋值。

图 6-30 所示为原始 SAR 图像,图 6-31 所示为采用 F. Leberl 纠正模型进行几何纠正后的图像。

图 6-30　原始 SAR 图像　　　　图 6-31　F. Leberl 纠正模型进行几何纠正后的图像

### 6.5.2　平面测量

利用单张合成孔径雷达图像进行量测时,须注意以下三点:

1)一般所用合成孔径雷达图像应是平坦地区或地面起伏较小的地区,在这类地区按照雷达成像的基本几何关系是可以保证一定的量测精度的。

2)在量测图像上某目标的长度时,要注意所谓光电尺寸的补偿。由于雷达图像记录了地面上每一地物回波信号很强,即使它在这一分辨单元所占比例很小,它的"贡献"仍然很大。若图像分辨率位 10 m,则一个 10 m 长的目标可能在两个分辨单元中反映出来,量测时会将它作为 20 m 长的地物来看待。所以,一般在量测长度时,要估计到这个情况,并对量测结果减去一个分辨单元的长度。

对于无回波地物或阴影的长度计算则正好相反,须再加上一个分辨单元长度,因为这类地物的两端所处的分辨单元可能因为有较强回波信号地物而让那些地物信号占据了回波信号的主体,淹没了无回波地物或处于阴影中的地物。

3)雷达图像分为两种,即地距表示的图像和斜距表示的图像,因此事先要弄清是何种表示的图像,如果是地距表示的图像,一般就可以直接在图上量测了。对于斜距表示的图像,则要

先进行斜距到地距的转换,即

$$D_P = R_P \sin \theta_P \tag{6-52}$$

或

$$D_P = \sqrt{R_P^2 - H^2} \tag{6-53}$$

或

$$D_P = H \tan \theta_P \tag{6-54}$$

式中     $D_P$ —— 目标 $P$ 的地距(见图 6-32);

       $H$ —— 标准航高;

      $R_P$ —— 该目标斜距;

      $\theta_P$ —— 对点的入射角,其数值范围一般有图像技术参数给出,航高及图像比例尺也在
图像技术参数中给出。

因而,在图上量出距离向的目标坐标后,即可估算出该点的地距。

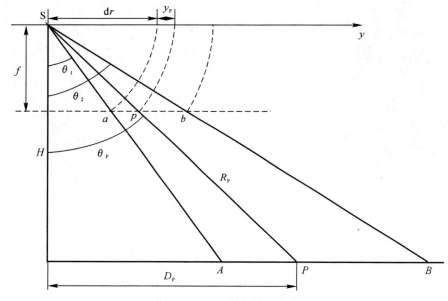

图 6-32    地距与斜距关系

这里须注意,图上量出目标 $P$ 的坐标 $y_P$ 后,还须加上扫描延迟,这也是图像技术参数中给
出的,如图 6-32 所示,则有

$$r_p = d_r + y_P \tag{6-55}$$

则

$$R_P = \lambda \cdot r_p \tag{6-56}$$

式中,$\lambda$ 为比例尺分母。

若入射角范围为 $\theta_1 \sim \theta_2$,如图 6-32 所示,其相应的图上近距点为 $a$,远距点为 $b$,则对图上
$P$ 点有

$$\theta_P = \arccos (f/r_p) \tag{6-57}$$

在将斜距图像转换为地距图像后,即可量测图像上任意两点间的距离,或某一目标的长度。如图 6-33 所示,$A$,$B$ 是图像上的两点,或某一目标的两个端点,$CB$ 为距离向,测量出 $B$、$C$ 两点的图上距离即可计算间的实地距离,再由图上比例尺算出 $A$、$C$ 两点的实际距离,然后就可以计算 $A$、$B$ 两点间的距离了。

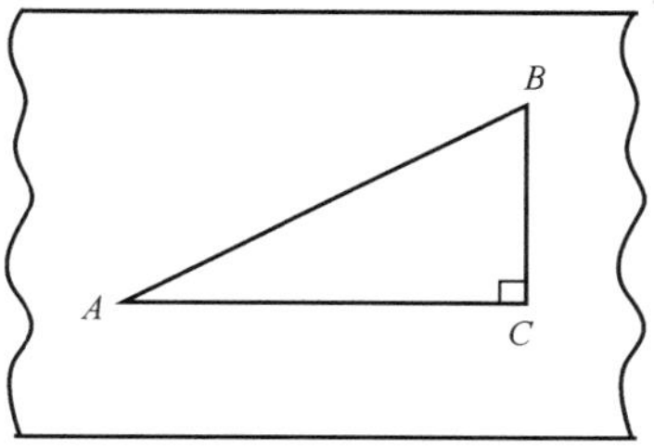

上述量测是在地面比较平坦的情况下进行的。对于山地图像,则需要首先进行前面章节所介绍的严密数字几何纠正,得到正射影像后才能进行。

图 6-33　距离测量图上作业示意图

### 6.5.3　根据阴影和叠掩测量独立地物高度

这里有两种情况,一种是像一个山丘这样的地物,如图 6-34 所示,它是平地中独立的山体,其阴影部分为 $PQ$,在图像上可以量测 $P$ 点和 $Q$ 点的斜距 $sp$ 和 $sq$,则阴影长度为 $sq - sp$,由于

$$h/PQ = H/SQ \tag{6-58}$$

故

$$h = H \cdot PQ/SQ = H(sq - sp)/sq \tag{6-59}$$

这样 $P$ 点的相对高程也就可以估计了。

另一种是如图 6-35 所示的直立目标,它在图像上具有叠掩部分 $PT$ 的信息 $pt$,有阴影部分 $TQ$ 的信息 $tq$,由于

$$h/(PT + TQ) = H/SQ \tag{6-60}$$

则

$$h = (PT + TQ)H/SQ = (pt + tq)H/sq \tag{6-61}$$

当阴影部分被其他地物掩蔽的情况下,还可以单独从叠掩部分测定目标高度,因为由图 6-35 可知

$$h/PT = SQ/H \tag{6-62}$$

于是

$$h = SQ \cdot PT/H = (\lambda sq)(\lambda pt)/H = \lambda^2 (sq \cdot pt)/H \tag{6-63}$$

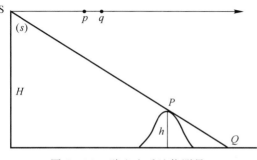

图 6-34　独立山丘地物测量

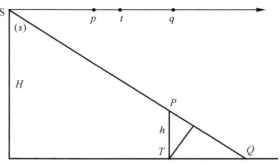

图 6-35　直立目标测量

### 6.5.4　立体测量

合成孔径雷达图像中的因高度产生的像点位移是叠掩产生的根本原因,它与光学摄影中因高度产生图像位移的方向正好相反,如图6-36所示,光学摄影中的位移方向是背向像底点,而雷达图像中的位移则朝向像底点。光学摄影中的立体像对是由两个摄影站点摄取同一地区的影像组成的,两摄站点之间的距离成为摄影基线,在立体像对中由于高度产生的位移形成视差,故而可以进行立体观察和立体量测。侧视雷达图像也可以由雷达天线在不同位置收集同一地区的回波信号而构成立体影像,但这时是由目标产生的叠掩引起图像位移,视差是由信号叠掩形成。侧视雷达图像的立体像对可由多种方式产生。如图6-37所示,在目标的两侧或同侧的不同高度、同侧的不同距离都可以产生立体像对的方式,例如早晨和傍晚的光学摄影,但由于雷达成像时,目标如在山丘的前坡,在图像中比较亮,其长度可能出现收缩或出现叠掩,背坡则比较暗,其长度或缩短,或接近符合比例的长度,甚至根本看不出来,完全消失在阴影之中,这样在目标两侧构成立体影像时,对目标的观察十分困难。所以目前一般大都采用同侧成像方式,其等效的相机摄影关系如图6-38所示,图中相机在$u,v$两点对目标$P$摄影,$B$为基线,$L_f$和$L_n$为相应的图像位移在地面上的表示,于是有

$$B/H_c = (L_n - L_f)/h \tag{6-64}$$

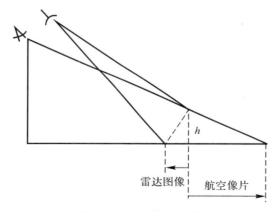

图 6-36　叠掩示意图

雷达立体图像的产生则由图6-39所示,由于其相应的雷达俯角为$D_r$,其图像位移在地面上的表示分别为$\theta_n$和$\theta_f$,可见

$$L_f/h = H_f/R_f = l_f \tag{6-65}$$

$$L_n/h = H_n/R_n = l_n \tag{6-66}$$

由于量测出$R_f$和$R_n$后,根据$\theta_f$和$\theta_n$可以计算$H_f$和$H_n$,进而可以求出$l_f$和$l_n$,于是有

$$h = (L_n - L_f)/(l_n - l_f) \tag{6-67}$$

因为在图像上可以测出视差,然后根据比例尺,即可计算出$L_n - L_f$,然后再计算$h$值。

这里的问题时量测叠掩时须有参考点$D$(见图6-39),若图中看不到$D$点时,则可在方位向的任一侧选一点作为参考点。

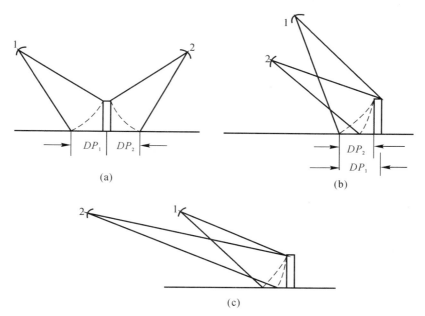

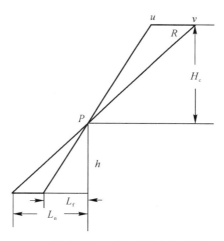

图 6 - 37　雷达视差示意图

（a）对侧成像；　（b）同侧成像；　（c）同侧同高度成像

图 6 - 38　对应相机立体观测

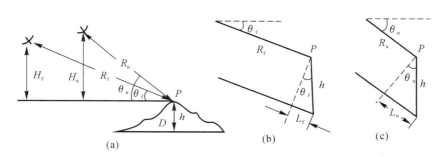

图 6 - 39　雷达立体几何图形

（a）立体成像飞行示意图；　（b）远距位移；　（c）近距位移

### 6.5.5 基于 F. Leberl 构像模型的目标点的解析立体定位

**1. 合成孔径雷达立体成像**

用解析法获取地面立体模型必须具备雷达立体图像。

**(1)雷达立体成像方式**

雷达立体图像成像方式有同侧和异侧两种，如图 6-40 所示。同侧又可分为同一高度和不同高度，而真实孔径侧视雷达在同一高度还可分为一次飞行完成和二次飞行完成；异侧主要分为对侧和正交配对。

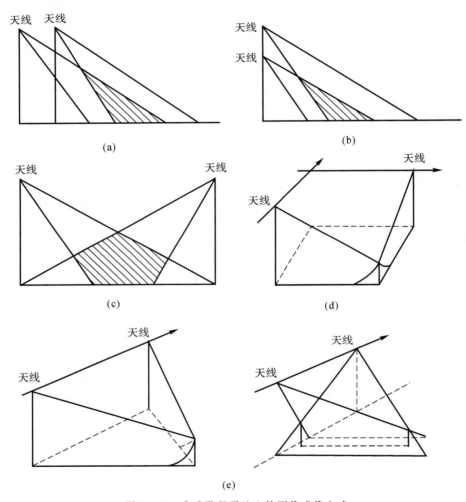

图 6-40　合成孔径雷达立体图像成像方式

(a)同侧同高度；　(b)同侧不同高度；　(c)对侧同高度；　(d)真实孔径同侧航线构成立体；　(e)正交同高度

对侧立体成像所取得的立体像对，视差明显，有利于高出地面物体的量测。但是，高出地面物体在像对的两张像片上相应影像的色调和几何变形相互不一致，立体观察困难，当高差或坡度过大时，甚至达不到立体凝合，不能构成立体观察模型。因此，对侧立体成像，只适用于平坦地或起伏较缓、高差不大的丘陵地，不适合于坡度较大的丘陵地和山地。

同侧同高度或不同高度的立体像对,视差虽不及对侧配对明显,但两张像片上相应影像的色调和图形变形差异较小,能获得较好的立体观测效果。丘陵地和山地一般都采用同侧立体成像。

正交立体像对是不同航线侧视方向垂直所取得的重叠图像,是同侧成像与异侧成像之间的一种像对成像方式。在正交立体像对中,高出基准面或低于基准面的物体,在一张像片上的移位线与另一张像片上的移位线不一致,立体观察困难。因此,正交立体成像仅适用于独立目标的立体测量,不适用于大面积的立体测量。

真实孔径侧视雷达在同一航线上能构成立体像对,但实际实施很困难,一般不使用。一副天线的合成孔径雷达单次飞行路线不可能构成立体像对。

(2)雷达像对立体观测

雷达像片的立体观察方法与航空摄影像片基本相同。不同的是,在排列安置立体像对时,雷达像片的左右片顺序应与取得时的相关位置相反,即左片安置在右边,右片安置在左边。这是因为在雷达像片上,高出地面的物体的顶点向着底点方向移位,低于地面的物体背着底点方向移位,与摄影像片上投影误差的方向相反。

立体观察中常用超高感(垂直夸张)说明视觉模型的明显程度。在立体观察中,有时感到立体模型的起伏比实际地形陡或缓。这种现象是由于立体模型的垂直比例尺大于或小于水平比例尺而产生。当立体模型的垂直比例尺大于水平比例尺,即立体模型比实际地形起伏更明显时,称为超高感,或垂直夸张。航空摄影像对的立体模型夸张,除取决于立体观察仪器的立距与摄影机焦距之比外,还和摄影基线与摄影高度之比(B/H)有关。雷达像对的立体观察模型的立体感主要取决于两次成像时对同一目标侧视角之差。像对构成立体模型是否明显,实际上是取决于视差的大小。

同高度的物体,在相同比例尺的像片上,视差大的立体效果明显,立体量测精度高;视差小的立体效果不明显,立体量测精度低。

图 6-41 所示为同侧和异侧雷达立体图像的视差与其相应物体高度的关系。

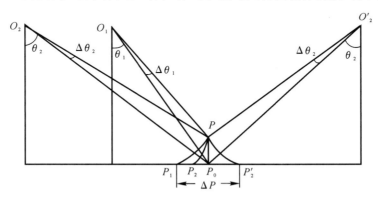

图 6-41　雷达图像视差

从图 6-41 可以看出,当 $\Delta\theta_1$ 和 $\Delta\theta_2$ 较小时,则

$$\Delta P = P_0 P_1 - P_0 P_2 \tag{6-68}$$

以地面距离显示图像像对视差的近似公式为

$$\Delta P = h(\tan\theta_1 \pm \tan\theta_2) \tag{6-69}$$

以斜距显示图像像对视差 $\Delta P = P_0 P'_1 - P_0 P'_2$ 的近似公式为

$$\Delta P = h(\cos \theta_1 \pm \cos \theta_2) \tag{6-70}$$

式中　　　　$h$—— 目标相对基准面的高差；

　　　　$\theta_1$、$\theta_2$—— 像对左、右片的侧视角；

　　　　"+""—"—— 分别适用于对侧、同侧的像对配置。

从视差公式不难看出，对于同样高度的目标，对侧像对视差比同侧像对视差大；同侧像对视差的大小随侧视角之差（$\Delta\theta = \theta_1 - \theta_2$ 交会角）增大而增大。虽然立体量测的精度随交会角增加而提高，但重叠影像变形的差异增大，影响立体观察的效果。

因此，在雷达立体图像的构成中，为获得最佳的立体观测效果，应根据设备和地形的特点，综合考虑增大交会角可以提高视差量测的精度，而使立体观察效果变差的影响，选择适当的交会角。

2. 基本模型

根据无人机载合成孔径雷达的特点，笔者提出了采用 F. Leberl 构像模型作为立体定位的基本模型，该模型因其解求参数较少，距离和多普勒频率两个条件符合雷达的成像机理等原因，应用于无人机载 SAR 图像立体定位较为方便。

F. Leberl 模型是根据 SAR 成像原理来确定像点在像空间位置的数学模型。其主要依靠两个条件：一是根据雷达波在目标上回波时间的长短来确定像点到雷达天线的距离，由此确定目标像点在距离向的位置；二是根据雷达回波的多普勒特性，通过方位压缩处理，确定目标所在的方位向位置。

具体的构像模型参见 6.5.1 小节所述，综合如下式：

$$\left.\begin{array}{l} D_s + m_y y = \sqrt{(X - X_s)^2 + (Y - Y_s)^2 + (Z - Z_s)^2} \\ u_x(X - X_s) + u_y(Y - Y_s) + u_z(Z - Z_s) = 0 \end{array}\right\} \tag{6-71}$$

式中　　　　$D_s$—— 初始斜距；

　　　　$m_y$——SAR 影像距离向分辨率；

　　　　$y$——SAR 影像距离向像元坐标；

　　$X_s, Y_s, Z_s$——SAR 成像时的雷达天线位置；

　　　　$X, Y, Z$—— 地面点 $P$ 的地面坐标；

　　$u_x, u_y, u_z$—— 飞机的单位瞬时速率。

图 6-42 所示为同侧获取的一对立体图像。

将左右两幅影像同名点的像点坐标和地面控制点坐标代入式(6-71)，并对方程进行线性化和最小二乘求解，即可得到雷达天线姿态位置的拟合系数。之后采用空间前方交会的方法解算地面点的三维坐标。

3. 立体解算与定位

在立体解算与定位中，利用立体像对解算地面三维坐标的过程可以分为空间后方交会求解模型参数和空间前方交会求解地面坐标两部分。前者需要分别解算两条航线摄站点的外方位元素，后者需要将两条航线联合起来共同解算出地面的三维坐标。

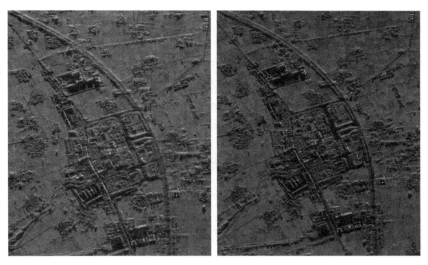

图 6 - 42　立体 SAR 图像对

（1）空间后方交会

在 F. Leberl 构像模型中，载机的姿态参数是时间的函数，而像素坐标与时间又存在线性关系，因此载机的姿态参数可以由下式表示：

$$
\left.\begin{aligned}
X_s &= a_0 + a_1 T + a_2 T^2 + a_3 T^3 \\
Y_s &= b_0 + b_1 T + b_2 T^2 + b_3 T^3 \\
Z_s &= c_0 + c_1 T + c_2 T^2 + c_3 T^3 \\
u_x &= a_1 + 2a_2 T + 3a_3 T^2 \\
u_y &= b_1 + 2b_2 T + 3b_3 T^2 \\
u_z &= c_1 + 2c_2 T + 3c_3 T^2 \\
T &= m_x \cdot x
\end{aligned}\right\}
\tag{6-72}
$$

式中　　　　　　　　$m_x$——方位向像元大小；

　　　　　　　　　　$x$——方位向像点坐标；

$a_i, b_i, c_i\,(i=0,1,2,3)$——多项式拟合系数。

根据泰勒公式，可将式（6-71）线性化并取一次项，通过至少 6 个控制点组建法方程，迭代解算 12 个轨道参数（$a_0, a_1, a_2, a_3, b_0, b_1, b_2, b_3, c_0, c_1, c_2, c_3$），这样就可以实现使用三次空间参数方程描述平台运行轨迹了，也即完成了空间后方交会的解算。

（2）空间前方交会

在对雷达天线轨迹进行拟合之后，雷达影像上任一像点坐标对应的成像位置都可以通过构像模型得到，对式（6-71）进行线性化取一次项得

$$
\left.\begin{aligned}
f &= f_0 + \frac{\partial f}{\partial X}\Delta X + \frac{\partial f}{\partial Y}\Delta Y + \frac{\partial f}{\partial Z}\Delta Z \\
g &= g_0 + \frac{\partial g}{\partial X}\Delta X + \frac{\partial g}{\partial Y}\Delta Y + \frac{\partial g}{\partial Z}\Delta Z
\end{aligned}\right\}
\tag{6-73}
$$

其中　　　　$\dfrac{\partial f}{\partial X} = -2(X - X_s)$；　　$\dfrac{\partial f}{\partial Y} = -2(Y - Y_s)$；　　$\dfrac{\partial f}{\partial Z} = -2(Z - Z_s)$；

$$\frac{\partial g}{\partial X}=X_{\mathrm{s}}, \quad \frac{\partial g}{\partial Y}=Y_{\mathrm{s}}, \quad \frac{\partial g}{\partial Z}=Z_{\mathrm{s}}$$

当所选像点为两张影像对上的同名点时,可以分别根据距离和多普勒条件列出两个方程,而所需要的未知量只有三个$(X,Y,Z)$,这样就可以按最小二乘的方法解算出同名点对应的地面三维坐标。

采用 SAR 图像进行立体定位所采用的立体像对可以采用三种方式:同侧、异侧以及交向。无人机飞行侦察过程中,最易获取的是同侧和异侧立体像对,表 6-5 列出了同侧立体影像对目标定位误差,表 6-6 列出了异侧立体影像对目标定位误差。

**表 6-5　同侧立体影像对上同名点定位误差**　　　　　（单位:m）

| 点　　号 | $X$ | $Y$ | $Z$ | $\Delta X$ | $\Delta Y$ | $\Delta Z$ |
|---|---|---|---|---|---|---|
| 1 | 71 962.581 | 85 778.836 | 738.738 | −1.03 | −3.23 | −10.69 |
| 2 | 72 841.205 | 85 261.567 | 699.902 | −3.12 | −6.73 | −10.46 |
| 3 | 74 987.664 | 85 114.626 | 649.232 | 2.61 | −1.44 | −7.94 |
| 4 | 69 396.478 | 85 346.405 | 881.935 | −1.25 | 3.45 | 8.15 |
| 5 | 69 421.191 | 84 978.672 | 907.291 | −1.39 | −4.66 | −13.03 |
| 6 | 70 246.469 | 85 752.591 | 905.876 | 2.54 | 1.02 | −0.10 |
| 7 | 70 478.116 | 85 703.763 | 913.423 | −1.94 | −2.62 | −4.59 |
| 8 | 70 873.106 | 85 814.846 | 886.115 | 5.80 | 2.64 | 1.81 |
| 9 | 71 627.187 | 85 529.815 | 759.152 | −2.14 | 5.41 | 15.58 |
| 10 | 73 610.755 | 85 178.255 | 685.766 | −3.91 | −1.37 | −0.51 |

**表 6-6　异侧立体影像对上同名点定位误差**　　　　　（单位:m）

| 点　　号 | $X$ | $Y$ | $Z$ | $\Delta X$ | $\Delta Y$ | $\Delta Z$ |
|---|---|---|---|---|---|---|
| 1 | 71 562.551 | 83 678.758 | 728.618 | −1.52 | −1.42 | 2.44 |
| 2 | 71 761.206 | 84 561.564 | 700.905 | −0.85 | −1.37 | 2.35 |
| 3 | 73 468.602 | 83 114.625 | 651.212 | −2.67 | 1.43 | 0.23 |
| 4 | 69 496.479 | 85 646.395 | 861.905 | 0.89 | 5.01 | −1.06 |
| 5 | 70 411.190 | 84 978.672 | 887.097 | −3.24 | 0.14 | 4.10 |
| 6 | 70 236.439 | 85 652.591 | 907.674 | −0.01 | −2.22 | −4.19 |
| 7 | 70 388.117 | 85 703.763 | 918.738 | 5.27 | −0.75 | 6.03 |
| 8 | 70 973.106 | 85 714.740 | 896.160 | −2.13 | −1.29 | −2.12 |
| 9 | 70 927.185 | 85 489.816 | 754.153 | −3.32 | −0.78 | −0.82 |
| 10 | 73 910.950 | 85 078.651 | 639.573 | 1.6 | 2.91 | −0.94 |

同侧立体影像对定位中误差为
$$M_X = \pm 2.89 \text{ m}; \quad M_Y = \pm 3.63 \text{ m}; \quad M_H = \pm 8.62 \text{ m}$$
异侧立体影像对定位中误差为
$$M_X = \pm 2.53 \text{ m}; \quad M_Y = \pm 2.17 \text{ m}; \quad M_H = \pm 2.93 \text{ m}$$

## 习　题　6

1. 简述合成孔径雷达成像原理。

2. 依据合成孔径雷达与真实孔径雷达的工作原理,分析两者之间的主要区别。

3. 简述合成孔径雷达的系统参数及其作用。

4. 简述合成孔径雷达图像的几何特征。

5. 分析合成孔径雷达图像的几何变形产生机理及修正方法。

6. 描述合成孔径雷达成像模型及如何实现基于 F. Leberl 的合成孔径雷达图像几何精纠正。

7. 论述合成孔径雷达图像进行平面和立体测量的原理。

# 参 考 文 献

[1] 樊邦奎,段连飞,等.无人机侦察目标定位技术[M].北京:国防工业出版社,2014.

[2] 都基焱,段连飞,等.无人机电视侦察目标定位原理[M].合肥:中国科学技术大学出版社,2013.

[3] 段连飞.无人机任务设备原理[M].北京:海潮出版社,2008.

[4] 王之卓.摄影测量原理[M].武汉:武汉大学出版社,2007.

[5] 王之卓.摄影测量原理续编[M].武汉:武汉大学出版社,2007.

[6] 张祖勋,等.数字摄影测量学[M].武汉:武汉测绘科技大学出版社,1997.

[7] 李德仁,等.解析摄影测量学[M].武汉:武汉测绘科技大学出版社,1992.

[8] 刘先林,邹友峰,郭增长.大面阵数字航空摄影原理与技术[M].郑州:河南科学技术出版社,2013.

[9] 孙家抦.遥感原理与应用[M].武汉:武汉大学出版社,2005.

[10] 陈鹰等.遥感影像的数字摄影测量[M].上海:同济大学出版社,2003.

[11] 朱述龙,张占睦.遥感图像获取与分析[M].北京:科学出版社,2000.

[12] 常庆瑞,蒋平安,等.遥感技术导论[M].北京:科学出版社,2004.

[13] 汤国安,张友顺,等.遥感数字图像处理[M].北京:科学出版社,2004.

[14] 李小文.遥感原理与应用[M].北京:科学出版社,2008.

[15] 关泽群,刘继琳.遥感图像解译[M].武汉:武汉大学出版社,2007.

[16] 夏良正,李久贤.数字图像处理[M].南京:东南大学出版社,2006.

[17] 汤国安,张友顺,等.遥感数字图像处理[M].北京:科学出版社,2004.

[18] 王锦地,张立新,等.中国典型地物波谱知识库[M].北京:科学出版社,2009.

[19] 郑丽娜.航空相机高精度速高比测量技术的研究[D].北京:中国科学院大学,2013.

[20] 赵桂华.大面阵CCD数字航空相机影像预处理技术研究[D].郑州:解放军信息工程大学,2012.

[21] 宣家斌.航空与航天摄影技术[M].北京:测绘出版社,1992.

[22] 乔瑞亭,孙和利,李欣.摄影与空中摄影学[M].武汉:武汉大学出版社,2008.

[23] 王留召.小型数字航空摄影测量系统[D].昆明:昆明理工大学,2006.

[24] 王佩军,徐亚明.摄影测量学[M].武汉:武汉大学出版社,2005.

[25] 孙洪,等,译.合成孔径雷达图像处理[M].北京:电子工业出版社,2005.

[26] 高立.ADS80航空摄影测量系统的特点与应用[J].测绘与空间地理信息,2011,34(6):15-17.

[27] 黑龙江测绘局科技处.徕卡ADS80数字航空摄影测量系统介绍[J].测绘科技资讯,2011,1:18-20.

[28] 雷厉,石星,吕泽均,等.侦察与监视—作战空间的千里眼和顺风耳[M].北京:国防工业出版社,2012.

[29] 许世文,姚新程,等.推帚式TDI-CCD成像时像移影响的分析[J].光电工程,1999,

26(1):60 - 63.

[30] 丁福建,李英才.CCD 相机像移的补偿[J].光子学报,1998,27(10):948 - 951.

[31] Ingo Walter, Jörg chönekeß. Application of micro - mechanic devices for motion compensation of space - borne CCD imaging systems[J]. Acta A stronautica,2000,46 (2 - 6):269 - 277.

[32] Janschek K,Tchernykh V. Optical correlator for image motion compensation in the focal plane of a satellite camera[A]. 15 - th IFAC Symposium on Automatic Control in Aerospace,Bologna,Italy,2001,378 - 382.

[33] 王成艳.基于 FPGA 的航空摄像机自动调光方法研究[D].长春:中国科学院研究生院,2013.

[34] 韩玲,李斌,顾俊凯.航空与航天摄影技术[M].武汉:武汉大学出版社,2008.

[35] 毛红保,田松,晁爱农.无人机任务规划[M].北京:国防工业出版社,2015.

[36] 王佩军,徐亚明.摄影测量学[M].武汉:武汉大学出版社,2006.

[37] 童子磊.CCD 相机的像移补偿技术[J].激光与红外,2008,35(9):628 - 632.

[38] 王庆有.CCD 应用技术[M].天津:天津大学出版社,2000.

[39] 米本和也,等.CCD/CMOS 图像传感器基础与应用[M].北京:科学出版社,2006.

[40] 邸旭,杨进华,等.微光与红外成像技术[M].北京:机械工业出版社,2015.

[41] 张建奇.红外物理[M].西安:西安电子科技大学出版社,2013.

[42] 石晓光,宦克为,高兰兰.红外物理[M].杭州:浙江大学出版社,2013.

[43] 邢素霞.红外热成像与信号处理[M].北京:国防工业出版社,2011.

[44] 鲍文亮.多框架光电平台动力学建模与耦合分析[J].哈尔滨工程大学学报,2019,30 (8):893 - 897.

[45] 夏静萍.多框架稳定跟踪伺服平台控制技术研究[D].南京:南京航空航天大学,2010.

[46] 吕宏宇,金刚石,高旭辉.两轴四框架机载光电平台稳定原理分析[J].激光与红外, 2015,45(2):194 - 198.

[47] 林旻序,乔彦峰,戴明,等.单载荷航空吊舱目标定位方法研究[J].红外技术,2011,33 (10):593 - 597.

[48] 邬锐,赵红颖,晏磊.无人机影像中的无控制高程信息提取方法研究[J].测绘科学, 2011,36(5):34 - 37.

[49] 吕俊伟,何友金,韩艳丽.光电跟踪测量原理[M].北京:国防工业出版社,2010.

[50] 温林,刘忠,汪茜,等.空中平台光电载荷无源定位数据预处理方法[J].华中科技大学学报,2011,39(11):39 - 41.

[51] 刘春辉,丁文锐,李红光.基于相位差测量的无人机单站无源定位系统[J].计算机测量与控制,2011,19(9):2105 - 2108.

[52] 王娟,赵艳.基于单幅图像目标空间定位的算法研究[J].河北科技大学学报,2011,32 (4):347 - 350.

[53] 李言俊,张科.景象匹配与目标识别技术[M].西安:西北工业大学出版社,2009.

[54] 鲁剑锋.无人机光电载荷图像处理器的设计[J].中国光学,2011,4(5):449 - 452.

[55] 贝超,杨嘉伟,张伟,等.无人机在战场侦察与目标指示中的应用[J].现代防御技术,

2002,30(5):46 - 50.

[56] 唐敏,李永树,何敬.无地面控制点无人机影像的相对定向方法[J].西南交通大学学报,
2011,46(5):808 - 812.

[57] 廖永生,陈文森.无人机低空数字摄影测量参数计算和路线设计系统[J].测绘通报,
2011(9):38 - 41.

[58] 邵振峰.基于航空立体影像对的人工目标三维提取与重建[D].武汉:武汉大学,2004.

[59] 宿燕鸣,齐敏,李大健,等.图像相关匹配算法研究与红外目标跟踪应用[J].计算机仿
真,2011,28(9):46 - 49.